建筑工程
监理质量
控制要点

U0167425

永明项目管理有限公司 杨正权 编著

中国建筑工业出版社

图书在版编目（CIP）数据

建筑工程监理质量控制要点 / 永明项目管理有限公司, 杨正权编著 . —北京：中国建筑工业出版社，2021.5（2023.5重印）

ISBN 978-7-112-26083-6

Ⅰ.①建…　Ⅱ.①永…　②杨…　Ⅲ.①建筑工程－施工监理　Ⅳ.①TU712.2

中国版本图书馆 CIP 数据核字（2021）第 074470 号

责任编辑：陈夕涛　张智芊
责任校对：李美娜

建筑工程监理质量控制要点

永明项目管理有限公司　杨正权　编著

*

中国建筑工业出版社出版、发行（北京海淀三里河路9号）

各地新华书店、建筑书店经销

逸品书装设计制版

北京建筑工业印刷厂印刷

*

开本：787毫米×1092毫米　1/16　印张：20¾　字数：394千字

2021年4月第一版　2023年5月第三次印刷

定价：**58.00**元

ISBN 978-7-112-26083-6

（37128）

加强监理控制措施

确保工程质量安全

保障建筑业健康发展

王早生题

中国建设监理协会　会长　王早生为本书题词

永明项目管理有限公司现已发展为工程监理综合性咨询服务企业，特别是在工程管理、信息化建设方面，永明公司的业绩和经验处于同行业领先水平。杨正权先生作为永明项目管理有限公司技术负责人、副总经理，多年来，一直致力于工程建设领域，具有丰富的工程管理经验，曾担任多个重大项目的总监理工程师。《建筑工程监理质量控制要点》一书是杨正权先生35年来工作经验的总结，同时也凝结了永明公司长期以来对建设工程智能信息化管理的研究和实践成果。书中对于建筑工程质量控制提出了监理的控制要点，尤其是运用智能信息化科技手段开展监理质量控制工作，对于从事工程监理的同行具有很高的借鉴和参考价值。本书实用性强，是一本值得推荐的技术工具类书籍。

中国建设监理协会　副会长
陕西省建设监理协会　会长　房科

房屋建筑工程与人们的日常生活息息相关，建筑工程的质量好坏将直接影响项目的建设，如果出现质量问题，不仅会影响人们的正常生活，严重的还会危及人民的生命财产安全，并造成恶劣的社会影响。因此，工程监理必须提高专业技术水平，并采用智能信息化手段做好建筑工程质量控制工作。

工程监理应充分熟悉相关技术规范、技术规程和技术标准，全面掌握建筑各专业技术，开展智能信息化监理质量控制工作，确保所监理的工程质量合格，并为业主提供优质的产品和优质的服务。

工程监理对质量控制最根本的方法就是对施工活动所产生的信息进行收集，应用所掌握的技术规范、信息化手段对工程实施智能监理。工程监理不仅要重视施工工序完成后对项目进行质量检查和验收，更要做好工序施工前的主动控制，做好事中控制，把好事后控制验收关。对发现的工程质量问题，要及时监督和指导施工单位整改，直至达到规范和设计质量标准的要求。

本书提出的监理运用智能信息化手段开展工程质量控制工作，这是提升监理人员专业技术水平、提高监理服务质量的重要举措。公司自2016年开始自主研发出用于建筑行业智能信息化管控的公共云服务平台——筑术云。

筑术云，是由一个中心（信息指挥中心）、五大系统（移动协同办公系统、移动远程视频监控系统、移动多功能视频会议系统、移动专家在线系统、移动项目信息管理系统）、230个模块组成。筑术云五大系统在对工程质量控制中采取交互式全方位支持、全天候管控、全过程留痕等信息管理手段，使监理的质量控制工作更高效，管理更轻松。

因此，工程监理在熟练掌握建设工程质量验收规范的同时，还要学会运用信息化科技手段开展智能监理质量控制工作，更好地为业主服务。

中国建设监理协会　理　事
陕西省建设监理协会　副会长
永明项目管理有限公司　董事长

建筑工程监理质量控制要点

当前，随着国家5G信息技术、新基础建设突飞猛进，监理在建设工程建设中发挥着重要的监理作用。因此，为满足建设工程监理行业高速发展和社会需求，监理企业员工应提高专业技术水平，加强工程质量意识，在对施工现场进行巡视检查时应以现行工程质量验收规范为依据，运用智能信息化开展对工程质量监理控制工作。同时，由于社会在不断地进步，建设工程质量也需要不断提高，新的建设工程质量验收规范、设计规范也在不断修订，作为工程监理要不断地学习新知识，掌握新规范，应用新规范指导工程实践。笔者在工作之余进行了大量的信息收集和归纳整理，编制出《建筑工程监理质量控制要点》，目的是方便工程监理人员对监理文件编制、现场施工质量巡视检查的工作提供作业技术指导和参考。

《建筑工程监理质量控制要点》的主要内容为：地基与基础工程质量验收内容及控制措施，主体结构工程质量验收内容及控制措施，装饰阶段的土建、安装部分施工质量控制内容及措施。基于监理工作规范化、标准化的要求、专业技术规范的权威性及基础、主体结构施工质量的重要性，本书第六章地基基础工程、第十章主体结构工程质量验收分别以《建筑地基基础工程施工质量验收标准》GB 50202—2018、《混凝土结构工程施工质量验收规范》GB 50204—2015为主要内容进行了重点编制，工程监理人员在学习和工作中应做到理论与实践相结合。

由于篇幅有限，《建筑工程监理质量控制要点》的其他章节（分部工程）施工质量控制内容不便于详细编制，但为提高工程监理人员各专业技术水平和对相关专业技术的了解、掌握和应用能力，仅对房屋建筑工程各分部工程施工质量监理控制要点和措施进行了编制，便于监理人员熟悉和掌握工程重点和难点。针对工程重点和难点的施工质量采取相应的对策，监理人员在实践中，除应以相关规范为主要依据和标准外，还应利用信息化手段采取相应的对策和措施。

工程监理人员是工程建设的直接管理者，应严格履行建筑法律和法规赋予监理人员的质量责任和义务。监理人员的专业技术水平、信息化管理水平的高低会影响工程质量的合格程度。提高监理人员专业技术水平和信息化管理水平，就要加强专业技术、信息化技术的培训和学习。本书为从事工程监理人员学习和掌握建设工程质量验收规范，学习掌握工程的重点、难点及监理应对措施提供帮助，在现场监理工作中具有实用性和可操作性。

本书历经200个日日夜夜，终于呈现于读者面前。在此，特别感谢中国建设监理协会会长王早生先生的鼓励并为本书题词赠予墨宝；感谢中国建设监理协会副会长、陕西省监理协会会长商科先生；陕西省监理协会副会长、永明项目管理有限公司董事长张平先生为本书作序；更感谢中国建筑工业出版社从专业角度对本书的严格要求，淬火提炼方使得本书质量得以提升。

本书内容虽经反复推敲、核证，难免存在不妥之处，诚望并万分感谢广大读者和监理工程师提出宝贵意见和建议。

本书作者：

第一章 质量控制的基本原则、依据和义务 | 001

一、质量控制的基本原则 | 001

二、质量控制的依据 | 002

三、监理的质量责任和义务 | 002

第二章 设计及施工准备阶段的质量监理控制要点 | 003

一、设计及施工准备阶段的监理质量管理流程 | 003

二、对施工单位的三大质量体系的审查 | 006

三、对分包单位的资质审查 | 006

四、图纸会审与设计交底 | 006

五、施工组织设计审查 | 007

六、专项施工方案审查 | 009

七、对现场施工准备工作管理 | 010

第三章 施工阶段的质量监理控制要点 | 015

一、施工阶段的质量控制管理流程 | 015

二、工程施工过程质量控制监理措施 | 027

第四章 分部分项工程施工质量验收监理控制要点 | 045

一、工程层次的划分 | 045

二、工程施工质量验收程序和标准 | 046

三、工程施工质量验收不符合要求的处理 | 050

四、工程质量缺陷的处理 | 051

五、工程质量事故的处理 | 052

第五章　工程保修阶段质量监理控制要点　| 054

一、工程保修阶段质量控制管理目标　| 054

二、工程保修阶段质量控制管理　| 054

三、工程保修阶段质量控制管理方法　| 054

四、工程保修阶段质量控制管理措施　| 055

第六章　地基基础工程施工质量监理控制要点　| 056

一、基本规定　| 056

二、地基　| 056

三、桩基础　| 067

四、土方工程　| 074

五、基坑工程　| 076

六、分部（子分部）工程质量验收　| 084

第七章　土方工程质量控制　| 086

一、土方开挖与支护工程质量控制　| 086

二、基坑降水、排水工程质量控制要点　| 087

三、钻孔灌注桩质量控制要点　| 089

四、喷护系统施工质量控制要点　| 092

五、土方回填施工质量控制要点　| 095

六、基坑变形监测质量控制要点　| 095

第八章　地基与基础分部工程质量控制要点　| 097

一、地基处理施工质量控制要点　| 097

二、地下室筏板基础、框架剪力墙结构质量控制要点　| 098

第九章　大体积混凝土施工的监理控制要点　| 102

一、施工准备阶段质量监理控制　| 102

二、施工过程中质量监理控制　| 104

三、做好混凝土的养护及温差监控工作　| 105

四、结构混凝土浇筑的质量控制　| 105

五、大体积混凝土施工配合比控制　| 106

第十章 主体结构工程质量验收监理控制要点 | 109

一、基本规定 | 109

二、模板分项工程 | 110

三、钢筋分项工程 | 114

四、预应力分项工程 | 119

五、混凝土分项工程 | 125

六、现浇结构分项工程 | 130

七、装配式结构分项工程 | 133

八、混凝土结构子分部工程 | 137

附录A 质量验收记录 | 139

附录B 纵向受力钢筋的最小搭接长度 | 142

附录C 结构实体检验用同条件养护试件强度检验 | 144

附录D 结构实体钢筋保护层厚度检验 | 145

第十一章 预应力混凝土结构施工质量监理控制要点 | 146

一、审查施工组织设计 | 146

二、原材料质量控制 | 146

三、施工过程质量控制 | 148

第十二章 清水混凝土施工质量监理控制要点 | 153

一、施工方案的审查 | 153

二、原材料质量控制 | 153

三、模板工程质量控制管理 | 154

四、清水混凝土效果的质量控制 | 155

五、清水混凝土施工质量控制 | 155

第十三章 防治混凝土裂缝的监理控制要点 | 157

一、设计阶段的裂缝控制 | 157

二、混凝土施工阶段的裂缝控制 | 157

三、混凝土强度形成阶段的裂缝控制 | 158

第十四章　隔震结构质量监理控制要点 ｜ 160

一、隔震支座安装流程 ｜ 160

二、隔震支座安装质量控制措施 ｜ 160

第十五章　地下防水工程质量监理控制要点 ｜ 162

一、施工前的准备工作 ｜ 162

二、硬性防水结构工程施工质量控制 ｜ 163

三、柔性防水层施工质量控制 ｜ 167

四、成品保护的控制 ｜ 172

第十六章　屋面防水工程质量控制 ｜ 173

一、施工准备阶段的控制 ｜ 173

二、防水卷材施工程序的控制 ｜ 174

三、施工过程质量控制 ｜ 174

四、重点节点部位的施工质量控制 ｜ 176

第十七章　卫生间防水工程质量控制 ｜ 177

一、工艺流程控制 ｜ 177

二、施工操作控制要点 ｜ 177

第十八章　屋面工程施工质量监理控制要点 ｜ 180

一、旧屋面的修复质量控制 ｜ 180

二、新建混凝土平屋面施工质量控制 ｜ 181

三、新建瓦屋面施工质量控制 ｜ 183

第十九章　铝合金门窗工程质量监理控制要点 ｜ 185

一、施工方案的审查 ｜ 185

二、进场材料的质量控制 ｜ 185

三、施工过程的质量控制 ｜ 185

第二十章　幕墙工程施工质量监理控制要点 ｜ 188

一、专项施工方案的审查 ｜ 188

二、进场材料的质量控制 ｜188

三、明、暗框玻璃幕墙质量控制 ｜188

四、单元式玻璃幕墙施工质量控制 ｜189

五、石材幕墙施工质量控制 ｜191

第二十一章　给水排水及采暖工程质量监理控制要点 ｜193

一、基本要求 ｜193

二、室内给水系统安装 ｜195

三、室内消火栓系统安装 ｜195

四、室内排水系统的安装 ｜196

五、卫生器具的安装 ｜197

六、室内采暖系统的安装 ｜198

第二十二章　通风与空调工程质量监理控制要点 ｜200

一、暖通空调施工质量控制 ｜200

二、通风空调设备的安装质量控制 ｜201

三、风管及部件安装质量控制 ｜202

四、空气处理设备的制作、安装质量控制 ｜202

五、风机盘管、诱导器及空调器（箱）安装质量控制 ｜203

六、通风机安装质量控制 ｜203

七、制冷设备安装质量控制 ｜204

八、通风与空调系统的防腐和保温 ｜205

九、通风与空调系统调试 ｜206

第二十三章　建筑电气工程施工质量监理控制要点 ｜208

一、供配电系统 ｜208

二、接地、防雷系统 ｜209

三、路灯、灯饰施工质量控制 ｜210

第二十四章　智能化工程质量监理控制要点 ｜212

一、房屋建筑工程智能化系统的特点 ｜212

二、智能化系统监理工作要点 ｜213

三、智能化系统质量监理控制难点及对策 ｜215

四、监理在质量控制中应特别注意的几个要点 | 219

第二十五章　电梯工程安装质量监理控制要点 | 222
一、电梯工程质量控制流程 | 222
二、电梯质量控制管理 | 222

第二十六章　建筑节能工程施工质量监理控制要点 | 227
一、基本要求 | 227
二、材料与设备质量控制 | 227
三、施工与验收质量控制 | 228

第二十七章　人防工程质量监理控制要点 | 231
一、孔口防护设施的制作及安装质量控制 | 231
二、临空墙、板战时封堵施工质量控制 | 231
三、管道与附件安装质量控制 | 232

第二十八章　给水排水及消防工程质量监理控制要点 | 233
一、各系统基本要求 | 233
二、质量控制措施及工作方法 | 240

第二十九章　混凝土主体结构实测实量监理控制要点 | 243
一、基本要求 | 243
二、截面尺寸偏差（混凝土结构） | 243
三、表面平整度（混凝土结构） | 244
四、垂直度（混凝土结构） | 245
五、顶板水平度极差（混凝土结构） | 246
六、楼板厚度偏差（混凝土结构） | 247

第三十章　钢结构工程施工质量监理控制要点 | 248
一、对钢结构加工制作的质量控制 | 248
二、对钢结构安装的质量控制 | 248
三、监理对钢结构涂装施工质量控制措施 | 261

第三十一章　砌体工程施工质量监理控制要点　| 262

一、砖的质量控制　| 262

二、砌筑砂浆的质量控制　| 263

三、砌筑施工质量控制　| 265

四、砖砌体工程质量控制的主控项目　| 266

五、砖砌体工程质量控制的一般项目　| 267

六、砖砌体工程质量通病及控制措施　| 268

七、冬期施工　| 270

第三十二章　室内装饰工程施工质量监理控制要点　| 272

一、地面工程施工质量监理控制要点　| 272

二、墙体饰面板、砖施工质量监理控制要点　| 275

三、涂料装饰、裱糊壁纸施工质量监理控制要点　| 276

四、吊顶工程质量监理控制要点　| 278

第三十三章　机电安装与消防工程质量监理控制要点　| 281

一、工程技术重点、难点　| 281

二、制定相应的监理控制措施　| 281

第三十四章　室外工程质量监理控制要点　| 285

一、景观绿化工程的特点　| 285

二、苗木报验程序　| 285

三、绿地的给水和喷灌　| 286

四、绿地排水管道安装　| 286

五、环境照明安装　| 286

六、广场铺装质量控制措施　| 287

七、园林小品质量控制管理措施　| 288

八、草坪、花坛、草本地被植物种植工程控制　| 290

第三十五章　质量控制中的智能信息化管控要点　| 293

一、智能信息化系统建设　| 293

二、智能信息化管控要点　| 294

第三十六章　监理质量控制资料管理　| 296

一、合同文件　| 296

二、工程前期文件　| 296

三、勘察设计文件　| 297

四、监理工作指导文件　| 297

五、施工单位报审文件　| 298

六、资质资料　| 298

七、工程质量文件　| 298

八、监理报告　| 298

九、监理工作函件　| 299

十、监理工作记录文件　| 299

十一、监理工作总结　| 299

十二、工程管理往来文件　| 299

十三、工程验收文件　| 300

附录A　质量验收部分规范用表　| 301

附录B　关于《混凝土结构设计规范》的最新修订　| 313

参考文献　| 314

建筑工程监理质量控制要点

第一章

质量控制的基本原则、依据和义务

一、质量控制的基本原则

1.坚持质量第一的原则

工程质量不仅关系工程的适用性和造价效果，还关系工程结构安全。所以，项目监理机构在进行造价、进度、质量三大目标控制和处理三者关系时，应坚持"百年大计，质量第一"，在工程建设中自始至终把"质量第一"作为对工程质量控制的基本原则。

2.坚持以人为核心的原则

人是工程建设的决策者、组织者、管理者和操作者。工程建设中各单位、各部门、各岗位人员的工作质量水平和完善程度，都直接和间接地影响工程质量。所以在工程质量控制中，要以人为核心，重点控制人的素质和人的行为，充分发挥人的积极性和创造性，以人的工作质量保证工程质量。

3.坚持预防为主的原则

要重点做好质量的事先控制和事中控制，以预防为主，加强过程和中间产品的质量检查和控制。方案先行，样板引路。

4.以合同为依据，坚持质量标准的原则

质量标准是评价产品质量的尺度，工程质量是否符合合同规定的质量标准要求，应通过质量检验并与质量标准对照。符合质量标准要求的才是合格，不符合质量标准要求的就是不合格，对于不合格的工程质量，监理人员必须要求施工单位进行返工处理，并跟踪、检查、督促施工单位按合同约定的质量标准组织施工。

5.坚持科学、公平、守法的职业道德规范

在工程质量控制中，项目监理人员必须坚持科学、公平、守法的职业道德规范，要尊重科学，尊重事实，以标准、数据为依据，客观、公平地进行质量问题的处理。要坚持原则，遵纪守法，秉公监理。

二、质量控制的依据

项目监理机构对施工质量控制的依据，大体上有以下四类：

（1）工程合同文件。

（2）工程勘察、设计文件。

（3）有关质量管理方面的法律法规、部门规章与规范性文件。

（4）质量标准与技术规程：

1）工程项目施工质量验收标准。

2）控制施工作业活动质量的技术规程。

三、监理的质量责任和义务

工程监理单位应当依照法律、法规以及有关技术标准、设计文件和工程承包合同代表建设单位对施工质量实施监理，并对施工质量承担监理责任。其责任和义务具体为：

（1）工程监理单位应当依法取得相应等级的资质证书，在其资质等级许可的范围内承担工程监理业务，且不得转让工程监理业务。

（2）工程监理单位与被监理工程的施工承包单位以及建筑材料、建筑构配件和设备供应单位有隶属关系或者其他利害关系的，不得承担该项建设工程的监理业务。

（3）工程监理单位应当依照法律、法规以及有关技术标准、设计文件和建设工程承包合同，代表建设单位对施工质量实施监理，并对施工质量承担监理责任。

（4）工程监理单位应当选派具备相应资格的总监理工程师和监理工程师进驻施工现场。未经监理工程师签字，建筑材料、建筑构配件和设备不得在工程上使用或者安装，施工单位不得进行下一道工序的施工。未经总监理工程师签字，建设单位不得拨付工程款，不得进行竣工验收。

（5）监理工程师应当按照工程监理规范的要求，采取旁站、巡视和平行检验等形式，对建设工程实施监理。

第二章

设计及施工准备阶段的质量监理控制要点

▉ 一、设计及施工准备阶段的监理质量管理流程

（1）施工图设计阶段监理质量控制程序，如图2-1所示。

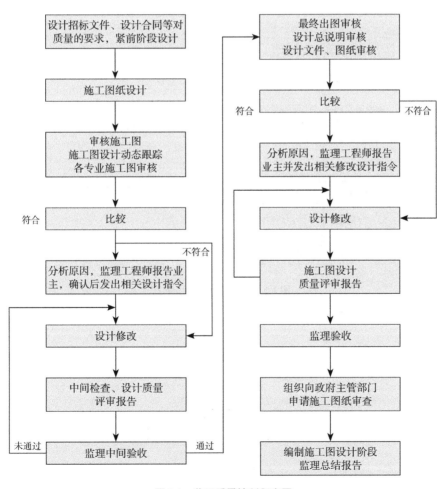

图2-1 监理质量控制程序图

（2）设计变更控制程序，如图2-2所示。

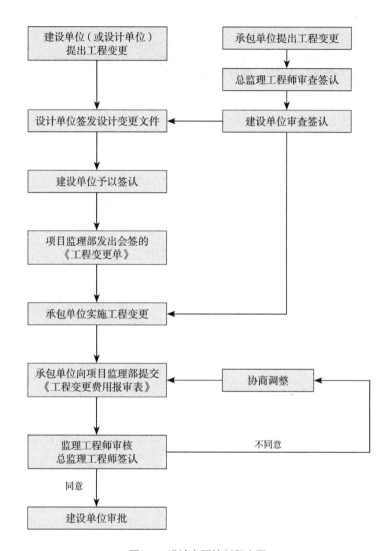

图2-2　设计变更控制程序图

（3）施工准备阶段的监理质量管理流程，如图2-3所示。

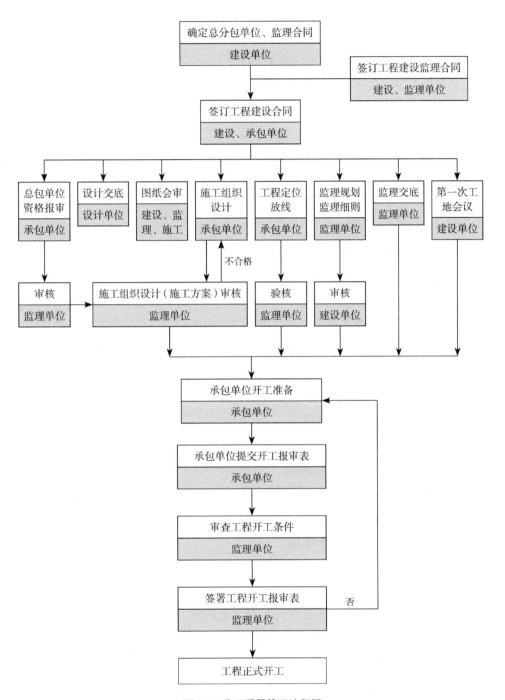

图2-3 监理质量管理流程图

二、对施工单位的三大质量体系的审查

根据《建设工程监理规范》GB/T 50319—2013的相关规定，工程项目开工前，总监理工程师应审查施工单位现场项目监理机构的质量管理体系、技术管理体系和质量保证体系，在能够保证工程项目施工质量时予以签认。主要审核以下内容：

（1）质量管理、技术管理和质量保证的组织机构；

（2）质量管理、技术管理制度；

（3）专职管理人员和特种作业人员的资格证、上岗证。

三、对分包单位的资质审查

根据《建设工程监理规范》GB/T 50319—2013的相关规定，在分包工程开工前，专业监理工程师应审查施工单位报送的分包单位资格报审表和分包单位的有关资质资料，符合相关规定后，由总监理工程师予以签认。

对于分包单位的资格，应审核以下内容：

（1）分包单位的营业执照、企业资质等级证书、特殊行业施工许可证、国外（境外）企业在国内承包工程许可证；

（2）分包单位的业绩；

（3）拟分包工程的内容和范围；

（4）专职管理人员和特种作业人员的资格证、上岗证。

四、图纸会审与设计交底

1.图纸会审

监理人员在收到施工图审查机构审查合格的施工图设计文件后，在设计交底前全面细致地对工程设计文件进行了解和熟悉，并参加建设单位主持的图纸会审会议，协助建设单位召开图纸会审会议，组织项目监理机构、施工单位等相关人员熟悉图纸，并整理成问题清单，在设计交底前的约定时间内由建设单位提交给设计单位。图纸会审由施工单位负责整理会议纪要，与会各方进行会签。

总监理工程师组织监理人员熟悉工程设计文件是项目监理机构实施事前控制的一项重要工作。其目的：一是通过熟悉工程设计文件，了解设计意图和工程设

计特点，了解工程关键部位的质量要求；二是发现图纸差错，将图纸中的质量隐患消灭在萌芽之中。监理人员应重点熟悉：设计的主导思想与设计构思，采用的设计规范、各专业设计说明等，以及工程设计文件对主要工程材料、构配件和设备的要求，对所采用的新材料、新工艺、新技术、新设备的要求，对施工技术的要求以及涉及工程质量、施工安全应特别注意的事项等。

图纸会审的内容一般包括：

（1）审查设计图纸是否满足项目立项的功能、技术可靠、安全、经济适用的需求；

（2）图纸是否已经通过审查机构签字、盖章；

（3）地质勘探资料是否齐全，设计图纸与说明是否齐全，设计深度是否达到规范要求；

（4）设计地震烈度是否符合当地要求；

（5）总平面与施工图的几何尺寸、平面位置、标高等是否一致；各专业图纸本身是否有差错及矛盾，结构图与建筑图的平面尺寸及标高是否一致，建筑图与结构图的标示方法是否清楚，是否符合制图标准，预留、预埋件是否标示清楚；

（6）防火、消防是否满足要求；

（7）工程材料来源有无保证，新工艺、新材料、新技术的应用有无问题；

（8）地基处理方法是否合理，建筑与结构构造是否存在不能施工、不便于施工的技术问题，或容易导致质量、安全、工程费用增加等方面的问题；

（9）工艺管道、电气线路、设备装置、运输道路与建筑物之间或相互之间有无矛盾。

2.设计交底

工程开工前，监理人员应协助建设单位组织并主持召开工程设计技术交底会。先由设计单位进行设计交底，后转入图纸会审问题解释，设计单位对图纸会审问题清单予以解答。监理人员应积极与建设单位、设计单位、施工单位及其他有关单位研究协商，确定图纸存在的各种技术问题的解决方案。设计交底会议纪要由设计单位整理，与会各方进行会签。

五、施工组织设计审查

施工组织设计是指导施工单位进行施工的实施性文件。项目监理机构应审查施工单位报审的施工组织设计，符合要求时，应由总监理工程师签认后报送建设单位。

项目监理机构应要求施工单位按已批准的施工组织设计组织施工。施工组织设计需要调整时，项目监理机构应按程序重新进行审查。

（一）施工组织设计审查的基本内容与程序要求

1.审查的基本内容

施工组织设计审查应包括下列基本内容：

（1）编审程序应符合相关规定；

（2）施工进度、施工方案及工程质量保证措施应符合施工合同要求；

（3）资金、劳动力、材料、设备等资源供应计划应满足工程施工需要；

（4）安全技术措施应符合工程建设强制性标准；

（5）施工总平面布置应科学、合理。

2.审查的程序要求

施工组织设计的报审应遵循下列程序及要求：

（1）施工单位编制的施工组织设计经施工单位技术负责人审核签认后，与施工组织设计报审表一并报送项目监理机构。

（2）总监理工程师应及时组织专业监理工程师进行审查，需要修改的，由总监理工程师签发书面意见退回修改；符合要求的，由总监理工程师签认。

（3）已签认的施工组织设计由项目监理机构报送建设单位。

施工组织设计在实施过程中，施工单位如需做较大的变更，应经总监理工程师审查同意。

（二）施工组织设计审查

（1）受理施工组织设计。施工组织设计的审查必须在施工单位编审手续齐全（即编制人、施工单位技术负责人的签名和施工单位公章均齐全）的基础上，由施工单位填写施工组织设计报审表，并在合同约定的时间内报送项目监理机构。

（2）总监理工程师应在约定的时间内，组织各专业监理工程师进行审查，专业监理工程师在报审表上签署审查意见后，总监理工程师审核批准。需要施工单位修改施工组织设计时，由总监理工程师在报审表上签署意见，发回施工单位修改。施工单位修改后重新报审，总监理工程师应组织审查。施工组织设计应符合国家的技术政策，充分考虑施工合同约定的条件、施工现场条件及法律法规的要求；施工组织设计应针对工程的特点、难点及施工条件，具有可操作性，质量措施切实保证工程质量目标，采用的技术方案和措施先进、适用、成熟。项目监理机构宜将审查施工单位施工组织设计的情况，特别是要求发回修改的情况及时向建设单位通报，应将已审定的施工组织设计及时报送建设单位。涉及增加工程措施费的项目必须与建设单位协商，并征得建设单位的同意。

（3）经审查批准的施工组织设计，施工单位应认真贯彻实施，不得擅自任意改动。若需进行实质性的调整、补充或变动，应报项目监理机构审查同意。如果施工单位擅自改动，监理机构应及时发出监理通知单，按照要求的程序进行报审。

▊ 六、专项施工方案审查

总监理工程师应组织专业监理工程师审查施工单位报审的施工方案，符合要求后应予以签认。施工方案审查应包括的基本内容：

（1）编审程序应符合相关规定；

（2）工程质量保证措施应符合有关标准。

1. 程序性审查

应重点审查施工方案的编制人、审批人是否符合有关权限规定的要求。根据相关规定，通常情况下，施工方案应由项目技术负责人组织编制，并经施工单位技术负责人审批签字后提交项目监理机构。项目监理机构在审批施工方案时，应检查施工单位的内部审批程序是否完善，签章是否齐全，重点核对审批人是否为施工单位的技术负责人。

2. 内容性审查

重点审查施工方案是否具有针对性、指导性、可操作性；现场施工管理机构是否建立了完善的质量保体系，是否明确了工程质量要求及目标，是否健全了质量保证体系组织机构及岗位职责，是否配备了相应的质量管理人员；是否建立了各项质量管理制度和质量管理程序等；施工质量保证措施是否符合现行的规范、标准等，特别是与工程建设强制性标准的符合性。例如，审查地基基础工程土方开挖施工方案，要求土方开挖的顺序、方法必须与设计工况相一致，并遵循"开槽支撑，先撑后挖，分层开挖，严禁超挖"的原则。在质量安全方面的要点是：①基坑边坡土方量不应超过设计荷载以防边坡塌方；②挖方时不应碰撞或损伤支护结构、降水设施；③开挖到设计标高后，应对坑底进行保护，验槽合格后，尽快施工垫层；④严禁超挖；⑤开挖过程中，应对支护结构、周围环境进行观察、监测，发现异常及时处理等。

3. 审查的主要依据

建设工程施工合同文件及建设工程监理合同，经过批准的建设工程项目文件和设计文件，相关法律、法规、规范、规程、标准图集等，以及其他工程基础资料、工程场地周边环境（含管线）资料等。

七、对现场施工准备工作管理

1.施工现场准备工作检查

工程开工前，项目监理机构应审查施工单位现场的质量管理组织机构、管理制度及专职管理人员和特种作业人员的资格，主要内容包括：

（1）项目部质量管理体系；

（2）现场质量责任制；

（3）主要专业工种操作岗位证书；

（4）分包单位管理制度；

（5）图纸会审记录；

（6）地质勘查资料；

（7）施工技术标准；

（8）施工组织设计编制及审批；

（9）物资采购管理制度；

（10）施工设施和机械设备管理制度；

（11）计量设备配备；

（12）检测试验管理制度；

（13）工程质量检查验收制度等。

2.分包单位资质的审核确认

分包工程开工前，项目监理机构应审核施工单位报送的分包单位资格报审表及有关资料，专业监理工程师进行审核并提出审查意见，符合要求后，应由总监理工程师审批并签署意见。分包单位资格审核应包括的基本内容：

（1）营业执照、企业资质等级证书；

（2）安全生产许可文件；

（3）类似工程业绩；

（4）专职管理人员和特种作业人员的资格。

专业监理工程师应在约定的时间内对施工单位所报资料的完整性、真实性和有效性进行审查。在审查过程中需要与建设单位进行有效沟通，必要时应会同建设单位对施工单位选定的分包单位的情况进行实地考察和调查，核查施工单位申报材料与实际情况是否相符。专业监理工程师审查分包单位资质材料时，应查验《建筑业企业资质证书》《企业法人营业执照》以及《安全生产许可证》。拟承担分包工程内容与资质等级、营业执照是否相符。分包单位的类似工程业绩要求提供工程名称、工程质量验收等证明文件；审查拟分包工程的内容和范围时，应注意施工单位的发包性质，禁止转包、肢解分包、层层分包等违法行为。总监理工程师对报审资料进行审核，在报审表上签署书面意见前须征求建设单位的意见。如分包单位的资质材料不符合要求，施工单位应根据总监理工程师的审核意见，或重新报审，或另外选择分包单位再行报审。

3. 查验施工控制测量成果

专业监理工程师应检查、复核施工单位报送的施工控制测量成果及保护措施，并签署意见，同时应对施工单位在施工过程中报送的施工测量放线成果进行查验。施工控制测量成果及保护措施的检查、复核，包括：

（1）施工单位测量人员的资格证书及测量设备检定证书；

（2）施工平面控制网、高程控制网和临时水准点的测量成果及控制桩的保护措施。

项目监理机构收到施工单位报送的施工控制测量成果报验表后，由专业监理工程师审查。专业监理工程师应审查施工单位的测量依据、测量人员资格和测量成果是否符合规范及标准要求，符合要求的，予以签认。专业监理工程师应检查、复核施工单位测量人员的资格证书和测量设备检定证书。根据相关规定，从事工程测量的技术人员应取得合法有效的相关资格证书，用于测量的仪器和设备也应具备有效的检定证书。专业监理工程师应按照相应测量标准的要求对施工平面控制网、高程控制网和临时水准点的测量成果及控制桩的保护措施进行检查、复核。例如，场区控制网点的位置，应选择在透视良好、便于实测、利于长期保存的地点，并埋设相应的标示，必要时还应增加强制对中装置。标示埋设深度，应根据冻土深度和场地设计标高确定。施工中，当少数高程控制点标示不能保存时，应将其引测至稳固的建（构）筑物上，引测精度不应低于原高程点的精度等级。

4. 施工试验室的检查

专业监理工程师应检查施工单位为工程提供服务的试验室（包括施工单位自有试验室或委托的实验室），试验室的检查应包括下列内容：

（1）试验室的资质等级及试验范围；

（2）法定计量部门对试验设备出具的计量检定证明；

（3）试验室管理制度；

（4）试验人员的资格证书。

项目监理机构收到施工单位报送的试验室报审表及有关资料后，总监理工师应组织专业监理工程师对施工试验室进行审查。专业监理工程师在熟悉工程的试验项目及其要求后对施工试验室进行审查。根据有关规定，为工程提供服务的实验室应具有政府主管部门颁发的资质证书及相应的试验范围。试验室的资质等级和试验范围必须满足工程需要；试验设备应由法定计量部门出具符合规定要求的计量检定证明；试验室还应具有相关管理制度，以保证试验、检测过程和结果的规范性、准确性、有效性、可靠性及可追溯性，试验室管理制度应包括试验人员的工作记录、人员考核及培训制度、资料管理制度、原始记录管理制度、试验检测报告管理制度、样品管理制度、仪器设备管理制度、安全环保管理制度、外委试验管理制度、对比试验以及能力考核管理制度、施工现场（搅拌站）试验管理制度、检查评比制度、工作会议制度以及报表制度等。从事试验、检测工作的人员应按规定具备相应的上岗资格证书。专业监理工程师应对以上制度逐一进行检查，符合要求后予以签认。另外，施工单位还有一些用于现场进行计量的设备，包括施工中使用的衡器、量具、计量装置等。要求施工单位按有关规定，定期对计量设备进行检查、检定，确保计量设备的精确性和可靠性。专业监理工程师应审查施工单位定期提交影响工程质量的计量设备的检查和检定报告。

5. 工程开工条件审查与开工令的签发

总监理工程师应组织专业监理工程师审查施工单位报送的工程开工报审表及相关资料，同时具备下列条件时，应由总监理工程师签署审查意见，并报送建设单位，得到批准后，总监理工程师签发工程开工令。

（1）设计交底和图纸会审已完成；

（2）施工组织设计已由总监理工程师签认；

（3）施工单位现场质量、安全生产管理体系已建立，管理及施工人员已到位，施工机进场道路及水、电、通信等已满足开工要求。

总监理工程师应在开工日期7天前向施工单位发出工程开工令。

工期由总监理工程师发出的工程开工令中载明的开工日期起开始计算。总监理工程师应组织专业监理工程师审查施工单位报送的开工报审表及相关资料，并对开工应具备的条件进行逐项审查，全部符合要求后方可签署审查意见，报送建设单位，得到批准后，再由总监理工程师签发工程开工令。施工单位应在开工日期开始计算后尽快进行施工。

6. 工程材料、构配件、设备的质量控制管理

（1）工程材料、构配件、设备质量控制的基本内容。

项目监理机构收到施工单位报送的工程材料、构配件、设备报审表后，应审查施工单位报送的用于工程的材料、构配件、设备的质量证明文件，并应按照有关规定、建设工程监理合同的约定，对用于工程的材料进行见证取样。用于工程的材料、构配件、设备的质量证明文件包括：出厂合格证、质量检验报告、性能检测报告以及施工单位的质量抽检报告等。

（2）工程材料、构配件、设备质量控制管理。

1）对于工程的主要材料，在材料进场时专业监理工程师应核查厂家的生产许可证、出厂合格证、材质化验单及性能检测报告，审查不合格者一律不准用于工程。

2）需要在现场配制的材料，施工单位应进行级配设计与配合比试验，经试验合格后才能使用。

3）对于进口材料、构配件和设备，专业监理工程师应要求施工单位报送进口商检证明文件，并会同建设单位、施工单位、供货单位等相关单位的有关人员，按合同约定进行联合检查验收。

4）对于工程所采用的新设备、新材料，应核查相关部门的鉴定证书或工程应用的证明材料、实地考察报告或专题论证材料。

5）原材料、（半）成品、构配件进场时，专业监理工程师应检查其尺寸、规格、型号、产品标志、包装等外观质量，并判定其是否符合设计、规范、合同等要求。

6）工程设备验收前，设备安装单位应提交设备验收方案，包括验收方法、质量标准、验收的依据，经专业监理工程师审查同意后方可实施。

7）对于进场的设备，专业监理工程师应会同设备安装单位、供货单位等有关人员进行开箱检验，检查其是否符合设计文件、合同文件和规范等所规定的厂家、型号、规格、数量、技术参数等，检查设备图纸、说明书、配件是否齐全。

8）由建设单位采购的主要设备则由建设单位、施工单位、项目监理机构进行开箱检查，并由三方在开箱的检查记录上签字确认。

9）质量合格的材料、构配件进场后，到其使用或安装时通常需要经过一定的时间间隔。在此时间里，专业监理工程师应对施工单位在材料、半成品、构配件的存放、保管及使用期限实行监控。

7. 监理机构内部质量控制准备工作

（1）总监理工程师组织监理人员根据工程的特点与难点编制有针对性的质量监理计划、监理规划、质量管理制度等，上报公司批准后提交建设单位，以指导工程质量监理工作的开展。

（2）组织所有监理人员认真学习有关规范，特别是与工程施工难点密切相关的规范、规程，以指导现场监理人员更好地开展监理工作。

（3）向施工单位进行监理交底，介绍监理工作程序及监理规划中关于质量控制的相关内容，以便各方协调配合，提高工作效率。

（4）针对工程中的重要部位和施工难点的质量控制工作，建立监理机构内部的《重点工程质量控制清单》填写制度。《重点工程质量控制清单》还可根据工程的设计文件及规范要求调整、补充与完善。

8. 第一次工地例会

根据《建设工程监理规范》GB/T 50319—2013的相关规定，工程项目开工前，监理人员应参加由建设单位主持召开的第一次工地会议。第一次工地会议纪要应由项目监理机构负责起草，并经与会各方代表会签。

第一次工地会议应包括以下主要内容：

（1）建设单位、承包单位和监理单位分别介绍各自驻现场的组织机构、人员及其分工；

（2）建设单位根据委托监理合同宣布对总监理工程师的授权；

（3）建设单位介绍工程开工准备情况；

（4）承包单位介绍施工准备情况；

（5）建设单位和总监理工程师对施工准备情况提出意见和要求；

（6）总监理工程师介绍监理规划的主要内容；

（7）研究确定各方在施工过程中参加工地例会的主要人员，召开工地例会周期、地点及主要议题。

第三章

施工阶段的质量监理控制要点

■ 一、施工阶段的质量控制管理流程

在工程开始前，施工单位须做好施工准备工作，待开工条件具备时，应向项目监理机构报送工程开工报审表及相关资料。

专业监理工程师重点审查施工单位的施工组织设计是否已由总监理工程师签认，是否已建立相应的现场质量、安全生产管理体系，管理及施工人员是否已到位，主要施工机械是否已具备使用条件，主要工程材料是否已落实到位。

设计交底和图纸会审是否已完成；进场道路及水、电、通信等是否已满足开工要求。审查合格后，则由总监理工程师签署审核意见，并报建设单位批准后，总监理工程师签发开工令。

施工单位按照施工进度计划完成分部工程施工，且分部工程所包含的分项工程全部检验合格后，应填写相应的分部工程报验表，并附有分部工程质量控制资料，报送项目监理机构验收。

由总监理工程师组织相关人员对分部工程进行验收，并签署验收意见。

（1）施工阶段工程质量控制流程，如图3-1所示。

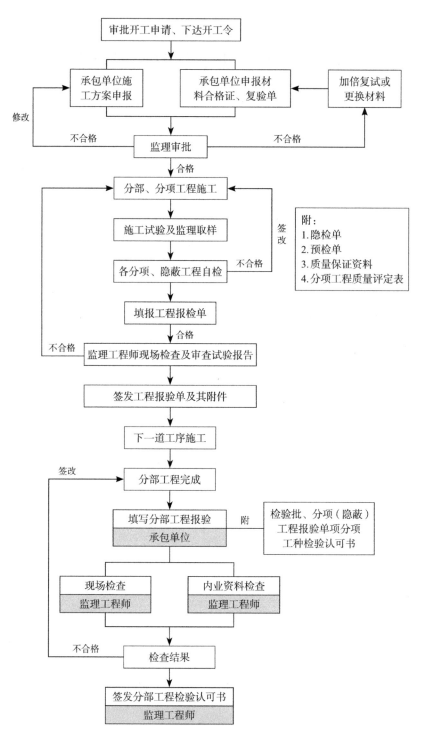

建筑工程监理质量控制要点

图3-1 控制流程图

（2）基础工程监理程序，如图3-2所示。

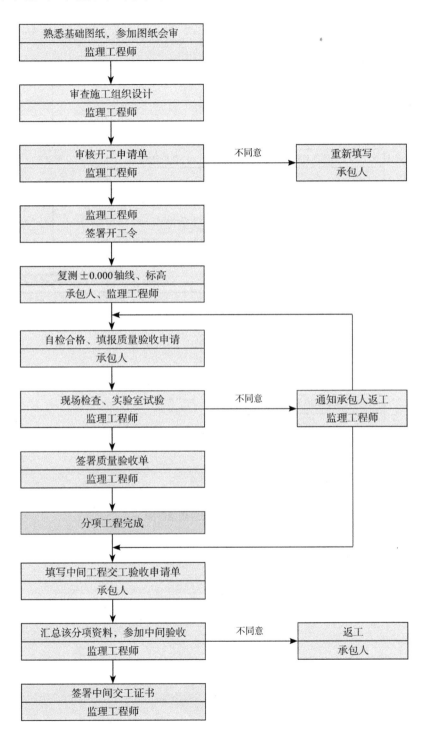

图3-2 基础工程监理程序图

（3）主体工程监理程序，如图3-3所示。

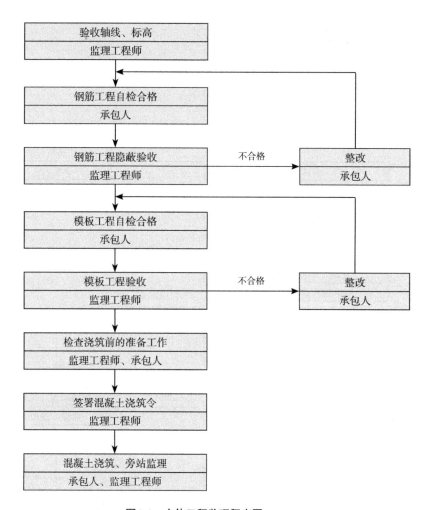

图3-3　主体工程监理程序图

（4）材料控制工作流程，如图3-4所示。

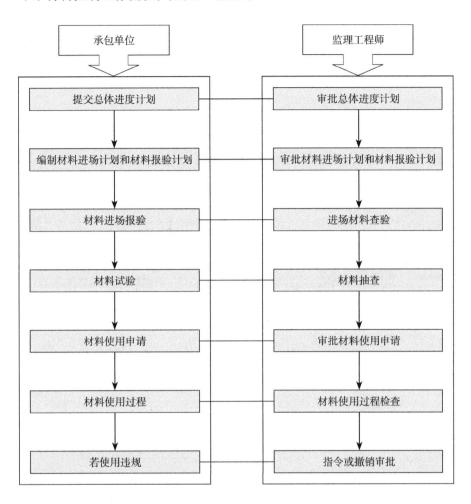

图3-4　材料控制工作流程框图

（5）测量控制监理工作流程，如图3-5所示。

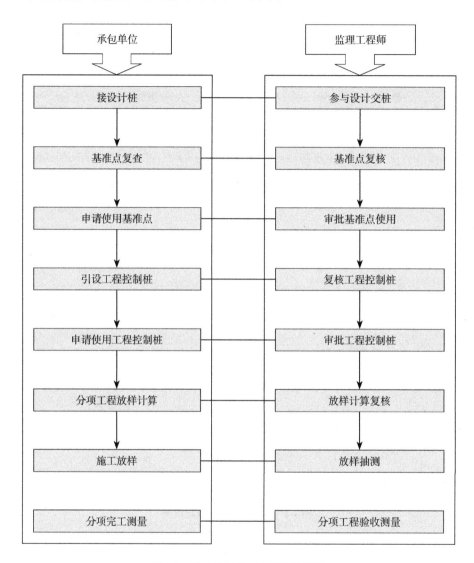

图3-5　测量控制监理工作流程框图

（6）试验控制监理工作流程，如图3-6所示。

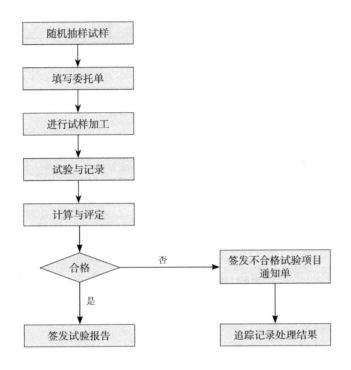

图3-6 试验控制监理工作流程框图

（7）分包单位资格审查程序，如图3-7所示。

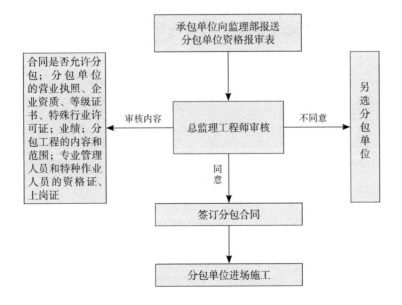

图3-7 分包单位资格审查程序框图

（8）隐蔽工程检查验收程序，如图3-8所示。

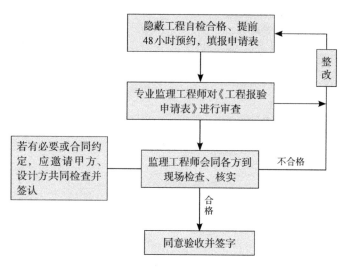

图3-8　隐蔽工程检查验收程序框图

（9）工序验收程序流程，如图3-9所示。

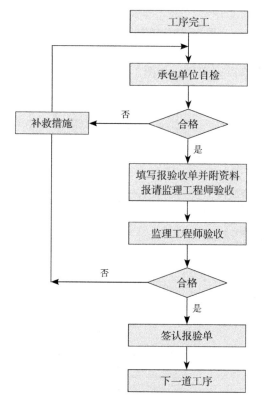

图3-9　工序验收程序流程图

（10）分项工程验收流程，如图3-10所示。

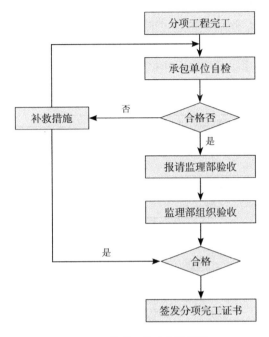

图3-10　分项工程验收流程图

（11）分部工程质量验收程序，如图3-11所示。

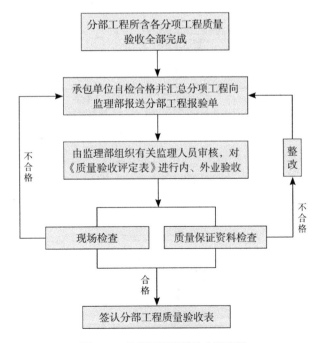

图3-11　分部工程质量验收程序图

（12）单位工程竣工预验收程序，如图3-12所示。

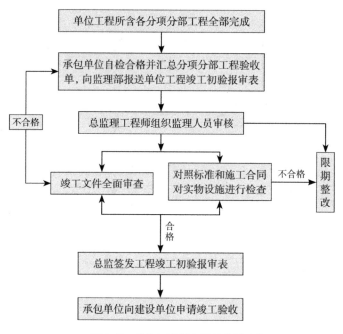

图3-12 单位工程竣工预验收程序图

（13）施工阶段单位（单项）工程质量监理验收程序，如图3-13所示。

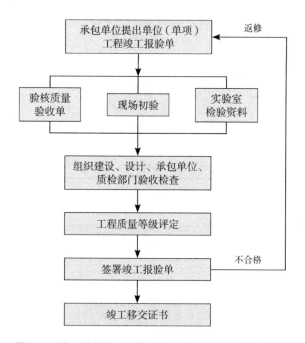

图3-13 施工阶段单位（单项）工程质量监理验收程序图

（14）工程质量事故处理程序，如图3-14所示。

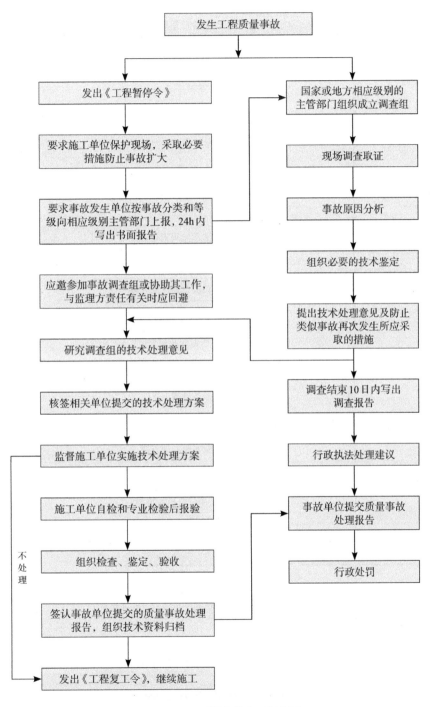

图3-14 工程质量事故处理程序图

（15）工程质量问题处理程序，如图3-15所示。

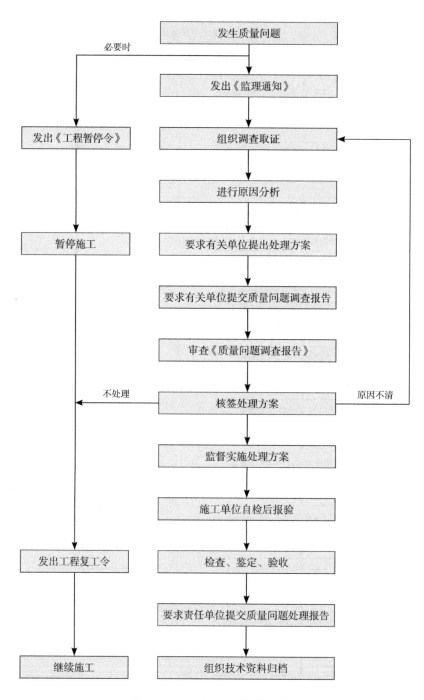

图3-15　工程质量问题处理程序图

二、工程施工过程质量控制监理措施

项目监理人员通过采取巡视、旁站、见证取样与平行检验等手段发现施工存在的质量问题的、施工单位采用不恰当的施工工艺或施工不当并由此造成工程质量不合格的，应签发监理通知单、工程暂停令（事先与建设单位沟通），要求施工单位进行整改。具体如下：

（一）巡视

1.巡视的内容
巡视是项目监理机构对施工现场进行的定期或不定期的检查活动。

项目监理机构应安排监理人员对工程施工质量进行巡视。巡视应包括下列主要内容：

（1）施工单位是否按工程设计文件、工程建设标准和批准的施工组织设计、（专项）施工方案施工。施工单位必须按照工程设计图纸和施工技术标准施工，不得擅自修改工程设计，不得偷工减料。

（2）使用的工程材料、构配件和设备是否合格。应检查施工单位使用的工程原材料、构配件和设备是否合格。不得在工程中使用不合格的原材料、构配件和设备，只有经过复试检测合格的原材料、构配件和设备才能够用于工程。

（3）施工现场的管理人员，特别是负责施工质量的管理人员是否到位，对于其是否到位及相关履职情况，应做好检查和记录。

（4）特种作业人员是否持证上岗。应对施工单位特种作业人员是否持证上岗进行检查。根据《建筑施工特种作业人员管理规定》，对于建筑电工、建筑架子工、建筑起重信号司索工、建筑起重机械司机、建筑起重机械安装拆卸工、高处作业吊篮安装拆卸工、焊接切割操作工以及经省级以上人民政府建设主管部门认定的其他特种作业人员，必须持施工特种作业人员操作证上岗。

（二）旁站

旁站是指项目监理机构对工程的关键部位或关键工序的施工质量进行的监督活动。项目监理机构应根据工程特点和施工单位报送的施工组织设计，将影响工程主体结构安全的、完工后无法检测其质量的、返工会造成较大损失的部位及其施工过程作为旁站的关键部位、关键工序的，安排监理人员进行施工全过程旁站，并应及时记录旁站监理情况。

1.旁站工作程序

（1）开工前，项目监理机构应根据工程特点和施工单位报送的施工组织设计，确定旁站的关键部位、关键工序，并书面通知施工单位。

（2）施工单位在需要实施旁站的关键部位、关键工序进行施工前书面通知项目监理机构。

（3）接到施工单位书面通知后，项目监理机构应安排2名旁站监理人员实施旁站监理。

（4）旁站人员的主要职责：

1）检查施工单位现场质检人员到岗，特殊工种人员持证上岗及施工机械、建筑材料准备情况；

2）在现场监督关键部位、关键工序的施工执行施工方案以及工程建设强制性标准情况；

3）核查进场建筑材料、构配件、设备和商品混凝土的质量检验报告等，并可在现场监督施工单位进行检验或者委托具有资格的第三方进行复验；

4）做好旁站记录，保存旁站原始资料。

（5）对施工中出现的偏差及时进行纠正，保证施工质量。发现施工单位有违反工程建设强制性标准行为的，应责令施工单位立即整改；发现其施工活动已经或者可能危及工程质量的，应当及时向总监理工程师报告，由总监理工程师下达暂停令，指令施工单位整改。

（6）对需要旁站的关键部位、关键工序的施工，凡是没有实施旁站监理或者没有旁站记录的，专业监理工程师或总监理工程师均不得在相应文件上签字。工程竣工验收后，项目监理机构应将旁站记录存档备查。

2.实施旁站监理的依据

（1）住房和城乡建设部《房屋建筑工程施工旁站监理管理办法》。

（2）《建设工程委托监理合同》《建设施工总承包合同》。

（3）设计施工图及其设计变更、洽商文件。

（4）承建单位为工程施工而编制并经监理工程师审批确认的施工方案。

（5）现行国家、行业、地方有关建设工程的规范、规程、标准及主要图集。

3.旁站监理组织形式及职责

（1）组织形式

1）旁站监理方案由总监理工程师根据相关的法规和工程特点，组织专业监理工程师编制并监督执行。

2）现场监理人员在总监理工程师的指导下，负责具体实施。

（2）旁站人员职责

1）检查施工单位现场质检人员的到岗情况。

2）检查施工单位现场特殊工种人员是否持证上岗。

3）检查施工单位现场机械、建筑材料的准备情况。

4）检查施工单位需要实施旁站监理部位的施工方案的执行情况。

5）检查施工单位对工程建设标准强制性文件的执行情况。

6）检查进场材料、构配件、设备和商品混凝土的质量检验报告及合格证件。

7）督促施工单位对需要现场复验的材料进行见证取样检验。

8）如实、准确地做好旁站监理记录和监理日记，保存旁站监理的原始资料。

4. 旁站监理人员的权限

（1）未经旁站监理人员签字确认的旁站监理工程部位，不得进行下一道工序施工。

（2）旁站监理人员发现施工单位有违反工程建设标准强制性条文行为的，其有权责令立即整改。

（3）旁站监理人员发现施工单位施工活动已经或者有可能危及工程质量行为的，其应当及时向总监理工程师报告，由总监理工程师下达局部暂停施工指令或采取其他应急措施。

（4）旁站监理记录是专业监理工程师和总监理工程师依法执行有关签字权的重要依据，对于旁站监理方案中要求有旁站监理工程师的部位，凡是没有实施旁站监理或没有旁站监理记录的，专业监理工程师或总监理工程师不得在相应的资料上签字，在质量验收时视为不具有完整的施工操作依据和质量检查记录，不得予以验收。在竣工验收后，监理部应当将旁站监理记录存档备案。

（5）人工地基检测见证。

检测单位应向现场监理机构提交检测合同、检测技术方案、人工地基检测现场见证监督告知书，检测单位共同商定检测点位、数量，确保抽样点的代表性，现场核对监测点位，对检测仪器设备的型号、规格、检定证书以及现场安装、操作使用、数据采集、检测程序、检测内容、试样数量、取样方法等全过程实施见证，并做好现场见证记录。

5. 对于实施旁站的监理人员的要求

（1）旁站前

1）全面掌握旁站监理部位的设计图纸及有关规范、标准的要求；

2）了解施工单位的施工组织设计以及施工单位提出的施工质量有效方法和可靠技术的保证措施；

3）审查施工单位提交的有关材料、半成品、构配件的质量证明文件；

4）审查施工人员的岗位证书；

5）检查开工准备情况、施工环境的完善情况；

6）督促施工单位进行技术交底、制作样板。

（2）旁站过程中

1）检查施工过程中操作人员是否按照监理机构批准的施工方案进行施工；

2）检查施工机械设备维修保养工作是否满足连续施工要求；

3）检查施工人员是否按照施工图纸和规范标准的要求进行施工，发现问题及时纠正，必要时应停工整顿；

4）督促施工单位对工序产品的检查、工序交接检查和隐蔽工程的检查进行验收；

6. 旁站监理的具体范围及内容

（1）土方回填工程旁站范围及内容

1）施工单位应根据工程地质、水文等条件，选用先进的施工机具和合理的施工方法编制施工方案。

2）专业监理工程师根据土建施工图纸和地质勘查报告审核土方回填工程的施工方案并监督其实施。其中，关键是控制回填土土质、回填及夯实方法和回填土的干土质量密度等主要环节，使之达到设计要求和施工规范的规定。

3）土方回填施工质量的事前控制。

①研究地质勘查报告；

②审核承建单位的施工技术方案；

③审核回填土土质是否符合设计要求。

4）土方工程施工过程中的质量监理。

①旁站监理人员应在回填前检查基底的垃圾、树根等杂物是否被清理干净，是否清除了坑穴的积水、淤泥；

②旁站监理人员应检查回填土的土料，确保其符合设计要求和施工验收规范的规定。

③回填时监督回填土的分层厚度和压实程度是否满足规范及设计要求。

5）对于灰土回填的标高，旁站人员应使用仪器测量，检查其控制高程的情况是否符合规定。灰土密度须旁站人员亲自取样检验。旁站人员应及时检查混凝土的坍落度、配合比。对于梁柱节点钢筋旁站人员应进行隐蔽检查，并检查箍筋数量、加密区数量和吊筋部位是否正确。旁站人员还要检查柱钢筋的移位情况、混凝土浇筑的密实情况。

6）要求施工单位质检人员通过对工序的检查取得检查数据，以备完善的旁站资料。

（2）基础结构和防潮旁站监理范围及内容

1）旁站部位：混凝土圈梁、构造柱、阳台板、楼梯。

2）旁站内容如下：

①混凝土浇筑顺序和开始及完成时间是否与施工方案要求一致。梁板混凝土浇筑在各个接茬部位是否会形成冷缝；

②施工缝位置和做法是否符合规范及施工方案的要求；

③混凝土振捣是否密实，模板是否有变形及漏浆情况；

④下次浇筑前施工缝是否已按要求处理；

⑤抽查混凝土坍落度情况，记录试块留置情况；

⑥有无其他异常，如出现，立即报告。

（3）防水混凝土浇筑旁站监理范围及内容

旁站监理人员在浇筑混凝土前，须认真检查后浇带和膨胀带的预留位置是否正确，密孔铁丝网是否严密，在浇筑混凝土时监督混凝土是否流入加强带中，如有流入须立即停止浇筑，将加强带清理干净，封闭好之后再进行施工。旁站监理人员要监督混凝土浇筑的全过程，不定时抽查混凝土的坍落度，监督混凝土抗渗试块的制作（连续浇筑混凝土每500m³应留置一组抗渗试件，一组为6个抗渗试件）。在混凝土浇筑完成后的12h以内，要求施工单位对混凝土表面进行覆盖并浇水养护，养护周期不得少于14天。

（4）混凝土的浇筑旁站监理范围及内容

检查商品混凝土的开盘鉴定资料，旁站监督混凝土浇筑的全过程，不定时抽查混凝土的坍落度，监督混凝土试块的制作过程（要求每根桩预留一组试块），每组3个试件。在混凝土浇筑完成后的12h以内，要求施工单位对混凝土表面进行覆盖并浇水养护，养护周期不得少于14天。

（5）地下室卷材防水工程旁站范围及内容

1）旁站监理人员应检查地下防水所用的材料是否符合设计要求和施工验收规范的规定，并检查合格证和试验报告。

2）采用防水卷材施工时，铺贴防水卷材前，应检查找平层是否清理干净，是否在基面上涂刷了基层处理剂。

3）两幅卷材的短边和长边的搭接宽度均不应小于100mm。

4）胶粘剂的涂刷应均匀、不露底、不堆积。

5）铺贴卷材时应控制胶粘剂的涂刷与卷材铺贴的间隔时间，排除卷材下面的空气，并压实、粘结牢固，不得有空鼓。

6）铺贴卷材应平整、顺直，搭接尺寸正确，不得有扭曲、皱折。

7）接缝口应密封、封严，其宽度不应小于10mm。

8）卷材防水层及其转角、变形缝、穿墙管道等细部做法均须符合设计要求。

9）卷材防水层的基层应牢固，基面应洁净、平整，不得有空鼓、松动、起砂和脱皮现象；基层阴阳角处应做成圆弧形。

10）侧墙卷材防水层的保护层与防水层应粘结牢固，结合紧密、厚度均匀一致。

11）卷材搭接宽度的允许偏差为-10mm。

（6）屋面卷材防水工程旁站监理范围及内容

1）检查卷材防水所用的材料是否符合设计要求和施工验收的规定，并检查合格证和试验报告。

2）检查基层处理剂的涂刷是否符合设计和施工验收规范要求，事前作好隐蔽工程验收。

3）粘贴卷材的基层表面必须牢固、干燥、无起砂、空鼓现象，基层表面应平整，基层与2m靠尺的最大空隙不应超过3mm，基层表面应清洁干净；阴阳角处均应做成弧形或钝角。

4）卷材防水层及其变形缝、预埋管件、阴阳角、转折处等特殊部位细部做法的附加层，必须符合设计要求和施工规范的规定，验收合格后办理隐蔽工程验收单。

5）卷材防水层的铺贴方法和搭接、收头必须符合施工规范规定。做到粘结牢固紧密，接缝封严、无损伤、空鼓等缺陷。此外，还必须保证铺贴厚度，卷材防水层与保护层粘结牢固，结合紧密、黏度均匀一致。

（7）给水排水工程旁站监理范围及内容

防水套管安装，穿墙、穿板管道与套管捻口的施工方法；设备（水泵）安装、基础浇筑；阀门及给水系统水压强度和严密性试验；排水系统闭水、灌水、通水和通球试验；水箱的满水试验；管道冲洗、消毒；阀门和喷头试验；单机调试和系统调试；消防管道的规范等。此外，还必须同时由专业单位验收合格。

（8）电气工程旁站监理范围及内容

配管及管内穿线；电气照明器具及配电箱盘安装；电梯主机的基础混凝土浇灌；电梯系统调试和验收；火灾报警系统的调试、联动调试和验收；智能系统的调试及综合布线系统测试和验收；通电试验；防雷接地测试；绝缘电阻测试。

（9）通风空调工程旁站监理范围及内容

冷冻、冷却水管试压；消防与排烟，正压通风联合测试；主机房、水泵、水塔单独及联合测试。

（10）旁站监理现场问题的处理方法

1）若旁站监理人员发现施工单位违反设施工规范和施工方案，有权责令施工单位进行现场整改，并作好现场记录。

2）若旁站监理人员发现其施工活动已经或者可能危及工程质量，或有重大安全隐患的，应及时报告总监理工程师，由总工程师下达局部暂停施工指令或采取其他应急措施。施工单位在接到通知后应立即停止施工，并妥善保护现场。若有重大安全隐患，必须尽快疏散全部施工人员。

3）旁站监理人员对材料、设备质量情况持有怀疑时，应要求施工单位暂停使用并进行必要的检验和检查，施工单位应给予积极配合。

（11）旁站监理记录

1）旁站监理记录是专业监理工程师或总监理工程师依法行使签字权的重要依据，对于实施施工旁站监理的工程关键工序和部位，必须认真做好监督记录的工作，工程竣工验收后，将旁站监理的记录存档备案。

2）监理工程师或总监履行签字时，必须以旁站监理记录为依据，无旁站监理记录时，监理工程师或总监不得签字，无旁站监理人员签认的记录，施工单位不得进入下一道工序施工。

3）旁站监理记录表应记录以下内容：

①工程名称、日期及天气情况、工程地点、旁站部位或工序，旁站的开始和结束时间；

②现场施工情况及监理情况；

③发现问题和处理意见（必须记录并附问题整改前后的照片）；

④其他情况（如现场监理工程师或总监巡视情况）；

⑤该旁站监理记录表由旁站监理人员记录，并由监理人员和施工企业质检人员签字，加盖施工单位及监理单位的项目机构印章。

（12）旁站监理纪律

1）旁站监理人员对旁站部位必须坚持全过程旁站，不得有离岗、脱岗等行为。

2）旁站监理人员应根据旁站部位的旁站内容，认真做好旁站工作，督促施工人员按规范、标准搞好该工序的施工操作。

3）旁站人员应遵守监理守则，坚持原则，秉公办事，发现问题，及时处理，并向总监理工程师反映。

4）及时、认真地做好旁站记录和监理日记。

（三）见证取样与平行检验

见证取样是指项目监理机构对施工单位进行的涉及结构安全的试块、试件及工程材料现场取样、封样、送检工作的监督活动。

1.见证取样的工作程序

（1）工程项目施工前，由施工单位和项目监理机构共同对见证取样的检测机构进行考察确定。对于施工单位提出的试验室，专业监理工程师要进行实地考察。所选试验室一般是和施工单位没有行政隶属关系的第三方。

（2）项目监理机构要将选定的试验室报送负责工程质量的监督机构备案并得到认可，同时项目监理机构中负责见证取样的专业监理工程师须在该质量监督机构备案。

（3）施工单位应按照规定制定检测试验计划，配备取样人员，负责施工现场的取样工作，并将检测试验计划报送项目监理机构。

（4）在对进场材料、试块、试件、钢筋接头等实施见证取样前，施工单位要通知负责见证取样的专业监理工程师，并在其现场监督下，按照相关规范的要求，完成材料、试块、试件等的取样过程。

（5）完成取样后，施工单位取样人员应在试样或其包装上做出标识、封志。标识和封志应标明工程名称、取样部位、取样日期、样品名称和样品数量等信息，并由见证取样的专业监理工程师和施工单位取样人员签字。如钢筋样品、钢筋接头，则须贴上专用的加封标志，然后送往试验室。

2.实施见证取样的要求

（1）试验室要具有相应的资质并进行备案、认可。

（2）负责见证取样的专业监理工程师要具有材料、试验等方面的专业知识，并经过培训考核合格，且应取得见证人员培训合格证书。

（3）施工单位从事取样的人员一般应由试验室人员或专职质检人员担任。

（4）试验室出具的报告为一式两份，分别由施工单位和项目监理机构保存。

（四）监理通知单、工程暂停令、工程复工令的签发

1.监理通知单的签发

在工程质量控制方面，项目监理机构若发现施工存在质量问题，或施工单位采用了不恰当的施工工艺，或因施工不当造成工程质量不合格的，应及时签发监理通知单，并附上存在的问题照片，要求施工单位及时进行整改。监理通知单由专业监理工程师或总监理工程师签发。

项目监理机构签发监理通知单时，应要求施工单位在所发文本上签字，并注明签收时间。施工单位应按照监理通知单的要求进行整改，整改完毕后，向项目监理机构提交监理通知回复单，并附上整改后的照片。项目监理机构应根据施工单位报送的监理通知回复单对整改情况进行复查，并提出复查意见。

2.工程暂停令的签发

若监理人员发现可能造成质量事故的重大隐患或已经发生质量事故的，由总监理工程师签发工程暂停令。

项目监理机构发现下列情形之一时，总监理工程师应及时签发工程暂停令：

（1）建设单位要求暂停施工且工程确实需要暂停施工的；

（2）施工单位未经批准擅自施工或拒绝项目监理机构管理的；

（3）施工单位未按审查通过的工程设计文件进行施工的；

（4）施工单位违反工程建设强制性标准的；

（5）施工存在重大质量、安全事故隐患或发生质量、安全事故的。对于建设单位要求停工的，总监理工程师经过独立判断，认为确有必要暂停施工的，可签发工程暂停令；认为没有必要暂停施工的，不得签发工程暂停令。施工单位拒绝执行项目监理机构的要求和指令时，总监理工程师应视情况签发工程暂停令。

（6）对于施工单位未经批准擅自施工或分别出现上述（3）（4）（5）三种情况时，总监理工程师应签发工程暂停令。总监理工程师在签发工程暂停令时，可根据停工原因的影响范围和影响程度，确定停工范围。

（7）总监理工程师签发工程暂停令，应事先征得建设单位同意。在紧急情况下，未能事先征得建设单位同意的，应在事后及时向建设单位递交书面报告。施工单位未按要求停工，项目监理机构应及时报告建设单位，必要时应向有关主管部门报送监理报告。

3.工程复工令的签发

（1）因建设单位原因或非施工单位原因引起工程暂停的，在具备复工条件时，应及时签发工程复工令，指令施工单位进行复工。对于需要返工处理或加固补强的质量缺陷，项目监理机构应要求施工单位报送经设计等相关单位认可的处理方案，并应对质量缺陷的处理过程进行跟踪检查，同时应对处理结果进行验收。

对于需要返工处理或加固补强的质量事故，项目监理机构应要求施工单位报送质量事故调查报告和经设计等相关单位认可的处理方案，并对质量事故的处理过程进行跟踪检查，对处理结果进行验收。项目监理机构应及时向建设单位提交质量事故书面报告，并应将完整的质量事故处理记录加以整理并进行归档。

（2）签发工程复工令

项目监理机构收到施工单位报送的工程复工报审表及有关材料后，应对施工单位的整改过程、结果进行检查、验收，符合要求的，总监理工程师应及时签署审批意见，并报送建设单位批准后签发工程复工令，施工单位接到工程复工令后组织复工。

（五）工程变更的控制

工程变更单由申请单位填写，写明工程变更原因、工程变更内容，并附必要的附件，包括：工程变更的依据、详细内容、图纸；对工程造价、工期的影响程度分析，及对功能、安全影响的分析报告。对于施工单位提出的工程变更，项目监理机构可按下列程序处理：

（1）总监理工程师组织专业监理工程师审查施工单位提出的工程变更申请，提出审查意见。对涉及工程设计文件修改的工程变更，应由建设单位转交原设计单位修改工程设计文件。必要时，项目监理机构应建议建设单位组织设计、施工等单位召开论证工程设计文件修改方案的专题会议。

（2）总监理工程师组织专业监理工程师对工程变更费用及工期影响做出评估。

（3）总监理工程师组织建设单位、施工单位等共同协商确定工程变更费用及工期变化，会签工程变更单。

（4）项目监理机构根据批准的工程变更文件监督施工单位实施工程变更。施工单位提出的工程变更，在要求进行某些材料、工艺、技术方面的技术修改时，应根据施工现场的具体条件和自身的技术、经验和施工设备等，在不改变原设计文件原则的前提下，提出的对设计图纸和技术文件的某些技术上的修改要求，经各方同意签字后，由总监理工程师组织实施。

（5）当施工单位提出的工程变更要求对设计图纸和设计文件所表达的设计标准、状态有改变或修改时，项目监理机构应该与建设单位、设计单位、施工单位研究并做出变更决定后，由建设单位转交原设计单位修改工程设计文件。如果变更涉及项目功能、结构主体安全，该工程变更还要按有关规定报送施工图原审查机构及管理部门进行审查与批准。

（六）质量记录资料的管理

质量记录资料包括以下三个方面的内容。

（1）施工现场质量管理检查记录资料。

（2）工程材料质量记录。

（3）施工过程作业活动质量记录资料。

质量记录资料应该在工程施工或安装开始前，由项目监理机构和施工单位一起，根据建设单位的要求及工程竣工验收资料组卷归档的有关规定，研究列出各施工对象的质量资料清单。监理资料的管理应由总监理工程师负责，并指定专人具体实施。

（七）质量控制管理方法

根据施工阶段工程实体质量形成过程的时间阶段划分，施工阶段的质量控制可以分为事前控制、事中控制、事后控制三个阶段的工作：

（1）事前控制

1）对施工单位承包资质的审查。根据工程的特点和规模，确定参与投标企业的资质等级，并取得招标管理部门的认可。在招标过程中认真对符合参与投标资质的单位进行考核，审核营业执照、资质证书等文件，考核施工企业近期的财务状况，审核年检情况和资质升降情况，尤其是审核施工企业近期完成项目业绩的情况，选择具备实力和经验的施工企业。

2）审查施工企业质量管理体系。从了解施工企业的质量意识、质量管理情况、质量管理基础工作、项目监理的质量控制等方面着手，掌握施工企业的质量管理体系，使项目施工得到质量管理体系的完善保证。

3）审查分包施工企业的资质。在施工准备阶段，对分包单位的资质进行严格审查，必须满足国家建设行政主管部门所制定的专业承包企业或劳务承包企业的资质标准。严令禁止施工单位转包工程，一经发现，取消其施工资格，并追究其法律责任。

4）审查施工单位（含分包企业）项目经理部人员的执业资格。施工单位（分包单位）在施工前，须向监理单位报送有关项目经理、管理人员、专职质检员、特种作业人员的资格证、上岗证等材料。对于不符合资质的人员，总监理工程师应及时要求施工单位予以撤换。

5）组织设计交底和施工图纸会审。在施工前组织参建各方进行设计交底和施工图纸会审，这是施工质量控制的一项重要工作。设计单位对设计意图和设计内容进行介绍，监理单位、施工单位对设计内容进行质疑，通过讨论和设计单位的解答，一方面使施工单位对图纸有充分的了解，另一方面还可以及时发现设计中的错误、欠缺或遗漏，便于设计单位进行施工图的修改和完善。同时，设计交底和施工图会审对设计文件是否符合市发展改革委的批复文件，是否适合现场条件、地质条件以及地方材料供应条件等进行检查，发现问题及时解决。

6）审查施工组织设计。从质量控制的角度对施工组织设计进行审查，重点检查其内容是否符合国家的技术政策，是否充分考虑了承包合同规定的条件、施工现场条件及法规条件的要求，是否突出"质量第一、安全第一"的原则。同时，检查施工组织设计中是否充分分析了项目建设的特点和难点，并采取相应措施。对施工组织设计的可操作性、技术方案的先进性，以及是否符合安全、环保、消防和文明施工等方面的要求也要进行细致的检查和分析。对于检查中发现的问题，应该以书面的形式进行反馈，便于施工单位及时纠正错误或问题。

7）施工场地条件的质量控制。施工场地条件是使用单位负责提供的，施工场地条件的准确性关系施工质量和安全施工，在开工前，应对场地条件进行认真的复核，保证其准确无误。具体包括两个方面的内容：

① 工程定位及标高基准控制点。工程定位及标高基准控制点由建设单位从城市测绘部门获得，并提供给设计、施工单位作为设计平面，即高程定位和施工放线的依据。若存在误差，会导致建筑物、结构位置或高程出现误差，所造成的质量事故会极为严重。因此，开工前要求施工单位对基准点、基准线及高程点进行复核，同时监理组将对施工单位据此建立的施工测量控制网进行复核，确保其准确。

② 现场核定施工所用场地的范围。按照合同约定，施工场地由使用单位提供。施工场地对施工质量和施工安全有着至关重要的影响。在施工前必须现场对施工场地进行界定，避免造成质量事故和安全事故。

8）道路、水、电等施工条件的质量控制。开工前，监理组将进一步落实道路、水、电是否开通，审查道路宽度和水、电供应量是否能够满足施工需要，检查其是否存在断路、停水、停电的隐患，发现问题应及时解决。

9）工程开工前要进行如下工作：

① 熟悉、掌握工程质量及使用功能控制的依据，如设计图纸，建筑安装工程施工及验收技术的规范、规程，质量及使用功能的验评标准。

② 熟悉施工图会审及设计交底的记录文件、设计变更及工程洽商文件。

③ 有特殊要求的工程项目应要求有关单位提供施工程序、验收标准、质量及使用功能指标等资料。

④ 采用新材料、新工艺、新技术的工程项目，应要求施工单位及有关部门提供施工工艺措施及证明材料，经公司项目总工程师审核同意后方可采用。

⑤ 检查施工单位项目经理部的组织机构、质量及使用功能的保证体系，落实施工施工单位的机构设置、人员配备、职责分工情况。

⑥ 核查各级管理人员和专业操作人员的持证上岗情况。

⑦督促各级质量及使用功能检查人员的配备及上岗情况。

⑧检查质量及使用功能管理制度是否健全。

10）施工现场的检查验收：

①组织施工现场障碍物的拆除、检查与验收。

②组织施工单位工程定位轴线桩与高程控制的施测及验收。

③审查分包单位的资格。

④进场的建筑材料、构配件、半成品及设备须进行质量及使用功能的抽检。

11）施工机械设备的控制。对于直接影响工程质量及使用功能的施工机械设备（如混凝土泵、打夯机等），监理组将在施工现场审查其规格、型号是否与施工组织设计（施工方案）中的规定相符，其性能是否满足工程质量及使用功能方面的要求；

应核查量具、衡具及测量仪器（水平仪、经纬仪、测距仪、钢尺等）的合格证的情况，并督促施工单位建立定期校验制度，正式使用时应对其进行校准与校正。

12）审查主要分部（分项）工程的施工方案：

①某些主要分部（分项）工程在施工前，施工单位应将施工工艺、原材料使用、劳动力配备、质量及使用功能保证措施等项目编制成专项施工方案，报送监理组，汇总意见后由总监理工程师签发，由监理公司监督其执行，以切实保障该分部（分项）工程的质量及使用功能。

②施工单位应将季节性施工方案（冬施、雨施等）编制后报送监理组，经核准后监督其执行。上述施工方案可由监理总工程师审查并签发，未经批准不得施工。

③公司应主动与当地政府的建设工程监督部门进行联系，以取得其指导与支持。

④严格审查与核准施工单位的工地试验室以及拥有见证取样资质的送检试验室，考察其资格等级证书，试验范围，试验设备的规格、型号、精度、性能，法定计量管理部门对试验设备出具的计量检定证明，管理制度，人员资格证书等，确认该试验室能满足工程项目各项试验的要求，并建立定期、不定期的考核制度。见证取样送检试验室必须与施工单位无隶属关系。

⑤要求施工单位提出材料试验、施工试验及见证取样送检试验计划，并监督其执行。

⑥要求施工单位编制成品保护方案，审核批准后监督其执行情况。

⑦向参建单位讲明各种工程质量及使用功能报表的填报制度与要求，并监督其执行情况。

（2）事中控制

1）检查施工单位质量预控对策。在施工过程中，要求施工单位对工程项目的关键部位或分部、分项工程事先分析施工中可能发生的质量问题和隐患，分析可能产生的原因，并提出相应的对策，采取有效的措施进行预先控制，防止在施工中发生质量问题。监理单位要对施工单位所做的质量预控对策进行检查，保证预控工作切实起到应有的作用。

2）检查施工单位作业技术交底的控制工作。在每一分项工程开始实施前均要求施工单位进行作业技术交底，这是对施工组织设计的具体化要求，是更细致、明确、更加具体的技术实施方案。对技术交底内容进行检查，核对交底中是否明确了做什么、谁来做、如何做、作业标准和要求、什么时间完成等关键内容，在交底中对于施工过程中可能出现的问题提出解决预案及应急方案，并对其正确性、可行性进行分析，以书面的形式将意见反馈给施工单位。

3）施工材料、半成品或构配件的质量控制。施工材料、半成品或构配件的质量直接关系工程施工的质量，在项目建设过程中，对材料、半成品或构配件进行严格控制，重点工作分为以下三个方面：一是实行进场检查，对产品出厂合格证及技术说明书或等级说明书等进行检查，对材料、半成品或构配件进行直观的质量检查，施工单位按规定进行检验并提交检验报告，对于不合格的产品应拒绝其进场；二是实行存放条件控制，对材料、半成品或构配件存放环境、存放方法、存放时间进行控制，避免因存放条件不良导致质量状况的恶化，如损伤、变质、损坏甚至不能使用，从而影响施工质量；三是监督检查取样送检工作，对工程使用的材料、半成品、构配件现场取样送检的真实性，是保证工程质量的重要环节。监理单位按见证取样的工作程序进行现场见证。

4）现场自然环境条件的控制。自然环境条件对施工的影响是客观存在，在建设过程中遇有多种自然环境的影响，如严寒季节、多雨季节、夏季高温等。督促施工单位对可以预见的自然因素高度重视，做好充足的准备，拟定防御对策并采取有效的措施。

5）作业人员控制。作业人员是施工的主体，也是影响工程施工质量的主要因素之一。监理单位根据国家有关规定和工程承包合同对施工单位作业人员的组织进行控制，其主要工作内容为：检查从事作业活动的操作人员的数量是否满足作业活动的需要；检查施工管理人员是否到位，如作业活动的直接负责人、专职质检人员、安全员、与作业活动有关的测量人员、材料员、试验员均必须在岗；各特殊作业人员的上岗证是否齐全；同时还要检查与质量相关的制度是否健全，如岗位职责、现场安全与消防的规定、环保方面的规定、试验室及现场试验检测的规定、紧急情况应急处理预案等。

6）施工机械控制。施工单位保持施工机械设备处于良好的技术性能及工作状态，是施工质量和施工安全的重要保证。监理单位对施工机械设备性能的控制工作有：施工机械设备进场时须检查其型号、规格、数量、技术性能、设备状况以及进场时间，不符合要求的施工机械设备不允许进场；检查施工机械设备的维修保养工作，防止"带病"工作；对塔吊及其他有特殊安全要求的设备，协助劳动部门做好鉴定工作，鉴定未合格的机械，禁止使用。

7）技术复核工作控制。由于建设工程具有不可逆的特点，对涉及作业技术活动基准和依据的技术工作，监理单位须督促施工单位进行技术复核，并对复核过程进行严格控制，避免给整个工程带来难以补救的或全局性的质量事故。如在建设项目中，定位点、轴线、高程点、楼层放线、门窗洞口及预埋件位置、尺寸等，都是进行技术复核的重点。

8）工程变更的控制。由于建设工程的复杂性，施工过程中因种种原因，不可避免地会发生工程变更。由于引起工程变更的原因不同，使用单位、设计单位或施工单位都有可能提出进行工程变更的要求，因此，监理单位对各类工程变更实行控制的方式也不尽相同。对于因外界自然条件的变化，未探明的地下障碍物、管线、文物、地质条件与勘察报告不符等原因造成的工程变更，监理单位应及时与委托各方进行研究，保证以质量为前提进行处理。对于施工单位因施工工艺、材料供应等原因提出的技术修改要求，如钢筋代换、对基坑开挖边坡、复合地基的处理方法的修改等，应经过设计单位的技术复核，在确保质量、安全和造价目标不受影响的前提下，进行变更。对于设计单位提出的设计变更，监理单位须审查其是否符合市（县）发改委关于项目批复的文件要求，是否满足工程的使用要求，须在同时满足质量、造价控制目标要求的情况下，进行变更。在充分研究、分析的基础上，根据工程项目监理的经验和实际建设时的具体要求，将从项目安全、经济实用、提高工程质量等方面提出相关的设计变更。工程变更须严格执行工程变更程序，凡是涉及重大子项工程增减和造价额增加的，必须经过委托人核准同意后方可实施。

9）质量控制点的质量控制。对质量控制计划设定的质量控制点，在施工至质量控制点之前，施工单位应通知监理单位提前准备进行质量控制。质量控制点一般是施工过程中的关键环节，实施控制时应到达现场进行见证，对实施过程进行认真的监督、检查，同时做好详细的见证记录。对见证过程中所发现的问题应及时提出，责成施工单位改正。

10）中间阶段验收。阶段性结果是指作业工序的产出品、检验批、已完工的分项和分部工程、单位工程。最终结果是指导已完工的项目。阶段性结果的质量是最终结果的质量基础，在各个环节都应进行认真的控制，这是保证最终产品质量的保证。

①基槽验收。基槽验收主要包括两个方面的内容：一方面是检查基槽开挖的施工质量，包括基底标高是否符合设计要求、基底平整、边坡稳定及支护质量的检查；另一方面是确认地质条件是否与地质勘探报告一致，地基承载力是否满足设计要求。由于基槽验收关系结构安全，且涉及的责任单位较多，因此基槽验收时施工单位、勘察单位、设计单位、监理单位、建设质量行政管理部门都必须到场实地查验，以保证基槽验收的质量。

②隐蔽工程验收。隐蔽工程将被后续施工所隐蔽，因此，隐蔽工程验收必须在工程被覆盖之前，必须到场检查、验证。隐蔽工程验收应严格按程序进行，同时还须做好《报验申请》《验收记录》等书面资料的签证，使隐蔽工程在整个工程项目质量体系中具备可追溯性。

③工序交接控制。工序是按施工工艺的要求客观形成的或根据施工组织认为界定的施工作业顺序，工序的交接是作业方式或作业内容进行转换的过程。工序交接控制是在这一过程中对作业活动的中间产品进行质量检验。检验的标准是上道工序必须满足下道工序的施工条件和要求。在检验过程中，上道工序不合格或未经验收，则不允许进入下道工序。通过这种工序交接控制，使各工序间的工程形成一个有机的整体，以达到最终的质量目标。

④分项、分部工程验收。分项、分部工程是施工过程中的里程碑，分项工程验收是在检验批验收合格的基础上进行，分部验收是在分项工程合格的基础上进行的。应按施工图纸及有关文件、规范、标准等要求，从外观、几何尺寸、质量控制资料以及内在质量等方面进行检查、审核。若确认其质量符合要求，则可以予以验收并签认。

⑤使用功能检测或性能试验。主体工程完成后，要对结构实体混凝土强度、钢筋间距、保护层厚度进行检测；定期对墙体变形、墙体沉降、地面沉降进行观察，并记录观察结果。给水排水、采暖、通风等施工完成后应进行各项试压、漏光、密封性能等试验，试验过程应按技术规程做好记录，以备验收时的认定流程。最后，经设计、施工、监理等单位按有关技术标准共同进行质量认定。

（3）事后控制

1）工程竣工验收

在全部工程内容完成并进行了最终检验和试验合格后，工程进入验收阶段。此时，施工单位应进行自查，对存在的问题修复完成后，可报请竣工验收。

总监理工程师组织进行竣工预验收，对于发现的问题会要求施工单位限期进行整改。施工单位整改后若达到标准可上报委托单位、使用单位申请进行竣工验收。

协助建设单位组织设计、监理、施工单位进行竣工验收。工程竣工验收邀请市建设工程质量监督站对竣工验收程序进行现场监督，验收过程的质量控制工作主要包括：现场检查施工质量；审查施工单位提交有关施工质量方面的资料；审查施工过程出现过的质量事故、质量问题的处理情况；对隐蔽工程，分项、分部工程验收记录进行追溯性检查；审查各项试验的记录是否符合标准等。以上内容中若发现问题，应立即责成施工单位进行限期整改，直至验收合格。

竣工验收是工程建设的最后一道程序，是检验三控成效的"重要环节"，对于工程是否达到验收的条件进行审查，对于符合验收条件的项目，按照验收程序协助委托单位并组织各相关单位进行验收。

2）竣工验收阶段工作重点

①项目监理部组织工程技术管理人员按竣工验收计划，做好与竣工验收管理有关的工作。

②按照"竣工验收备审材料目录"准备好项目竣工验收资料。主要内容有：开工报告、竣工报告、图纸会审和设计交底记录、设计变更通知单、工程质量事故调查和处理资料、水准点位置、定位测量记录、沉降观测及位移观测记录、材料设备和构配件质量合格证明材料、隐蔽工程记录及分项、分部工程质量验评资料等。

③进一步修改完善在预验收阶段编写的管理工作总结及移交建设单位的管理资料。

④检查各专项工程（消防、电梯、环境、卫生、规划、档案）验收报告是否符合有关文件的要求。

⑤将对工程实体的观感质量进行检查，审查其是否符合图纸设计要求和验收规范的规定。

⑥发现问题应要求施工单位立即进行整改，并进行复查，合格后五方再进行竣工验收。工程竣工验收流程，如图3-16所示。

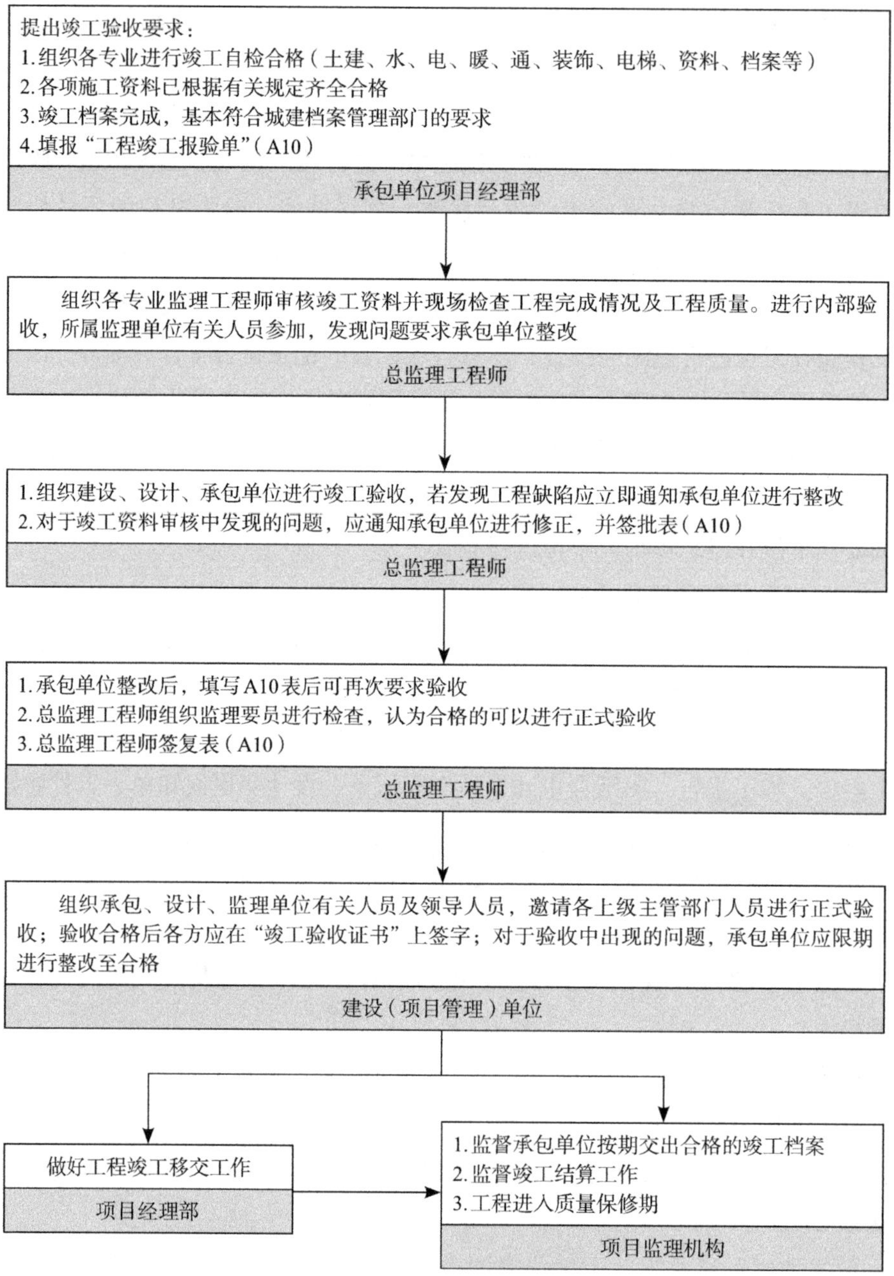

提出竣工验收要求：
1. 组织各专业进行竣工自检合格（土建、水、电、暖、通、装饰、电梯、资料、档案等）
2. 各项施工资料已根据有关规定齐全合格
3. 竣工档案完成，基本符合城建档案管理部门的要求
4. 填报"工程竣工报验单"（A10）

承包单位项目经理部

　　组织各专业监理工程师审核竣工资料并现场检查工程完成情况及工程质量。进行内部验收，所属监理单位有关人员参加，发现问题要求承包单位整改

总监理工程师

1. 组织建设、设计、承包单位进行竣工验收，若发现工程缺陷应立即通知承包单位进行整改
2. 对于竣工资料审核中发现的问题，应通知承包单位进行修正，并签批表（A10）

总监理工程师

1. 承包单位整改后，填写A10表后可再次要求验收
2. 总监理工程师组织监理要员进行检查，认为合格的可以进行正式验收
3. 总监理工程师签复表（A10）

总监理工程师

　　组织承包、设计、监理单位有关人员及领导人员，邀请各上级主管部门人员进行正式验收；验收合格后各方应在"竣工验收证书"上签字；对于验收中出现的问题，承包单位应限期进行整改至合格

建设（项目管理）单位

做好工程竣工移交工作

项目经理部

1. 监督承包单位按期交出合格的竣工档案
2. 监督竣工结算工作
3. 工程进入质量保修期

项目监理机构

图3-16　工程竣工验收流程图

第四章

分部分项工程施工质量验收监理控制要点

■ 一、工程层次的划分

1.单位工程的划分

单位工程是指具备独立施工条件并能形成独立使用功能的建筑物或构筑物。对于建筑工程，单位工程的划分应按下列原则确定：

（1）具备独立施工条件并能形成独立使用功能的建筑物或构筑物为一个单位工程。

（2）对于规模较大的单位工程，可将其形成独立使用功能的部分划分为一个子单位工程。单位或子单位工程的划分，施工前可由建设、监理、施工单位商议确定，并据此收集整理施工技术资料并进行验收。

2.分部工程的划分

分部工程是单位工程的组成部分，一个单位工程往往由多个分部工程组成。分部工程可按专业性质、工程部位确定。

3.分项工程的划分

分项工程是分部工程的组成部分，可按主要工种、材料、施工工艺、设备类别进行划分，例如混凝土子分部工程，可划分为模板、钢筋、混凝土、预应力、现浇结构、装配式结构等分项工程。

4.检验批的划分

检验批是分项工程的组成部分。检验批是指按相同的生产条件或按规定的方式汇总起来供抽样检验使用，并由一定数量样本组成的检验体。检验批可根据施工、质量控制和专业验收的需要，按工程量、楼层、施工段、变形缝进行划分。

施工前，应由施工单位制定分项工程和检验批的划分方案，并由项目监理机构审核。通常，多层建筑的分项工程可按楼层或施工段来划分检验批；单层建筑的分项工程可按变形缝等划分检验批；地基与基础的分项工程一般划分为一个检验批，有地下层的基础工程可按不同地下层划分检验批。

5. 室外工程的划分

室外工程可根据专业类别和工程规模划分子单位工程、分部工程和分项工程（没检验批）。

■ 二、工程施工质量验收程序和标准

分部分项、检验批、隐蔽工程验收是施工管理人员的日常工作，经常会遇到某些施工质量不能一次验收通过，需要进行多次验收的情况。当此类情况繁多时会使得项目监理人员不能及时掌握各种验收的整体情况，无法进行有效的管理。为此，制定了工程施工质量的验收程序和标准，以便于工作和管理。

（一）工程施工质量验收基本规定

在符合下列条件之一时，可按相关专业验收规范的规定适当调整抽样复验、试验数量，调整后的抽样复验、试验方案应由施工单位编制，并报项目监理机构审核确认。

（1）同一项目中由相同施工单位施工的多个单位工程，使用同一生产厂家的同品种、同规格、同批次的材料、构配件、设备。

（2）同一施工单位在施工现场加工的成品、半成品、构配件用于同一项目中的多个单位工程。

（3）在同一项目中，针对同一抽样对象已有的检验成果可以重复利用。

（4）当专业检验规范对工程中的验收项目未作出相应规定时，应由建设单位组织监理、设计、施工等相关单位制定专项验收要求。若涉及安全、节能、环境保护等项目的专项验收要求，应由建设单位组织专家进行论证。

（5）建筑工程施工质量应按下列要求进行验收：

1）工程施工质量验收均应在施工单位自检合格的基础上进行；

2）参加工程施工质量验收的各方人员应具备相应的资格；

3）检验批的质量应按主控项目和一般项目验收；

4）对涉及结构安全、节能、环境保护和主要使用功能的试块、试件及材料，应在进场时或施工中按规定进行见证检验；

5）隐蔽工程在隐蔽前应由施工单位通知项目监理机构进行验收，并应形成验收文件，验收合格后方可继续施工；

6）对涉及结构安全、节能、环境保护等的重要分部工程，应在验收前按规

定进行抽样检验；

7）工程的观感质量应由验收人员现场检查，并应共同确认；

8）计量抽样的错判概率 α 和漏判概率 β 可按下列规定执行；

① 主控项目：对于合格质量水平的 α 和 β 均不宜超过5%。

② 一般项目：对于合格质量水平的 α 不宜超过5%，β 不宜超过10%。

（二）检验批质量验收

1.检验批质量验收程序

检验批质量验收应由专业监理工程师组织施工单位项目的专业质量检查员、专业工长等进行。

2.检验批质量验收合格应符合下列规定

（1）主控项目的质量经抽样检验均应合格。

主控项目是指建筑工程中对安全、节能、环境保护和主要使用功能起决定性作用的检验项目，主控项目是对检验批的基本质量起决定性影响的检验项目，是保证工程安全和使用功能的重要检验项目，因此必须全部符合有关专业验收规范的规定。

（2）一般项目的质量经抽样检验合格。

（3）具有完整的施工操作依据、质量验收记录。

检验批质量验收记录在填写时应具有现场验收检查的原始记录，该原始记录应由专业监理工程师和施工单位专业质量检查员、专业工长共同签署，并在单位工程竣工验收前存档备查，保证该记录的可追溯性。

（三）隐蔽工程质量验收

施工单位应对隐蔽工程质量进行自检，专业监理工程师对施工单位所报资料进行审查，并组织相关人员在验收现场进行实体检查、验收，同时应留有照片、影像等资料。对于验收不合格的工程，专业监理工程师应要求施工单位进行整改，自检合格后予以复查；对于验收合格的工程，专业监理工程师应签认隐蔽工程报审、报验表及质量验收记录，准许进行下一道工序施工。

（四）分项工程质量验收

1.分项工程质量验收程序

分项工程质量验收应由专业监理工程师组织施工单位项目技术负责人等进行。

2.分项工程质量验收合格的规定

（1）分项工程所含检验批的质量均应验收合格。

（2）分项工程所含检验批的质量验收记录应完整。

分项工程质量验收程序，如图4-1所示。

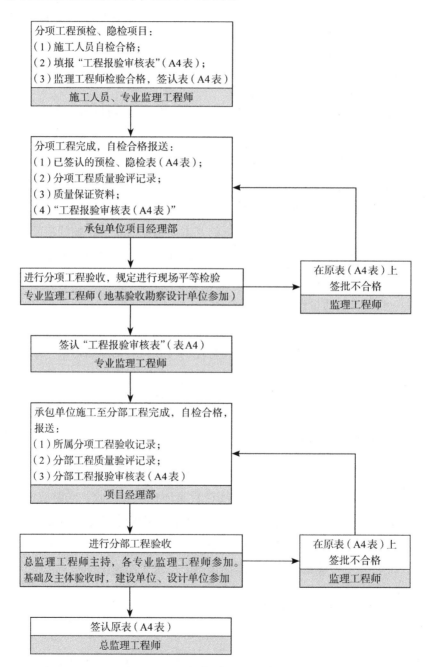

图4-1 分项工程质量验收程序图

（五）分部工程质量验收

1.分部工程质量验收程序

分部工程应由总监理工程师组织施工单位项目负责人和项目技术负责人等进行。勘察、设计单位项目负责人和施工单位技术、质量负责人应参加地基与基础分部工程的验收。设计单位项目负责人和施工单位技术、质量负责人应参加主体结构、节能分部工程的验收。参加验收的人员，除指定的人员必须参加验收外，允许其他相关人员共同参加验收。

2.分部（子分部）工程质量验收合格的规定

（1）所含分项工程的质量均应验收合格。

（2）质量控制资料应完整。

（3）有关安全、节能、环境保护和主要使用功能的抽样检验结果应符合相应规定。

（4）观感质量应符合要求。

观感质量验收，综合给出"好""一般""差"的质量评价结果。对于"差"的检查点应进行返修处理。

（六）单位工程质量验收

1.单位（子单位）工程质量验收程序

（1）预验收

单位工程完成后，施工单位应依据验收规范、设计图纸等组织有关人员进行自检，对于存在的问题应自行整改处理，合格后填写单位工程竣工验收报审表，并将相关竣工资料报送项目监理机构申请预验收。

总监理工程师应组织专业监理工程师审查施工单位提交的单位工程竣工验收报审表及有关竣工资料，并对工程质量进行竣工预验收。若存在质量问题，应由施工单位及时整改，整改完毕且复验合格后，总监理工程师应签认单位工程竣工验收报审表及有关资料，组织专业监理工程编写工程质量评估报告，工程质量评估报告经工程监理单位技术负责人审核签字后报建设单位。由施工单位向建设单位提交工程竣工报告，申请工程竣工验收。

单位工程中的分包工程完工后，分包单位应对所施工的建筑工程进行自检，并应按规定的程序进行验收。验收时，总包单位应派人参加。验收合格后，分包单位应将所分包工程的质量控制资料整理完整，并移交给总包单位。建设单位组织单位工程质量验收时，分包单位负责人应参加验收。

（2）验收

建设单位收到工程竣工报告后，由建设单位的项目负责人组织设计、勘察、监理、施工等各个项目的负责人进行单位工程验收。《建设工程质量管理条例》规定，建设工程竣工验收应当具备下列条件：

1）完成建设工程设计和合同约定的各项内容；

2）有完整的技术档案和施工管理资料；

3）有工程使用的主要建筑材料、建筑构配件和设备的进场试验报告；

4）有勘察、设计、施工、工程监理等单位分别签署的质量合格文件；

5）有施工单位签署的工程保修书。

2.单位工程质量验收合格的规定

（1）所含分部工程的质量均应验收合格；

（2）质量控制资料应完整；

（3）所含分部工程中有关安全、节能、环境保护和主要使用功能的检验资料应完整；

（4）主要使用功能的抽查结果应符合相关专业质量验收规范的规定；

（5）观感质量应符合要求；

（6）观感质量应符合要求。观感质量验收须由参加验收的各方人员共同进行，最后共同协商确定是否通过验收。

3.单位工程质量竣工验收报审表及竣工验收记录

单位工程质量竣工验收报审表中的验收记录由施工单位填写；验收结论由监理单位填写；综合验收结论由参加验收各方共同商定后，由建设单位代为统一填写，并应对工程质量是否符合设计和规范要求及总体质量水平做出评价。

■ 三、工程施工质量验收不符合要求的处理

一般情况下，不合格现象在检验批验收时就应发现并及时处理，但实际工程中不能完全避免不合格情况的出现，因此工程施工质量验收不符合要求的应按下列情况进行分类处理：

（1）经返工或返修的检验批，应重新进行验收。在检验批验收时，对于主控项目不能满足验收规范规定或一般项目超过偏差限值时，应及时进行处理。其中，对于严重的质量缺陷应重新进行施工；一般的质量缺陷可通过返修或更换予以解决，允许施工单位在采取相应的措施后重新验收。如果能够符合相应的专业验收规范要求，则应认为该检验批合格。

（2）经有资质的检测单位检测鉴定能够达到设计要求的检验批，应予以验收。当个别检验批发现问题，难以确定能否验收时，应聘请具有资质的法定检测单位进行检测鉴定。当鉴定结果认为能够达到设计要求时，该检验批可以通过验收。这种情况通常出现在某检验批的材料试块强度不满足设计要求。

（3）经有资质的检测单位检测鉴定达不到设计要求，但经原设计单位核算认可能够满足安全和使用功能要求时，该检验批可予以验收。如经检测鉴定达不到设计要求，但经原设计单位核算、鉴定，仍可满足相关设计规范和使用功能的要求时，该检验批可予以验收。一般情况下，标准、规范规定的是满足安全和功能的最低要求，而设计往往在此基础上留有一些余量。在一定范围内，会出现不满足设计要求而符合相应规范要求的情况，这两者其实并不矛盾。

（4）经返修或加固处理的分项、分部工程，满足安全及使用功能要求时，可按技术处理方案和协商文件的要求予以验收。经法定检测单位检测鉴定以后认为达不到规范的相应要求，即不能满足最低限度的安全储备和使用功能时，则必须按一定的技术处理方案进行加固处理，使之能够满足安全使用的基本要求。这样可能会造成一些永久性的影响，如增大结构外形尺寸，影响一些次要的使用功能等，但为了避免建筑物的整体或局部拆除，避免社会财富的更大损失，在不影响安全和主要使用功能的条件下，可按技术处理方案和协商文件的要求进行验收，责任方应按法律法规承担相应的经济责任并接受处罚。这种方法不能作为降低质量要求、变相通过验收的一种出路，应该特别引起注意。

（5）经返修或加固处理仍不能满足安全或重要使用要求的分部工程及单位或子单位工程，严禁验收。分部工程及单位工程如存在影响安全和使用功能的严重缺陷，经返修或加固处理仍不能够满足安全使用要求的，严禁通过验收。

（6）工程质量控制资料应齐全完整，当部分资料缺失时，应委托有资质的检测单位按相关标准进行相应的实体检测或抽样试验。实际工程中偶尔会遇到因遗漏检验或资料丢失而导致部分施工验收资料不全的情况，使工程无法正常验收。对此，可以有针对性地进行工程质量检验，采取实体检测或抽样试验的方法确定工程质量状况。上述工作应由有资质的检测单位完成，检验报告可用于工程施工质量验收。

四、工程质量缺陷的处理

（1）发生工程质量缺陷后，项目监理机构签发监理通知单，责成施工单位进行处理。

（2）施工单位进行质量缺陷调查，分析质量缺陷产生的原因，并提出经设计等相关单位认可的处理方案。

（3）项目监理机构审查施工单位报送的质量缺陷处理方案，并签署意见。

（4）施工单位按审查合格的处理方案实施处理，项目监理机构对处理过程进行跟踪检查，对处理结果进行验收。

（5）质量缺陷处理完毕后，项目监理机构应根据施工单位报送的监理通知回复单对质量缺陷处理情况进行复查，并提出复查意见。

（6）处理记录整理归档。

五、工程质量事故的处理

（1）工程质量事故处理的依据

进行工程质量事故处理的主要依据有四个方面：一是相关的法律法规；二是具有法律效力的工程承包合同、设计委托合同、材料或设备购销合同以及监理合同或分包合同等合同文件；三是质量事故的实况资料；四是有关的工程技术文件、资料、档案。

（2）工程质量事故处理程序

工程质量事故发生后，项目监理机构可按以下程序进行处理：

1）工程质量事故发生后，总监理工程师应签发《工程暂停令》，要求暂停质量事故部位和与其有关联部位的施工，要求施工单位采取必要的措施，防止事故扩大并保护好现场。

2）项目监理机构要求施工单位进行质量事故调查、分析质量事故产生的原因，并提交质量事故调查报告。对于由质量事故调查组的调查处理，项目监理机构应给予积极配合，客观地提供相应的证据。

3）根据施工单位的质量调查报告或质量事故调查组提出的处理意见，项目监理机构要求相关单位完成技术处理方案。质量事故技术处理方案一般由施工单位提出，经原设计单位同意签认，并报建设单位批准。对于涉及结构安全和加固处理等的重大技术处理方案，一般由原设计单位提出。

4）技术处理方案经相关各方签认后，项目监理机构应要求施工单位制定详细的施工方案，对处理过程进行跟踪检查，对处理结果进行验收。

5）质量事故处理完毕后，具备工程复工条件时，施工单位提出复工申请，项目监理机构应审查施工单位报送的工程复工报审表及有关资料，符合要后，总监理工程师签署审核意见，上报建设单位经批准后，签发工程复工令。

6）项目监理机构应及时向建设单位提交质量事故书面报告，并应将完整的质量事故处理记录整理归档。

工程质量问题及工程质量事故处理程序，如图4-2所示。

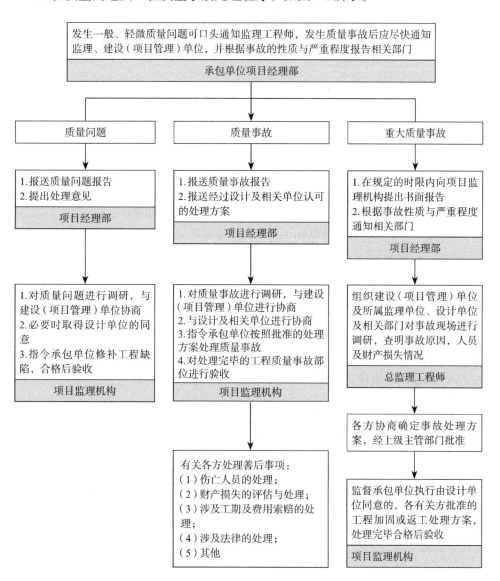

发生一般、轻微质量问题可口头通知监理工程师，发生质量事故后应尽快通知监理、建设（项目管理）单位，并根据事故的性质与严重程度报告相关部门

承包单位项目经理部

质量问题	质量事故	重大质量事故

1.报送质量问题报告
2.提出处理意见

项目经理部

1.报送质量事故报告
2.报送经过设计及相关单位认可的处理方案

项目经理部

1.在规定的时限内向项目监理机构提出书面报告
2.根据事故性质与严重程度通知相关部门

项目经理部

1.对质量问题进行调研，与建设（项目管理）单位协商
2.必要时取得设计单位的同意
3.指令承包单位修补工程缺陷，合格后验收

项目监理机构

1.对质量事故进行调研，与建设（项目管理）单位进行协商
2.与设计及相关单位进行协商
3.指令承包单位按照批准的处理方案处理质量事故
4.对处理完毕的工程质量事故部位进行验收

项目监理机构

组织建设（项目管理）单位及所属监理单位、设计单位及相关部门对事故现场进行调研，查明事故原因，人员及财产损失情况

总监理工程师

各方协商确定事故处理方案，经上级主管部门批准

监督承包单位执行由设计单位同意的，各有关方批准的工程加固或返工处理方案，处理完毕合格后验收

项目监理机构

有关各方处理善后事项：
（1）伤亡人员的处理；
（2）财产损失的评估与处理；
（3）涉及工期及费用索赔的处理；
（4）涉及法律的处理；
（5）其他

图4-2 工程质量问题及工程质量事故处理程序图

第五章

工程保修阶段质量监理控制要点

■ 一、工程保修阶段质量控制管理目标

在正常的使用条件下，房屋建筑工程的最低保修期限为：

（1）地基基础工程和主体结构工程，其设计文件规定了该工程的合理使用年限。

（2）按照防水规范的相关要求，地下防水50年（设计结构年限），屋面防水工程、有防水要求的卫生间和厨房防水均为20年。

（3）供热与供冷系统，为两个采暖期、供冷期。

（4）电气管线、给水排水管道、设备安装为2年。

（5）装修工程为2年。

（6）其他项目由建设单位和施工单位约定工程质量保修期。

■ 二、工程保修阶段质量控制管理

协助建设单位与施工单位签订保修协议、制订保修阶段工作计划、定期检查工程项目投用和运行情况、检查和记录工程质量缺陷、对缺陷原因进行调查分析并确定责任归属、下达指令要求施工单位进行修复、审核质量缺陷修复方案、监督修复过程并进行验收、签署修复中所发生的费用、报建设单位批准支付、整理保修阶段的各项资料。

■ 三、工程保修阶段质量控制管理方法

（1）协助建设单位与施工单位签订工程缺陷责任期的合同书。

（2）按照《房屋建筑工程质量保修办法》的相关规定，对工程保修期中出现的设计问题、设备质量问题、施工问题及工程实体质量问题提出监理意见并监督实施。

（3）协助建设单位组织检查国家规定的、合同条款约定的项目工程质量情况，对质保期出现的设计问题、设备质量问题、施工问题提出监理意见。

（4）监理人员对建设单位提出的工程质量缺陷进行检查和记录，对施工单位进行修复的工程质量进行验收，合格后予以签认。

（5）监理人员对工程质量缺陷原因进行调查分析并确认责任归属，督促责任单位修理和处理，对于非施工单位原因造成的工程质量缺陷，监理人员核实修复工程费用并签署工程款支付证书，之后报建设单位。

四、工程保修阶段质量控制管理措施

（1）监理人在工程交竣前7日内制定并报委托人：保修期前六个月内监理人员架构及组织安排。

（2）信守委托监理合同，按合同规定的保修期对监理工作的时间、范围和内容做好保修期的监理工作。在保修期内，每季度对工程的使用状况进行回访检查。

（3）在保修期内建设单位发现工程质量缺陷后需通知监理公司监理部或总监理工程师，监理公司在收到通知后48小时内派人赴现场查验，所派赴现场人员在可能的条件下应优先选派原现场监理机构的有关人员。

（4）到达现场的监理人员将对产生工程质量缺陷的原因进行调查分析并确定责任归属，审查施工单位提出的维修方案，监督其维修情况，并对维修的工程质量进行验收，合格后由总监理工程师给予签认。

（5）对于因非施工单位原因造成的工程质量缺陷的修复费用或保修期内建设单位依合同规定雇请第三方维修的费用进行核实，签署监理意见后报建设单位。

（6）每次维修后应及时填写工程质量保修台账。

保修期结束，总监理工程师将提交保修期监理工作总结，汇总保修期内维修及监理工作记录，上报建设单位并协助其处理施工合同履行的善后事宜。

第六章

地基基础工程施工质量监理控制要点

■ 一、基本规定

（1）地基基础工程施工前，必须具备完备的地质勘探资料及工程附近的管线、建筑物、构筑物和其他公共设施的构造情况，必要时应进行施工勘察和调查，以确保工程质量及邻近建筑的安全。施工勘察要点详见附录A。

（2）施工质量监理单位必须具备相应专业资质，并应建立完善的质量管理体系和质量检验制度。

（3）从事地基基础工程检测及见证试验的单位，必须具备省级以上（含省、自治区、直辖市）建设行政主管部门颁发的资质证书和计量行政主管部门颁发的计量认证合格证书。

（4）地基基础工程是分部工程，如有必要，根据现行国家标准《建筑工程施工质量验收统一标准》GB 50300—2013规定，可再划分若干个子分部工程。

施工过程中出现异常情况时，应停止施工，由监理或建设单位组织勘察、设计、施工等有关单位共同分析情况，解决问题，消除质量隐患，并应形成文件资料。

■ 二、地基

（一）基本规定

（1）建筑物地基的施工应具备下述资料：

1）岩土工程勘察资料。

2）邻近建筑物和地下设施类型、分布及结构质量情况。

3）工程设计图纸、设计要求及需要达到的标准、检验手段。

（2）砂、石子、水泥、钢材、石灰、粉煤灰等原材料的质量、检验项目、批量和检验方法，应符合国家现行标准的规定。

（3）地基施工结束，宜间隔一个间歇期，之后再进行质量验收，间歇期的具体时间长短由设计确定。

（4）地基加固工程，应在正式施工前进行试验段施工，论证设定的施工参数及加固效果。为验证加固效果所进行的载荷试验，其施加载荷应不低于设计载荷的2倍。

（5）灰土地基、砂和砂石地基、土工合成材料地基、粉煤灰地基、强夯地基、注浆地基、预压地基，其竣工后的结果（地基强度或承载力）必须达到设计要求的标准。检验数量，每单位工程不应少于3点；1000m²以上工程，每100m²至少应有1点；3000m²以上工程，每300m²至少应有1点；每一独立基础下至少应有1点；基槽每20延米应有1点。

（6）水泥土搅拌桩复合地基、高压喷射注浆桩复合地基、砂桩地基、振冲桩复合地基、土和灰土挤密桩复合地基、水泥粉煤灰碎石桩复合地基及夯实水泥土桩复合地基，将进行承载力检验，数量为总数的0.5%～1%，但不应小于3处。有单桩强度检验要求时，数量为总数的0.5%～1%，但不应少于3根。

（7）除规范中所指定的主控项目外，其他主控项目及一般项目可随意抽查，但复合地基中的水泥土搅拌桩、高压喷射注浆桩、振冲桩、土和灰土挤密桩、水泥粉煤灰碎石桩及夯实水泥土桩至少应抽查20%。

（二）灰土地基

（1）灰土土料、石灰或水泥（当水泥替代灰土中的石灰时）等材料及配合比应符合设计要求，灰土应搅拌均匀。

（2）施工过程中应检查分层铺设的厚度，分段施工时上下两层的搭接长度，夯实时加水量、夯压遍数、压实系数。

（3）施工结束后，应检验灰土地基的承载力。

（4）灰土地基的质量验收标准应符合如表6-1所示的规定。

灰土地基质量检验标准　　　　　　　　　　　　　　　表6-1

项目	序号	检查项目	允许偏差或允许值		检查方法
			单位	数值	
主控项目	1	地基承力	按设计要求		按规定方法
	2	配合比	按设计要求		拌和时的体积比
	3	压实系数	按设计要求		现场实测

项目	序号	检查项目	允许偏差或允许值		检查方法
			单位	数值	
一般项目	1	石灰粒径	mm	≤5	筛分法
	2	土料有机质含量	%	≤5	试验室焙烧法
	3	土颗粒粒径	mm	≤15	筛分法
	4	含水量（与要求的最优含水量比较）	%	±2	烘干法
	5	分层厚度偏差（与设计要求比较）	mm	±50	水准仪

（三）砂和砂石地基

（1）砂、石等原材料质量、配合比应符合设计要求，砂、石应搅拌均匀。

（2）施工过程中必须检查分层厚度、分段施工时搭接部分的压实情况、加水量、压实遍数、压实系数。

（3）施工结束后，应检验砂石地基的承载力。

（4）砂和砂石地基的质量验收标准应符合如表6-2所示的规定。

砂及砂石地基质量检验标准　　　　　　　　表6-2

项目	序号	检查项目	允许偏差或允许值		检查方法
			单位	数值	
主控项目	1	地基承载力	按设计要求		按规定方法
	2	配合比	按设计要求		拌和时的体积比或重量比
	3	压实系数	按设计要求		现场实测
一般项目	1	砂石料有机质含量	%	≤5	焙烧法
	2	砂石料含泥量	%	≤5	水洗法
	3	石料粒径	mm	≤100	筛分法
	4	含水量（与最优含水量比较）	%	±2	烘干法
	5	分层厚度（与设计要求比较）	mm	±50	水准仪

（四）土工合成材料地基

（1）施工前应对土工合成材料的物理性能（单位面积的质量、厚度、比重）、强度、延伸率以及土、砂石料等进行检验。土工合成材料以100m² 为一批，每批应抽查5%。

（2）施工过程中应检查清基、回填料铺设厚度及平整度、土工合成材料的铺设方向、接缝搭接长度或缝接状况、土工合成材料与结构的连接状况等。

建筑工程监理质量控制要点

（3）施工结束后，应进行承载力检验。

（4）土工合成材料地基质量检验标准应符合如表6-3所示的规定。

土工合成材料地基质量检验标准　　　　表6-3

项目	序号	检查项目	允许偏差或允许值		检查方法
			单位	数值	
主控项目	1	土工合成材料强度	%	≤5	置于夹具上做拉伸试验（结果与设计标准相比）
	2	土工合成材料延伸率	%	≤3	置于夹具上做拉伸试验（结果与设计标准相比）
	3	地基承载力	按设计要求		按规定方法
一般项目	1	土工合成材料搭接长度	mm	≥300	用钢尺测量
	2	土石料有机质含量	%	≤5	焙烧法
	3	层面平整度	mm	≤20	用2m靠尺
	4	每层铺设厚度	mm	±25	水准仪

（五）粉煤灰地基

（1）施工前应检查粉煤灰材料，并对基槽的清底状况、地质条件予以检验。

（2）施工过程中应检查铺筑厚度、碾压遍数、施工含水量控制、搭接区碾压程度、压实系数等。

（3）施工结束后，应检验地基的承载力。

（4）粉煤灰地基质量检验标准应符合如表6-4、表6-5所示的规定。

粉煤灰主控项目地基质量检验标准　　　　表6-4

项目	序号	检查项目	允许偏差或允许值		检查方法
			单位	数值	
主控项目	1	压实系数	按设计要求		现场实测
	2	地基承载力	按设计要求		按规定方法

粉煤灰一般项目地基质量检验标准　　　　表6-5

项目	序号	检查项目	允许偏差或允许值		检查方法
			单位	数值	
一般项目	1	粉煤灰粒径	mm	0.001～2.000	过筛
	2	氧化铝及二氧化硅含量	%	≥70	试验室化学分析
	3	烧失量	%	≤12	试验室烧结法
	4	每层铺筑厚度	mm	±50	水准仪
	5	含水量（与最优含水量比较）	%	±2	取样后试验室确定

（六）强夯地基

（1）施工前应检查夯锤重量、尺寸，落距控制手段，排水设施及被夯地基的土质。

（2）施工中应检查落距、夯击遍数、夯点位置、夯击范围。

（3）施工结束后，检查被夯地基的强度并进行承载力检验。

（4）强夯地基质量检验标准应符合如表6-6所示的规定。

强夯地基质量检验标准　　　　　　　　　　　　　表6-6

项目	序号	检查项目	允许偏差或允许值		检查方法
			单位	数值	
主控项目	1	地基强度	按设计要求		按规定方法
	2	地基承载力	按设计要求		按规定方法
一般项目	1	夯锤落距	mm	±300	钢索设标志
	2	锤重	kg	±100	称重
	3	夯击遍数及顺序	按设计要求		计数法
	4	夯点间距	mm	±500	用钢尺测量
	5	夯击范围（超出基础范围距离）	按设计要求		用钢尺测量
	6	前后两遍间歇时间	按设计要求		

（七）注浆地基

（1）施工前应掌握有关技术文件（注浆点位置、浆液配比、注浆施工技术参数、检测要求等）。浆液组成材料的性能符合设计要求，注浆设备应确保正常运转。

（2）施工中应经常抽查浆液的配比及主要性能指标，注浆的顺序、注浆过程中的压力控制等。

（3）施工结束后，应检查注浆体强度、承载力等。检查孔数为总量的2%～5%，不合格率大于或等于20%时应进行二次注浆。检验应在注浆后15天（砂土、黄土）或60天（黏性土）进行。

（4）注浆地基的质量检验标准应符合如表6-7所示的规定。

（八）预压地基

（1）施工前应检查施工监测措施，沉降、孔隙水压力等原始数据，排水设施，砂井（包括袋装砂井），塑料排水带的质量标准应符合相关规范的规定。

（2）堆载施工应检查堆载高度、沉降速率。真空预压施工应检查密封膜的密

注浆地基质量检验标准 表6-7

注浆地基质量检验标准

项目	序号	检查项目		允许偏差或允许值		检查方法
				单位	数值	
主控项目	1	原材料检验	水泥	按设计要求		查产品合格证书或抽样送检
			注浆用砂 粒径	mm	<2.5	试验室试验
			注浆用砂 细度模数		<2.0	
			注浆用砂 含泥量及有机物含量	%	<3	
			注浆用黏土 塑性指数		>14	试验室试验
			注浆用黏土 黏粒含量	%	>25	
			注浆用黏土 含砂量	%	<5	
			注浆用黏土 有机物含量	%	<3	
			粉煤灰 细度	粗细程度不大于同期使用的水泥		试验室试验
			粉煤灰 烧矢量	%	<3	
			水玻璃 模数	2.5～3.3		抽样送检
			其他化学浆液	按设计要求		查产品合格证书或抽样送检
	2	注浆体强度		按设计要求		取样检验
	3	地基承载力		按设计要求		按规定方法
一般项目	1	各种注浆材料称量误差		%	<3	抽查
	2	注浆孔位		mm	±20	用钢尺测量
	3	注浆孔深		mm	±100	量测注浆管长度
	4	注浆压力（与设计参数比）		%	±10	检查压力表读数

封膜的密封性能、真空表读数等。

（3）施工结束后，应检查地基土的强度及要求所达到的其他物理力学指标，重要建筑物地基应做承载力检验。

（4）预压地基和塑料排水带质量检验标准应符合如表6-8所示的规定。

预压地基和塑料排水带质量检验标准 表6-8

项目	序号	检查项目	允许偏差或允许值		检查方法
			单位	数值	
主控项目	1	预压载荷	%	≤2	水准仪
	2	固结度（与设计要求相比较）	%	≤2	根据设计的要求采用不同的方法
	3	承载力或其他性能指标	按设计要求		按规定方法

061

第六章 地基基础工程施工质量监理控制要点

项目	序号	检查项目	允许偏差或允许值		检查方法
			单位	数值	
一般项目	1	沉降速率（与控制值相比较）	%	±10	水准仪
	2	砂井或塑料排水带位置	mm	±100	用钢尺测量
	3	砂井或塑料排水带插入深度	mm	±200	插入时用经纬仪检查
	4	插入塑料排水带时的回带长度	mm	≤500	用钢尺测量
	5	塑料排水带或砂井高出砂垫层距离	mm	≥200	用钢尺测量
	6	插入塑料排水带的回带根数	%	<5	目测

注：如真空预压，主控项目中预压载荷的检查为真空度降低值<2%。

（九）振冲地基

（1）施工前应检查振冲器的性能，电流表、电压表的准确度及填料的性能。

（2）施工中应检查密实电流、供水压力、供水量、填料量、孔底留振时间、振冲点位置、振冲器施工参数等（施工参数由振冲试验或设计确定）。

（3）施工结束后，应在有代表性的地段做地基强度或地基承载力检验。

（4）振冲地基质量检验标准应符合如表6-9所示的规定。

振冲地基质量检验标准　　　　　　　　　　表6-9

项目	序号	检查项目		允许偏差或允许值		检查方法
				单位	数值	
主控项目	1	填料粒径		设计要求		抽样检查
	2	功率为30kW振冲器	密实电流（黏性土）	A	50～55	电流表读数
			密实电流（砂性土或粉土）	A	40～50	
		密实电流（其他类型振冲器）		A_0	1.5～2.0	电流表读数，A_0为空振电流
	3	地基承载力		按设计要求		按规定方法
一般项目	1	填料含泥量		%	<5	抽样检查
	2	振冲器喷水中心与孔径中心偏差		mm	≤50	用钢尺测量
	3	成孔中心与设计孔位中心偏差		mm	≤100	用钢尺测量
	4	桩体直径		mm	<50	用钢尺测量
	5	孔深		mm	±200	钻杆或重锤测量

（十）高压喷射注浆地基

（1）施工前应检查水泥、外掺剂等的质量，桩位、压力表、流量表的精度和灵敏度，高压喷射设备的性能等。

（2）施工中应检查施工参数（压力、水泥浆量、提升速度、旋转速度等）及施工程序。

（3）施工结束后，应检验桩体强度、平均直径、桩身中心位置、桩体质量及承载力等。桩体质量及承载力检验应在施工结束的28天后进行。

（4）高压喷射注浆地基质量检验标准应符合如表6-10所示的规定。

高压喷射注浆地基质量检验标准　　　　　　　　　　表6-10

项目	序号	检查项目	允许偏差或允许值		检查方法
			单位	数值	
主控项目	1	水泥及外掺剂质量	符合出厂要求		查产品合格证书或抽样送检
	2	水泥用量	按设计要求		查看流量表及水泥浆水灰比
	3	桩体强度或完整性检验	按设计要求		按规定方法
	4	地基承载力	按设计要求		按规定方法
一般项目	1	钻孔位置	mm	≤50	用钢尺测量
	2	钻孔垂直度	%	≤1.5	经纬仪测钻杆或实测
	3	孔深	mm	±200	用钢尺测量
	4	注浆压力	按设定参数指标		查看压力表
	5	桩体搭接	mm	>200	用钢尺测量
	6	桩体直径	mm	≤50	开挖后用钢尺测量
	7	桩身中心允许偏差		≤0.2D	开挖后桩顶下500mm处用钢尺测量，D为桩径

（十一）水泥土搅拌桩地基

（1）施工前应检查水泥及外掺剂的质量、桩位、搅拌机工作性能及各种计量设备的完好程度（主要是水泥浆流量计及其他计量装置）。

（2）施工中应检查机头提升速度、水泥浆或水泥注入量、搅拌桩的长度及标高。

（3）施工结束后，应检查桩体强度、桩体直径及地基承载力。

（4）进行强度检验时，对承重水泥土搅拌桩应取90天后的试件；对支护水泥土搅拌桩应取28天后的试件。

（5）水泥土搅拌桩地基质量检验标准应符合如表6-11所示的规定。

水泥土搅拌桩地基质量检验标准 表6-11

项目	序号	检查项目	允许偏差或允许值		检查方法
			单位	数值	
主控项目	1	水泥及外渗剂质量	按设计要求		查产品合格证书或抽样送检
	2	水泥用量	按参数指标		查看流量计
	3	桩体强度	按设计要求		按规定办法
	4	地基承载力	按设计要求		按规定办法
一般项目	1	机头提升速度	m/min	≤0.5	测量机头上升距离及时间
	2	桩底标高	mm	±200	测量机头深度
	3	桩顶标高		+200-50	水准仪（最上部500mm不计入）
	4	桩位偏差		<50	用钢尺测量
	5	桩径		<0.04D	用钢尺测量，D为桩径
	6	垂直度	%	≤1.5	经纬仪
	7	搭接	mm	>200	用钢尺测量

（十二）土和灰土挤密桩复合地基

（1）施工前应对土及灰土的质量、桩孔放样位置等进行检查。

（2）施工中应对桩孔直径、桩孔深度、夯击次数、填料的含水量等做检查。

（3）施工结束后，应检验成桩的质量及地基承载力。

（4）土和灰土挤密桩地基质量检验标准应符合如表6-12所示的规定。

土和灰土挤密桩地基质量检验标准 表6-12

项目	序号	检查项目	允许偏差或允许值		检查方法
			单位	数值	
主控项目	1	桩体及桩间土干密度	按设计要求		现场取样检查
	2	桩长	mm	+500	测桩管长度或垂球测孔深
	3	地基承载力	按设计要求		按规定的方法
	4	桩径	mm	-20	用钢尺测量
一般项目	1	土料有机质含量	%	≤5	试验室焙烧法
	2	石灰粒径	mm	≤5	筛分法
	3	桩位偏差	满堂布桩≤0.40D		用钢尺测量，D为桩径
			条基布桩≤0.25D		
	4	垂直度	%	<50	用经纬仪测桩管
	5	桩径	mm	<0.04D	用钢尺测量

注：桩径允许偏差负值是指个别断面。

（十三）水泥粉煤灰碎石桩复合地基

（1）水泥、粉煤灰、砂及碎石等原材料应符合设计要求。

（2）施工中应检查桩身混合料的配合比、坍落度和提拔钻杆速度（或提拔套管速度）、成孔深度、混合料灌入量等。

（3）施工结束后，应对桩顶标高、桩位、桩体质量、地基承载力以及褥垫层的质量进行检查。

（4）水泥粉煤灰碎石桩复合地基的质量检验标准应符合如表6-13所示的规定。

水泥粉煤灰碎石桩复合地基质量检验标准　　　　表6-13

项目	序号	检查项目	允许偏差或允许值		检查方法
			单位	数值	
主控项目	1	原材料	按设计要求		现场取样检查
	2	桩径	mm	-20	测量桩管长度或垂球测量孔深
	3	桩身强度	按设计要求		按规定的方法
	4	地基承载力	按设计要求		用钢尺测量
一般项目	1	桩身完整性	按桩基检测技术规范		试验室焙烧法
	2	桩位偏差	满堂布桩≤0.40D		筛分法
			条基布桩≤0.25D		
	3	桩垂直度	%	≤1.5	用钢尺测量，D为桩径
	4	桩长	mm	+100	用经纬仪测桩管
	5	褥垫层夯填度	≤0.9		用钢尺测量

注：（1）夯填度指夯实后的褥垫层厚度与虚体厚度的比值。
　　（2）桩径允许偏差负值是指个别断面。

（十四）夯实水泥土桩复合地基

（1）水泥及夯实用的土料的质量应符合相关设计要求。

（2）施工中应检查孔位、孔深、孔径、水泥和土的配比、混合料的含水量等。

（3）施工结束后，应对桩体质量及复合地基承载力进行检验，褥垫层应检查其夯填度。

（4）夯实水泥土桩的质量检验标准应符合如表6-14所示的规定。

（5）夯扩桩的质量检验标准可按本节执行。

夯实水泥土桩复合地基质量检验标准 　　　　　　　表 6-14

项目	序号	检查项目	允许偏差或允许值		检查方法
			单位	数值	
主控项目	1	桩径	mm	−20	用钢尺测量
	2	桩长	mm	+500	测量桩孔深度
	3	桩体干密度	按设计要求		现场取样检查
	4	地基承载力	按设计要求		按规定的方法
一般项目	1	土料有机质含量	%	≤5	焙烧法
	2	含水量（与最优含水量相比）	%	±2	烘干法
	3	土料粒径	mm	≤20	筛分法
	4	水泥质量	按设计要求		查产品质量合格证书或抽样送检
	5	桩位偏差	满堂布桩≤0.40D		用钢尺测量，D 为桩径
			条基布桩≤0.25D		
	6	桩孔垂直度	%	≤1.5	用经纬仪测量桩管
	7	褥垫层夯填度	≤0.9		用钢尺测量

（十五）砂桩地基

（1）施工前应检查砂料的含泥量及有机质含量、样桩的位置等。

（2）施工中检查每根砂桩的桩位、灌砂量、标高、垂直度等。

（3）施工结束后，应检验被加固地基的强度或承载力。

（4）夯实水泥土桩的质量检验标准应符合如表 6-15 所示的规定。

砂桩地基的质量检验标准 　　　　　　　　表 6-15

项目	序号	检查项目	允许偏差或允许值		检查方法
			单位	数值	
主控项目	1	灌砂量	%	≥95	实际用砂量与计算体积比
	2	地基强度	按设计要求		按规定方法
	3	地基承载力			
一般项目	1	砂料的含泥量	%	≤3	试验室测定
	2	砂料的有机质含量	%	≤5	焙烧法
	3	桩位	mm	≤50	用钢尺测量
	4	砂桩标高	mm	±150	水准仪
	5	垂直度	%	≤1.5	经纬仪检查桩管垂直度

建筑工程监理质量控制要点

三、桩基础

（一）基本规定

（1）桩位的放样允许偏差：

① 群桩为20mm；

② 单排桩为10mm。

（2）桩基工程的桩位验收，除了有设计的特殊规定外，其余应按下述要求进行：

1）当桩顶设计标高与施工场地标高相同时，或桩基施工结束后，有可能对桩位进行检查时，桩基工程的验收应在施工结束后进行。

2）当桩顶设计标高低于施工场地标高，送桩后将无法对桩位进行检查，可在每根桩的桩顶沉至场地标高时，对打入桩进行中间验收，待全部桩的施工结束后，承台或底板开挖到设计标高时，再进行最终验收。可对灌注桩的护筒位置做中间验收。

3）打（压）入桩（预制混凝土方桩、先张法预应力管桩、钢桩）的桩位偏差，必须符合如表6-16所示的规定。斜桩倾斜度的偏差不得大于倾斜角正切值的15%（倾斜角系桩的纵向中心线与铅垂线之间的夹角），如表6-16所示。

预制桩（钢桩）桩位的允许偏差（mm）　　　　　　　　　　　表6-16

1	盖有基础梁的桩	（1）垂直基础梁的中心线	$100+0.01H$
		（2）沿基础梁的中心线	$150+0.01H$
2	桩数为1～3根桩基中的桩		100
3	桩数为4～16根桩基中的桩		1/2桩径或边长
4	桩数大于16根桩基中的桩	（1）最外边的桩	1/3桩径或边长
		（2）中间桩	1/2桩径或边长

注：H为施工现场地面标高与桩顶设计标高的距离。

（3）灌注桩的桩位偏差必须符合如表6-17所示的规定，桩顶标高至少要比设计标高高出0.5m，桩底清孔质量按不同的成桩工艺有不同的要求，应按本章的各节要求执行。每浇筑50m³必须有1组试件，小于50m³的桩，每根桩必须有1组试件。

（4）工程桩应进行承载力检验。对于地基基础设计等级为甲级或地质条件复杂，成桩质量可靠性低的灌注桩，应采用静载荷试验的方法进行检验，检验桩数不应少于总数的1%，且不应少于2根，当总桩数少于50根时，不应少于2根。

预制桩（钢桩）桩位的允许偏差（mm） 表6-17

序号	成孔方法		桩径允许偏差（mm）	垂直度允许偏差（%）	桩位允许偏差（mm）	
					1~3根、单排桩基垂直于中心线方向和群桩基础的边桩	条形桩基沿中心线方向和群桩基础的中间桩
1	泥浆护壁钻孔桩	$D \leqslant 1000mm$	±50	<1	$D/6$，且不大于100	$D/4$，且不大于150
		$D > 1000mm$	±50		100+0.01H	150+0.01H
2	套管成孔灌注桩	$D \leqslant 500mm$	−20	<1	70	150
		$D > 500mm$			100	150
3	千万孔灌注桩		−20	<1	70	150
4	人工挖孔桩	混凝土护壁	+50	<0.5	50	150
		钢套管护壁	+50	<1	100	200

注：(1) 桩径允许偏差的负值是指个别断面。

(2) 采用复打、反插法施工的桩，其桩径允许偏差不受表的限制。

(3) H 为施工现场地面标高与顶部设计标高的距离，D 为设计桩径。

（5）桩身质量应进行检验。对设计等级为甲级或地质条件复杂，成检质量可靠性低的灌注桩，抽检数量不应少于总数的30%，且不应少于20根；其他桩基工作的抽检数量不应少于总数的20%，且不应少于10根；对混凝土预制桩及地下水位以上且终孔后经过核验的灌注桩，检验数量不应少于总桩数的10%，且不得少于10根。每个柱子承台下不得少于1根。

（6）对砂、石子、钢材、水泥等原材料的质量、检验项目、批量和检验方法，应符合国家现行标准的规定。

（二）静力压桩

（1）静力压桩包括锚杆静压桩及其他各种非冲击力沉桩。

（2）施工前应对成品桩（锚杆静压成品桩一般均由工厂制造，运至现场堆放）进行外观及强度检验，接桩用焊条或半成品硫磺胶泥（应有产品合格证书），或送有关部门检验，压桩用的压力表、锚杆规格及质量也应进行检查。硫磺胶泥半成品应每100kg做一组试件（3件）。

（3）压桩过程中应检查压力、桩的垂直度、接桩间歇时间、桩的连接质量及压入深度。重要工程应对电焊接桩的接头进行10%的探伤检查。对承受压力的结构应加强观测。

（4）施工结束后，应做桩的承载力及桩体质量检验。

（5）锚杆静压质量检验标准应符合如表6-18所示的规定。

建筑工程监理质量控制要点

静力压桩质量检验标准 表6-18

项目	序号	检查项目		允许偏差或允许值		检查方法
				单位	数值	
主控项目	1	桩体质量检验		按基桩检测技术规范		按基桩检测技术规范
	2	桩位偏差		见《建筑地基基础工程施工质量验收标准》GB 50202—2018表5.1.3		用钢尺测量
	3	承载力		按基桩检测技术规范		按基桩检测技术规范
一般项目	1	成品桩质量	外观	表面平整，颜色均匀，掉角深度<10mm，蜂窝面积小于总面积0.5%		直观
			外形尺寸	见《建筑地基基础工程施工质量验收标准》GB 50202—2018表5.4.5		查产品合格证书或钻芯试压
			强度	满足设计要求		
	2	硫磺胶泥质量（半成品）		按设计要求		查产品合格证书或抽样选检
	3	接桩	电焊接桩	焊缝质量	见《建筑地基基础工程施工质量验收标准》GB 50202—2018表5.5.4-2		见《建筑地基基础工程施工质量验收标准》GB 50202—2018表5.5.4-2
				电焊结束后停歇时间	min	>1.0	按秒表测定
			硫磺胶泥接桩	胶泥浇筑时间	min	<2	
				浇筑后停歇时间	min	>7	
	4	电焊条质量		设计要求		查产品合格证书
	5	压桩压力（设计有要求时）		%	±5	查压力表读数
	6	接桩时上下节平面偏差		mm	<10	用钢尺测量
		接桩时节点弯曲矢高			<1/1000l	用钢尺测量，l为两节桩长
	7	桩顶标高		mm	±50	水准仪

（三）先张法预应力管桩

（1）施工前应检查进入现场的成品桩，接桩用电焊条等产品质量。

（2）施工过程中应检查桩的灌注情况、桩顶的完整状况、电焊接桩质量、桩体垂直度、电焊后的停歇时间。重要工程应对电焊接头进行10%的焊缝探伤检查。

（3）施工结束后，应做承载力检验及桩体质量检验。

（4）先张法预应力管桩的质量检验应符合如表6-19所示的规定。

项目	序号	检查项目		允许偏差或允许值		检查方法
				单位	数值	
主控项目	1	桩体质量检验		按基桩检测技术规范		按基桩检测技术规范
	2	桩位偏差		见《建筑地基基础工程施工质量验收标准》GB 50202—2018表5.1.3		用钢尺测量
	3	承载力		按基桩检测技术规范		按基桩检测技术规范
一般项目	1	成品桩质量	外观	无蜂窝、露筋、裂缝、色感均匀、桩顶处无孔隙		直观
			桩径	mm	±5	用钢尺测量
			管壁厚度	mm	±5	
			桩尖中心线	mm	<2	用水平尺测量
			顶面平整度	mm	10	
			桩体弯曲		<1/1000l	用钢尺测量，l为桩长
	2	接桩	焊缝质量	见《建筑地基基础工程施工质量验收标准》GB 50202—2018表5.5.4-2		见《建筑地基基础工程施工质量验收标准》GB 50202—2018表5.5.4-2
			电焊结束后停歇	min	>1.0	抄表测定
		时间	上下节平面偏差	min	<10	用钢尺量
			节点弯曲矢高	min	<1/1000l	用钢尺量，l为桩长
	3	停锤标准		按设计要求		现场实测或查沉桩记录
	4	桩顶标高		mm	±50	水准仪

（四）混凝土预制桩

（1）混凝土桩在现场预制时，应对原材料、钢筋骨架、混凝土强度进行检查；采用工厂生产的成品桩时，桩进场后应进行外观及尺寸检查。

（2）施工中应对桩体垂直度、沉桩情况、桩顶完整状况、接桩质量等进行检查；对于电焊接桩，重要工程应做到10%的焊缝探伤检查。

（3）施工结束后，应对承载力及桩体质量进行检验。

（4）对于长桩或总锤击数超过500击的锤击桩，须同时符合桩体强度及28天龄期的两项条件才能进行锤击。

（5）钢筋混凝土预制桩的质量检验标准应符合如表6-20、表6-21所示的规定。

预制桩钢筋骨架质量检验标准（mm）　　　　表 6-20

项目	序号	检查项目	允许偏差或允许值	检查方法
主控项目	1	主筋距桩顶距离	±5	用钢尺测量
	2	多节桩锚固钢筋位置	5	
	3	多节桩预埋铁件	±3	
	4	主筋保护层厚度	±5	
一般项目	1	主筋间距	±5	
	2	桩尖中心线	10	
	3	箍筋间距	±20	
	4	桩顶钢筋网片	±10	
	5	多节桩锚固钢筋长度	±10	

钢筋混凝土预制桩的质量检验标准　　　　表 6-21

项目	序号	检查项目	允许偏差或允许值		检查方法
			单位	数值	
主控项目	1	桩体质量检验	按基桩检测技术规范		按基桩检测技术规范
	2	桩位偏差	见《混凝土结构工程施工质量验收规范》GB 50204—2015 表5.1.3		用钢尺测量
	3	承载力	按基桩检测技术规范		按基桩检测技术规范
一般项目	1	砂、石、水泥、钢材等原材料（现场预制时）	符合设计要求		检查出厂质保文件或抽样送检
	2	混凝土配合比及强度（现场预制时）	符合设计要求		检查称量及试块记录
	3	成品桩外形	表面平整，颜色均匀，掉角深度＜10mm，蜂窝面积小于总面积0.5%		直观
	4	成品桩裂缝（收缩裂缝或吊装、装运、堆放引起的裂缝）	深度＜20mm，宽度＜0.25mm，横向裂缝不超过边长的一半		裂缝测定仪，该项不适于有地下水侵蚀的地区及锤击数超过500击的长桩
	5	成品桩尺寸：横截面边长	mm	±5	用钢尺测量
		桩顶对角线差		＜10	
		桩尖中心线	mm	＜10	
		桩身弯曲矢高		＜1/1000l	用钢尺测量，l为桩长
		桩顶平整度	mm	＜2	用水平尺测量
	6	电焊接桩：焊缝质量	见《混凝土结构工程施工质量验收规范》GB 50204—2015 表5.5.4-2 满足质量规范		见《混凝土结构工程施工质量验收规范》GB 50204—2015 表5.5.4-2
		电焊结束后停歇时间	min	＞1.0	秒表测定

项目	序号	检查项目	允许偏差或允许值		检查方法
			单位	数值	
一般项目	6	上下节平面偏差	min	＜10	用钢尺测量
		节点弯曲矢高		＜1/1000l	用钢尺测量，l为两节桩长
	7	硫磺胶泥接桩：胶泥浇筑时间	min	＜2	用秒表测定
		浇筑后停歇时间	min	＞7	
	8	桩顶标高	min	±50	水准仪
	9	停锤标准	按设计要求		现场实测或检查沉桩记录

（五）钢桩

（1）施工前应检查进入现场的成品钢桩，成品桩的质量标准应符合相关规范的规定。

（2）施工中应检查钢桩的垂直度、沉入过程、电焊连接质量、电焊后的停歇时间、桩顶锤击后的完整状况。电焊质量除了常规检查之外，还应进行10%的焊缝探伤检查。

（3）施工结束后应进行承载力检验。

（4）钢桩施工质量检验标准应符合如表6-22所示的规定。

成品钢桩质量检验标准　　　　　　表6-22

项目	序号	检查项目		允许偏差或允许值		检查方法
				单位	数值	
主控项目	1	钢桩外径或断面尺寸	桩端		±0.5%D	用钢尺测量，D为外径或边长
			桩身		±1D	
	2	矢高			＜1/1000l	用钢尺测量，l为桩长
一般项目	1	长度		%	≤3	试验室测定
	2	端部平整度		%	≤5	焙烧法
	3	H钢桩的方正度	H＞300	mm	T+T'≤8	用钢尺测量
			H＜300	mm	T+T'≤6	
	4	端部平面与桩中心线的倾斜值		mm	≤2	用水平尺测量

（六）混凝土灌注桩

（1）施工前应对水泥、砂、石子（如现场搅拌）、钢材等原材料进行检查，对施工组织设计中制定的施工顺序、监测手段（包括仪器、方法）也应进行检查。

（2）施工中应对成孔、清渣、放置钢筋笼、灌注混凝土等进行全过程检查，人工挖孔桩也应复验孔底持力层土（岩）性。嵌岩桩必须有桩端持力层的岩性报告。混凝土灌注桩的质量检验标准应符合如表6-23、表6-24所示的规定。

混凝土灌注桩的质量检验标准 1（mm）　　　　　　　　　　　　表6-23

项目	序号	检查项目	允许偏差或允许值	检查方法
主控项目	1	主筋间距	±10	用钢尺测量
	2	长度	±100	
一般项目	1	钢筋材质检验	按设计要求	抽样送检
	2	箍筋间距	±20	用钢尺测量
	3	直径	±10	

混凝土灌注桩质量检验标准　　　　　　　　　　　　表6-24

项目	序号	检查项目	允许偏差或允许值		检查方法
			单位	数值	
主控项目	1	桩位	见《混凝土结构工程施工质量验收规范》GB 50204—2015 表5.1.4		基坑开挖前测量护筒，开挖后测量桩的中心
	2	孔深	mm	+300	只深不浅，用重锤测量，或测量钻杆、套管长度，嵌岩桩的深度应确保符合设计要求的规定
	3	桩体质量检验	按基桩检测技术规范。如钻芯取样，大直径嵌岩桩应钻至尖下50cm		按基桩检测技术规范
	4	混凝土强度	按设计要求		试件报告或钻芯取样送检
	5	承载力	按基桩检测技术规范		按基桩检测技术规范
一般项目	1	垂直度	见《混凝土结构工程施工质量验收规范》GB 50204—2015 表5.1.4		测量套管或钻杆，或用超声波探测，施工时吊垂球
	2	桩径	见《混凝土结构工程施工质量验收规范》GB 50204—2015 表5.1.4		井径仪或超声波检测，施工时用钢尺测量，人工挖孔桩不包括内衬厚度
	3	泥浆比重（黏土或砂性土）	1.15～1.20		用比重计测量，清孔后在距孔底50cm处取样
	4	泥浆面标高（高于地下水位）	m	0.5～1.0	目测
	5	沉渣厚度 端承桩	mm	≤50	用沉渣仪或重锤测量
		沉渣厚度 摩擦桩	mm	≤150	

项目	序号	检查项目		允许偏差或允许值		检查方法
				单位	数值	
一般项目	6	混凝土坍落度	水下灌注	mm	160～220	坍落度仪
			桩施工	mm	70～100	
	7	钢筋笼安装深度		mm	±100	用钢尺测量
	8	混凝土充盈系数			>1	检查每根桩的实际灌注量
	9	桩顶标高		mm	+30	水准仪，需扣除桩顶浮浆层及劣质桩体
					-50	

（3）施工结束后，应检查混凝土强度，并应做桩体质量及承载力的检验。

（4）人工挖孔桩、嵌岩桩的质量检验应按本节规定执行。

■ 四、土方工程

（一）规定基本

（1）土方工程施工前应进行挖、填方的平衡计算，综合考虑土方运距最短、运程合理和各个工程项目的合理施工程序等，做好土方平衡调配，减少重复挖运。土方平衡调配应尽可能与城市规划和农田水利相结合，将多余的土一次性运到指定弃土场，做到文明施工。

（2）当土方工程挖方较深时，施工单位应采取措施，防止基坑底部土的隆起，同时避免危害周边环境。

（3）在挖方前，应做好地面排水和降低地下水位的工作。

（4）平整场地的表面坡度应符合设计要求，如设计无要求时，排水沟方向的坡度不应小于2‰。平整后的场地表面应逐点进行检查。检查点为每100～400m² 取1个点，但不应少于10个点；长度、宽度和边坡均为每20m取1个点，每边不应少于1个点。

（5）土方工程施工，应经常测量和校核其平面位置、水平标高和边坡坡度。平面控制桩和水准控制点应采取可靠的保护措施。定期复制和检查。土方不应堆在基坑边缘。

（6）对雨季和冬季施工还应遵守国家现行的有关标准。

（二）土方开挖

（1）土方开挖前应检查定位放线、排水和降低地下水位系数，合理安排土方运输车的行走路线及弃土场。

（2）施工过程中应检查平面位置、水平标高、边坡坡度、压实度、排水、降低地下水位系统，并随时观测周围的环境变化。

（3）临时性挖方的边坡值应符合如表6-25所示的规定。

（4）土方开挖工程的质量检验标准应符合如表6-26所示的规定。

临时性挖方边坡值　　　　　　　　　　表6-25

土的类别		边坡值（高：宽）
砂土（不包括细砂、粉砂）		1:1.25～1:1.50
一般性黏土	硬	1:0.75～1:1.00
	硬、塑	1:1.00～1:1.25
	软	1:1.50或更缓
碎石类土	充填坚硬、硬塑黏性土	1:0.50～1:1.00
	充填砂土	1:1.00～1:1.50

注：（1）若设计有要求时，应符合设计标准。
　　（2）如采用降水或其他加固措施，可不受本表限制，但应计算复核。
　　（3）对于开挖深度，软土不应超过4m，硬土不应超过8m。

土方开挖工程质量检验标准（mm）　　　　　　　　　　表6-26

项目	序号	检查项目		允许偏差或允许值					检验方法
				柱基基坑基槽	挖方场地平整		管沟	地（路）面基层	
					人工	机械			
主控项目	1	标高		-50	±30	±50	-50	-50	水准仪
	2	由设计的中心线向两边测量	长度	+200	+300	+500	+100	-50	经纬仪、用钢尺测量
			宽度	-50	-100	-150			
	3	边坡		按设计要求					观察或用坡度尺检查
一般项目	1	表面平整度		20	20	50	20	20	用2m靠尺和楔形塞尺检查
	2	基底土性		设计要求					观察或进行土样分析

（三）土方回填

（1）土方回填前应清除基底的垃圾、树根等杂物，抽除坑穴积水、淤泥，验收基底标高。如在耕植土或松土上填方，应在基底压实后再进行。

（2）对于填方土料，应按设计要求，验收后方可填入。

（3）填方施工过程中应检查排水措施、每层填筑厚度、含水量控制、压实程度。填筑厚度及压实遍数应根据土质、压实系数及所用机具进行确定。如无试验依据，应符合如表6-27所示的规定。

（4）填方施工结束后，应检查标高、边坡坡度、压实程度等，检验标准应符合如表6-28所示的规定。

填土施工时的分层厚度及压实遍数 表6-27

压实机具	分层厚度（mm）	每层压实遍数
平碾	250～300	6～8
振动压实机	250～350	3～4
柴油打夯机	200～250	3～4
人工打夯	<200	3～4

填土工程质量检验标准（mm） 表6-28

项目	序号	检查项目	允许偏差或允许值					检验方法
			柱基基坑基槽	场地平整		管沟	地（路）面基础层	
				人工	机械			
主控项目	1	标高	-50	±30	±50	-50	-50	水准仪
	2	分层压实系数	设计要求					按规定方法
一般项目	1	回填土料	20	20	50	20	20	用2m靠尺和楔形塞尺检查
	2	分层厚度及含水量	按设计要求					观察或进行土样分析
	3	表面平整度	20	20	30	20	20	用塞尺或水准仪

五、基坑工程

（一）基本规定

（1）基坑（槽）或管沟工程等开挖施工过程中，现场不宜进行放坡开挖，当可能对邻近建（构）筑物、地下管线、永久性道路产生危害时，应对基坑（槽）、管沟进行支护后再开挖。

（2）基坑（槽）、管沟开挖前应做好下述工作。

1）基坑（槽）、管沟开挖前，应根据支护结构形式、挖深、地质条件、施工方法、周围环境、工期、气候和地面载荷等资料制定施工方案、环境保护措施、监测方案，经审批后方可进行施工。

2）土方工程施工前，应对降水、排水措施进行设计，系统应经过检查和试运转，一切正常后方可开始施工。

3）有关围护结构的施工质量验收合格后方可进行土方开挖。

（3）土方开挖的顺序、方法必须与设计工况相一致，并遵循"开槽支撑，先撑后挖，分层开挖，严禁超挖"的原则。

（4）基坑（槽）、管沟的挖土应分层进行。在施工过程中基坑（槽）、管沟边堆置土方不应超过设计荷载，挖方时不应碰撞或损伤支护结构、降水设施。

（5）基坑（槽）、管沟土方施工中应对支护结构、周围环境进行观察和监测，如出现异常情况应及时处理，待恢复正常后方可继续施工。

（6）基坑（槽）、管沟开挖至设计标高后，应对坑底进行保护，经验槽合格后，方可进行垫层施工。特大型基坑宜分区分块挖至设计标高，分区分块应及时浇筑垫层。必要时，可加强垫层。

（7）基坑（槽）、管沟土方工程验收必须以确保支护结构安全和周围环境安全为前提。当设计有指标时，宜以设计要求为依据；若无设计指标，则应按表6-29所示的规定执行。

基坑变形的监控值（cm）　　　　　　　表6-29

基坑类别	围护结构墙顶位移监控值	围护结构墙体最大位移监控值	地面最大沉降监控值
一级基坑	3	5	3
二级基坑	6	8	6
三级基坑	8	10	10

注：（1）符合下列情况之一的，为一级基坑：
　　1）重要工程或支护结构做主体结构的一部分；
　　2）开挖深度大于10m；
　　3）与邻近建筑物、重要设施的距离在开挖深度以内的基坑；
　　4）基坑范围内有历史文物、近代优秀建筑、重要管线等须严加保护的基坑。
（2）三级基坑的开挖深度应小于7m，且周围环境无特别要求。
（3）除一级和三级外的基坑，属二级基坑。
（4）当周围的已有设施有特殊要求时，且设施符合这些要求。

（二）排桩墙支护工程

（1）排桩墙支护结构是由灌注桩、预制桩、板桩等类型桩构成。

（2）灌注桩、预制桩的检验标准应符合《建筑地基基础工程施工质量验收标准》GB 50202—2018第5章的规定，钢板桩均为工厂成品，新桩可按出厂标准检验，重复使用的钢板桩应符合如表6-30所示的规定，混凝土板桩应符合如表6-31所示的规定。

（3）排桩墙支护的基坑，开挖后应及时进行支护，每一道支撑施工应确保基坑变形在设计要求的控制范围内。

重复使用的钢板桩检验标准 表6-30

序号	检查项目	允许偏差或允许值		检查方法
		单位	数值	
1	桩身垂直度	％	＜1	用钢尺测量
2	桩身弯曲度		＜2%l	用钢尺测量，l为桩长
3	齿槽平直度及光滑度	无电焊焊渣或毛刺		用1m长的桩段测试并通过试验
4	桩的长度	不小于设计长度		用钢尺测量

混凝土板桩制作标准 表6-31

项目	序号	检查项目	允许偏差或允许值		检查方法
			单位	数值	
主控项目	1	桩的长度	mm	+100	用钢尺测量
	2	桩身弯曲度		＜0.1%l	用钢尺测量，l为桩长
一般项目	1	保护层厚度	mm	±5	用钢尺测量
	2	横截面相对两面之差	mm	5	
	3	桩尖对桩轴线的位移	mm	10	
	4	桩的厚度	mm	+100	
	5	凹凸槽尺寸	mm	±3	

（4）在含水地层范围内的排桩墙支护基坑，应有确实可靠的止水措施，确定基坑施工及邻近构筑物的安全。

（三）水泥土桩墙支护工程

（1）水泥土墙支护结构指水泥土搅拌桩（包括加筋水泥土搅拌桩）、高压喷射注浆桩所构成的围护结构。

（2）水泥土搅拌桩及高压喷射注浆桩的质量检验应满足《建筑地基基础工程施工质量验收标准》GB 50202—2018第4章4.10、4.11的规定。

（3）加筋水泥土桩应符合如表6-32所示的规定。

加筋水泥土桩质量检验标准 表6-32

序号	检查项目	允许偏差或允许值		检查方法
		单位	数值	
1	型钢长度	mm	±10	用钢尺测量
2	型钢垂直度	％	＜1	经纬仪
3	型钢插入标高	mm	±30	水准仪
4	型钢插入平面位置	mm	10	用钢尺测量

（四）锚杆及土钉墙支护工程

（1）锚杆及土钉墙支护工程施工前应熟悉地质资料、设计图纸及周围环境，降水系统应确保正常工作，同时还要确保必须使用的施工设备（如挖掘机、钻机、压浆泵、搅拌机等）能够正常工作。

（2）一般情况下，应遵循分段开挖、分段支护的原则，不宜按一次挖完再行支护的方式施工。

（3）施工中应对锚杆或土钉位置，钻孔直径、深度及角度，锚杆或土钉插入长度，注浆配比、压力及注浆量，喷锚墙面厚度及强度、锚杆或土钉应力等进行检查。

（4）每段支护体施工完成后，应检查坡顶或坡面位移、坡顶沉降及周围的环境变化，如有异常情况应采取措施，恢复正常后方可继续施工。

（5）锚杆及土钉墙支护工程质量检验应符合表6-33所示的规定。

锚杆及土钉墙支护工程质量检验标准　　　　　　　　　　表6-33

项目	序号	检查项目	允许偏差或允许值		检查方法
			单位	数值	
主控项目	1	锚杆土钉长度	mm	±30	用钢尺测量
	2	锚杆锁定力	设计要求		现场实测
一般项目	1	锚杆或土钉位置	mm	±100	用钢尺测量
	2	钻孔倾斜度	度	±1	测量钻机倾角
	3	浆体强度	按设计要求		试样送检
	4	注浆量	大于理论计算浆量		检查计量数据
	5	土钉墙面厚度	mm	±10	用钢尺测量
	6	墙体强度	按设计要求		试样送检

（五）钢或混凝土支撑系统

（1）支撑系统包括围囹及支撑，当支撑较长时（一般超过15m），还包括支撑下的立柱及相应的立柱桩。

（2）施工前应熟悉支撑系统的图纸及各种计算工况，掌握开挖及支撑设置的方式、预顶力及周围环境保护的要求。

（3）施工过程中应严格控制开挖和支撑的程序及时间，对支撑的位置（包括立柱及立柱桩的位置）、每层开挖深度、预加顶力（如需要时）、钢围囹与围护体或支撑与围囹的密贴度进行周密检查。

（4）全部支撑安装结束后，仍应维持整个系统的正常运转直至支撑全部拆除。

（5）作为永久性结构的支撑系统尚应符合现行国家标准《混凝土结构工程施工质量验收规范》GB 50204—2015 的要求。

（6）钢或混凝土支撑系统工程质量检验标准应符合如表6-34所示的规定。

钢或混凝土支撑系统工程质量检验标准 表6-34

项目	序号	检查项目		允许偏差或允许值		检查方法
				单位	数值	
主控项目	1	支撑位置	标高	mm	30	水准仪
			平面	mm	100	用钢尺测量
	2	预加顶力		kN	±50	油泵读数或传感器
一般项目	1	围图标高		mm	30	水准仪
	2	立柱桩				
	3	立柱位置	标高	mm	30	水准仪
			平面	mm	50	用钢尺测量
	4	开挖超深（开槽放支撑不在此范围）		mm	<200	水准仪
	5	支撑安装时间		按设计要求		用钟表估测

（六）地下连续墙

（1）地下连续墙应设置导墙，导墙动工有预制及现浇两种，现浇导墙形状有"L"形或倒"L"形，可根据不同土质选用。

（2）地下墙施工前宜先测试成槽，以检验泥浆的配比、成槽机的选型同时复核地质资料。

（3）作为永久结构的地下连续墙，其抗渗质量标准可按《地下防水工程质量验收规范》GB 50208—2011执行。

（4）地下墙槽段间的连接接头形式，应根据地下墙的使用要求选用，且应考虑施工单位的经验，无论选用何种接头，在浇筑混凝土之前，接头处必须刷洗干净，不留任何泥砂或污物。

（5）地下墙与地下室结构顶板、楼板、底板及梁之间的连接可预埋钢筋或接驳器（锥螺纹或直螺纹），接驳器也应按原材料的检验要求抽样复验，数量每500套为一个检验批，每批应抽查3件，复验内容为外观、尺寸、抗拉试验等。

（6）施工前应检验进场的钢材、电焊条。已完工的导墙应检查其净空尺寸、墙面平整度与垂直度。检查泥浆用的仪器，确保泥浆循环系统完好。地下连续墙应使用用商品混凝土。

（7）施工中应检查成槽的垂直度、槽底的淤积物厚度、泥浆比重、钢筋笼尺寸、浇筑导管位置、混凝土上升速度、浇筑面标高、地下墙连接面的清洗程度、商品混凝土的坍落度、锁口管或接头箱的拔出时间及速度等。

（8）成槽结束后应对成槽的宽度、深度及倾斜度进行检验，重要结构每个槽段都应检查，一般结构可抽查总槽段数的20%，每槽段应抽查1个段面。

（9）永久性结构的地下墙，在钢筋笼沉放后，应做二次清孔，沉渣厚度应符合要求。

（10）每50m²地下墙应做1组试件，每幅槽段不得少于1组，在强度满足设计要求后方可开挖土方。

（11）作为永久性结构的地下连续墙，土方开挖后应进行逐段检查，钢筋混凝土底板也应符合《混凝土结构工程施工质量验收规范》GB 50204—2015的规定。

（12）地下墙的钢筋笼检验标准应符合如表6-35所示的规定。

地下墙质量检验标准　　　　　　　　表6-35

项目	序号	检查项目		允许偏差或允许值		检查方法
				单位	数值	
主控项目	1	墙体强度		设计要求		检查试件记录或取芯试压
	2	垂直度	永久结构		1/300	测声波测槽仪或成槽机上的监测系统
			临时结构		1/150	
一般项目	1	导墙尺寸	宽度	mm	W+40	用钢尺测量，W为地下墙宽度
			墙面平整度	mm	＜5	设计厚度
			导墙平面位置	mm	±10	用钢尺测量
	2	沉渣厚度	永久结构	mm	≤100	重锤测量或沉积物测定仪测量
			临时结构	mm	≤200	
	3	槽深		mm	+100	重锤测量
	4	混凝土坍落度		mm	180～220	坍落度测定器
	5	钢筋笼尺寸				
	6	地下墙表面平整度	永久结构	mm	＜100	此为均匀黏土层，松散及易坍土层由设计决定
			临时结构	mm	＜150	
			插入式结构	mm	＜20	
	7	永久结构时的预埋件位置	水平向	mm	≤10	用钢尺测量
			垂直向	mm	≤20	水准仪

（七）沉井与沉箱

（1）沉井是下沉结构，必须掌握确凿的地质资料，钻孔可按下述要求进行。

1）面积在200m² 以下（包括200m²）的沉井（箱），应有一个钻孔（可布置在中心位置）。

2）面积在200m² 以上的沉井（箱），应在四角（圆形为相互垂直的两直径端点）各布置一个钻孔。

3）特大沉井（箱）可根据具体情况增加钻孔。

4）钻孔底部的标高应低于沉井的终沉标高。

5）每座沉井（箱）应有一个钻孔提供土的各项物理力学指标、地下水位和地下水含量资料。

（2）沉井（箱）的施工应由具有专业施工经验的单位承担。

（3）沉井制作时，承垫木或砂垫层的采用，与沉井的结构情况、地质条件、制作高度等有关，无论采用何种形式，均应有沉井制作时的稳定计算及措施。

（4）多次制作和下沉的沉井（箱），在每次制作接高时，应对下卧做稳定复核计划，并确保沉井接高的稳定措施。

（5）沉井采用排水封底，应确保终沉时，井内不发生管涌、涌土，且沉井止沉稳定。若无法保证，则应采取水下封底措施。

（6）沉井施工除应符合本规范规定外，尚应符合《混凝土结构工程施工质量验收规范》GB 50204—2015及《地下防水工程质量验收规范》GB 50208—2011的规定。

（7）沉井（箱）在施工前应对钢筋、电焊条及焊接成形的钢筋半成品进行检验。拆模后应检查浇筑质量（外观及强度），符合要求后方可下沉。浮运沉井须做起浮可能性检查。下沉过程中应对下沉偏差进行过程控制检查。下沉后的接高应对地基强度、沉井的稳定进行检查。封底结束后，应对底板的结构（有无裂缝）及渗漏进行检查。有关渗漏验收标准应符合《地下防水工程质量验收规范》GB 50208—2011的规定。

（8）沉井（箱）竣工后的验收应对包括沉井（箱）的平面位置、终端标高、结构完整性、渗水等进行综合检查。

（9）沉井（箱）的质量检验标准应符合如表6-36所示的要求。

项目	序号	检查项目	允许偏差或允许值		检查方法
			单位	数值	
主控项目	1	混凝土强度	满足设计要求（下沉前必须达到70%设计强度）		检查试件记录或抽样记录
	2	封底前，沉井（箱）的下沉稳定	mm/8h	＜10	水准仪
	3	封底结束后的位置	刃脚平均标高（与设计标高比）	mm	＜100	水准仪
			刃脚平面中心线位置		＜1%H	经纬仪，H为下沉总深度，H＜10m时控制在1100mm之内
			四角中任何两角的底面高差		＜1%l	水准仪，为两角的距离，但不超过300mm，l＜10m时，控制在100mm之内
一般项目	1	钢材、对接钢筋、水泥、骨料等原材料检查	符合设计要求		查出厂质保书或抽样送检
	2	结构体外观	无裂缝，无蜂窝、空洞，不露筋		直观
	3	平面尺寸	长与宽	%	±0.5	用钢尺测量，最大控制在100mm之内
			曲线部分半径	%	±0.5	用钢尺测量，最大控制在50mm之内
			两对角线差	%	1.0	用钢尺测量
			预埋件	mm	20	
	4	下沉过程中的偏差	高差	%	1.5～2.0	水准仪，但最大不超过1m
			平面轴线		＜1.5%H	经纬仪，H为下沉深度，最大应控制在300mm之内，此数值不包括高差引起的中线位移
	5	封底混凝土坍落度	cm	18～22	坍落度测定器

注：表中主控项目3的三项偏差可同时存在，下沉总深度系指下沉前后刃脚之高差。

（八）降水与排水

（1）降水与排水是配合基坑开挖的安全措施，施工前应对降水与排水进行设计，当在基坑外降水时，应对降水范围进行估算，应对重要建筑物或公共设施在降水过程中进行监测。

（2）不同的土质应使用不同的降水形式，如表6-37所示为常用的降水。

（3）降水系统施工完成后，应进行试运转，如发现井管失效，应采取措施使其恢复正常，若无法恢复则应进行报废处理，并另行设置新的井管。

降水类型及适用条件 表6-37

适用条件的降水类型	渗透系数（cm/s）	可能降低的水位深度（m）
轻型井点	$10^{-2} \sim 10^{-5}$	$3 \sim 6$
多级轻型井点		$6 \sim 12$
喷射井点	$10^{-3} \sim 10^{-6}$	$8 \sim 20$
电渗井点	$< 10^{-6}$	宜配合其他形式的降水使用
深井井管	$\geqslant 10^{-5}$	> 10

（4）降水系统运转过程中应随时检查观测孔中的水位。

（5）基坑内明排水应设置排水沟及集水井，排水沟纵坡宜控制在1‰～2‰。

（6）降水与排水施工的质量检验标准应符合如表6-38所示的规定。

降水与排水施工质量检验标准 表6-38

序号	检查项目		允许偏差或允许值		检查方法
			单位	数值	
1	排水沟坡度		‰	$1 \sim 2$	目测：坑内不积水，沟内排水畅通
2	井管（点）垂直度		%	1	插管时目测
3	井管（点）间距（与设计相比）			$\leqslant 150$	用钢尺测量
4	井管（点）插入深度（与设计相比）		mm	$\leqslant 200$	水准仪
5	过滤砂砾料填灌（与计算值相比）			$\leqslant 5$	检查回填料用量
6	井点真空度	轻型井点	kPa	> 60	真空度表
		喷射井点		> 93	
7	电渗井点阴阳极距离	轻型井点	mm	$80 \sim 100$	用钢尺测量
		喷射井点		$120 \sim 150$	

六、分部（子分部）工程质量验收

（1）分项工程、分部（子分部）工程质量的验收，均应在施工单位自检合格的基础上进行。施工单位确认自检合格后，应向监理单位提出工程验收申请，工程验收时应提供下列技术文件和记录：

1）原材料的质量合格证和质量鉴定文件；

2）半成品如预制桩、钢桩、钢筋笼等产品的合格证书；

3）施工记录及隐蔽工程验收文件；

4）检测试验及见证取样文件；

5）其他必须提供的文件或记录。

（2）对隐蔽工程应进行中间验收。

（3）分部（子分部）工程验收应由总监理工程或建设单位项目负责人组织勘察、设计单位及施工单位的项目负责人、技术质量负责人，共同按设计要求和本规范及其他有关规定进行。

（4）验收工作应按下列规定进行：

1）分项工程的质量验收应分别按主控项目和一般项目验收；

2）隐蔽工程应在施工单位自检合格后，于隐蔽前通知专业监理工程师检查验收，并形成中间验收文件；

3）分部（子分部）工程的验收，应在分项工程通过验收的基础上，对必要的部位进行见证检验。

（5）主控项目必须符合验收标准规定，发现问题应立即处理直至符合要求，一般项目的合格率应达到80%。混凝土试件强度评定不合格或对试件的代表性有怀疑时，应采用钻芯取样，检测结果符合设计要求即可按合格验收。

第七章

土方工程质量控制

一、土方开挖与支护工程质量控制

（1）施工单位应严格按照要求，经监理人员审核、专家论证通过的施工方案组织进行施工。

（2）按照要求，施工单位必须在施工前详细查明原有高、低压电线，通信电缆，煤气管道及下水管道等管线的具体情况，并做好相应改造迁移工作，尽量避免因工程施工导致居民用水、用电、用气及通信等受到影响；认真做好技术交底；人员及机械设备及时到位，严格遵守有关部门对环卫、城管、渣土、交警等部门的管理规定，办好相关手续。

（3）基坑开挖线及支护施工工艺：桩位放线、复核→变形观测点（含基准点）的设置→变形初始观测→旋挖钻孔灌注桩施工（旋喷止水施工）→桩顶冠梁施工→坡顶截水沟修筑→土方开挖至第一排锚索（锚杆或短钉）标高以下0.5m→桩间土处理（植筋、挂钢筋网及喷混凝土）施工→锚索（或短钉）施工→腰梁施工→锚索锁定→下层土方分段开挖→依此循环至设计基底标高→坡底排水沟修筑。土钉支护、混凝土喷射（土方分层挖运为支护作业提供工作面）。施工单位在进行锚杆支护土方挖运时，监理人员应要求土钉支护、混凝土喷射与施工土方挖运协调配合，分层开挖，分层支护，随挖随喷，以保持锚喷施工与土方施工的合理衔接和配合。

（4）基坑开挖前必须检查围护结构、地基加固、降水等工程是否达到设计要求，以及各项开挖准备工作是否满足开挖施工的参数要求，在达到相应技术标准后方可书面批准施工单位开挖。

（5）必须在基坑开挖过程中，督促并协助施工单位采取可靠的措施确保周围建（构）筑物，地下管线及公共设施的安全。

（6）在开挖中，监理人员必须要求施工单位按照"时空效应"规律施工。监理人员必须旁站检查各项有关开挖、支护施工等的施工参数，并独立做好详细记录，对于不符合规定的参数应立即书面要求施工单位整改。

（7）监理人员应及时分析建设单位委托第三方检测单位上报的监测数据，当监测数据达到或超过报警值时，监理人员须及时会同施工单位采取合理的工程措施，将施工风险消灭在萌芽状态。

（8）监理人员应要求施工单位必须对基坑开挖过程中每一段开挖边坡的稳定性进行验算，并复核其计算结果。在开挖进程中应督促施工单位注意对边坡的养护和监测。发现有失稳迹象应立即要求施工单位采取措施，消除隐患。

（9）监理人员应督促施工单位采用合理的喷护材料，对于采用大放坡喷护支护的材料，必须按有关质量标准的规定对材料进行复试，合格后方可书面通知施工单位进场使用。

（10）监理人员应督促施工单位针对雨季施工须制定详细的施工方案，并检查防汛器材设备是否充足。

（11）所有的开挖喷护施工设备在进场前必须通过监理人员检查并书面进行确认。监理人员应定期检查设备并督促施工单位经常维护和保养，以确保其完好和使用的安全性。

二、基坑降水、排水工程质量控制要点

1.基坑降水

（1）通过降水及时降低基坑开挖范围内土层中的地下水，满足基坑开挖施工的要求，方便挖掘机和工人在坑内施工作业。

（2）及时降低下部水层的水头高度，防止基坑开挖过程中发生突涌现象。加固基坑内和坑底下的土体，提高坑内土体抗力，从而减少坑底隆起和围护结构的变形量，防止坑外地表过量沉降。

2.设置基坑内外排水系统

在工程开工前，按施工组织设计做好场地上排水和基坑内的排水工作，以避免场地大量积水，基坑开挖时雨水和地表滞水会大量渗入，造成基坑泡水，破坏边坡稳定，影响施工的正常进行和基础工程质量。

（1）场地排水

①在现场周围地段修设临时或永久性排水沟，以拦截附近坡面的雨水、潜水排入施工区域内。

②现场内外原有自然排水系统尽可能保留或适当加以整修、疏导、改造或

根据需要增设少量排水沟,以利于排泄现场积水、雨水和地表滞水。

③在条件具备时,尽可能利用正式工程排水系统为施工服务,先修建正式工程主干排水设施和管网,以方便排除地表滞水和基坑井点抽出的地下水。

④现场道路应在两侧设排水沟,支道应在两侧设小排水沟,沟底坡度一般为2%～8%,保持场地排水和道路畅通。

⑤基坑开挖在地表流水的上游一侧设排水沟,将地表滞水截住;在低洼地段挖基坑时,可利用挖出的土沿四周或迎水一侧、两侧修筑0.5～0.8m高的土堤截水。

⑥大面积地表水可采取在施工范围区段内深挖排水沟,工程范围内再设纵横排水支沟,将水流疏导干净,再在低洼地段修设集水排水设施,进一步将水排走。

⑦对于可能出现滑坡的地段,应在该地段之外设置多道环形截水沟,以拦截附近的地表水,修设和疏通坡脚的原排水沟,疏导地表水,处理好该区域内的生活和工程用水,阻止渗入该地段。

(2)基坑内排水

①在开挖基坑的两侧设置暗沟,暗沟设置在地面下的1m以下,采用双臂波纹管,按照排水方向采用不同直径的管材,每隔50m设一处集水井,使地下水流汇集于集水井内并至少经过三级沉淀,经沉淀池沉淀后排至市政雨水管道。

②排水沟、集水井须在挖至地下水位以前进行设置。

③排水沟、集水井应设在基础轮廓线以外,排水沟边缘距离坡脚不小于0.3m。

④排水沟深度应始终保持在低于挖土面0.4～0.5m。

⑤集水井应比排水沟低0.5～1.0m,或在抽水泵的进水阀的高度以上,并随基坑的挖深而加深,保持水流畅通,地下水位须比开挖基坑底低0.5m。

⑥基坑两侧应设排水沟,须设在地下水的上游处。

⑦较大面积的基坑排水,水沟的截面尺寸也应较大。

⑧集水井截面为长2.5～4m、宽1m、深2m,采用砖墙砌筑,内做防水处理,抽出来的水经过三级沉淀方可排出。

⑨抽水须连续进行,直至基础施工完毕,回填土完成后才可停止抽水。如基坑周边为渗水性较强的土层,水泵的出水管口须远离基坑,以防止抽出的水再渗回基坑内。

■ 三、钻孔灌注桩质量控制要点

1.钻机选择的工作要点

钻孔灌注桩施工根据地质情况可以选择旋挖钻机、冲击钻机、反循环钻机施工。工程施工时可以根据地层的地质情况选择具体的钻机型号，也可根据地层变化，搭配使用。

旋挖钻机具有以下优点：能通过更换钻头适应各种地层施工，其速度快、噪声小、质量有保证、对环境保护有利。旋挖钻机具有型号多、功能齐全的特点，均为全液压、自行式及自立钻架设计。它的工作原理为，由全液压的动力头产生扭矩，并由安装在钻架上的液压油缸提供钻压力，这两部分通过伸缩缝钻杆传递至钻头，钻出来的钻渣充入钻头，由主卷扬机带出孔外。

冲击钻机是依靠钻头自重，在充满泥浆的孔中反复自由下落，以冲击动能破碎孤石，然后用带有活底的取渣筒将破碎的岩屑取出。其设备比较简单、操作容易、适应性强，在坚硬土层和含砾石、卵石的复杂地层中均可应用，冲击钻进时的冲击压实和挤实效应还能改善孔周围的土层性质，有利于孔壁的稳固，提高钻孔速度，其钻孔垂直精度较高，一般可达到2%～3%，适用于深度较大的钻孔施工。冲击钻孔机械的钻速取决于钻头重量和冲击频率。

反循环钻机适用于砂性土、黏土、砂黏土等地层施工。

2.准备工作控制要点

（1）整平场地、清除杂物，如遇到软土应及时处理。

（2）在钻孔桩开始施工前，监理工程师应认真检查护筒，不应有漏水现象。护筒顶应高出施工地面0.3m，须严格控制护筒顶面中心与设计桩轴线偏差（不得大于5cm），倾斜度不大于1%，并不得向结构侧倾斜。

（3）施工前监理工程师应要求施工单位检查设备的情况是否完好，确保设备的正常运转。

3.灌注桩成孔质量控制要点：

（1）监理工程师应要求施工单位检查钻机的安装情况，保证钻机底架平稳，测量钻头和钻杆中心是否对准护筒顶面中心，其偏差不得大于5cm。施钻时应随时用线坠抽查钻杆垂直度，控制成孔时孔位中心偏差不大于5cm，倾斜度不大于1%孔深。一般采用旋挖钻机，电脑控制垂直度，可经常检查以保证垂直度。

（2）钻孔过程中应严防孔壁坍塌，防止造成缩颈、弯孔。对于过程中发生的问题，监理人员应及时协助处理并进行记录，记录应该真实有效。

（3）监理工程师应认真监控一次成孔的情况，一般要求成孔过程不得中途停顿，同时监理工程师应要求施工单位做好记录。

4.清孔和灌注水下混凝土施工质量控制要点：

（1）当桩孔深度达到设计标高后，监理工程师应亲自测量孔深并要求施工单位立即进行清孔，同时应亲自检测沉渣厚度，将沉渣厚度严格控制在设计和规范规定的允许范围内（不大于300mm）。同时用钢尺检查孔径是否满足设计及规范要求。

（2）监理工程师应不定时抽检测量用的测绳长度。

（3）监理工程师应检查成孔泥浆护壁情况。重点抽查泥浆密度，泥浆密度应控制在1.1～1.2。其黏度应控制在：黏土16～19S，砂性土为19～22S。要求制造泥浆所用黏土塑性指数应在20以上，胶体率大于95%。

（4）钻孔桩在清孔后，监理工程师应对孔位、孔深、孔径、孔形、孔的垂直度、孔底落淤厚度、有否颈缩、是否坍塌进行全面检查并做好详细记录。

（5）清孔后应要求施工单位及时吊放钢筋笼，吊放前检查钢筋笼质量合格签认后方可吊放，钢筋笼吊放到位后应再次检测孔内沉渣厚度，超过规定应重新清孔达到要求方可浇筑混凝土。

（6）监理工程师应控制钢筋笼的制安质量，应要求整体吊装置放，由于钢筋笼较长，因此在吊装过程中应要求加大木方或竹筒等以保证钢筋笼整体性及刚度，防止钢筋笼在吊装过程中扭曲变形，安装后应检查其定位是否满足规范要求，同时检查定位牢固状况，防止灌注混凝土时发生钢筋笼上浮或下沉现象。

（7）监理工程师应仔细审查混凝土配合比和开盘鉴定，并审查批准开盘的申请书，对于水泥的最少用量应按规范要求进行监控，混凝土的坍落度应控制在18～22cm，粗骨料粒径应控制在1～4cm。

（8）在灌注混凝土前，应射水（风）冲射孔底3～6min。

（9）在灌注混凝土前应检查第一次浇灌的储备是否能够满足施工要求，混凝土初灌量必须满足导管底部埋入0.8m以上。

（10）灌注混凝土前应检查导管距桩底的高度，应在0.3～0.6m之间。

（11）监理工程师应要求施工单位在浇筑过程中设专人测量导管伸入混凝土的深度，即1m<h<3m，对混凝土浇筑过程中发生的坍孔或机障等中断灌注时间超过30min时的，应采取补救措施或令其重钻，必要时应会同相关单位研究解决。

（12）为了清除浮渣及软弱层混凝土，确保桩身混凝土质量，监理工程师应严格控制和检查混凝土桩顶标高，即应控制在桩顶设计标高以上0.5～1.0m。

（13）在成桩监控过程中，监理工程师明确要求施工单位按单桩编号制作混凝土试件，且不少于一组。

（14）灌注完毕后，监理工程师应督促施工单位做好安全防护工作，在孔周围设置围挡及明显标识。

（15）钻孔桩施工监理工程师应重点控制好以下几道工序：

①孔深及沉渣厚度；

②混凝土浇筑及桩顶标高；

③钢筋骨架的允许偏差值控制。

在整个施工过程中，要加强对钻孔桩变位的量测，量测重点是桩顶倾斜、边坡稳定及周边建筑物的稳定（表7-1）。

混凝土灌注桩施工质量检查表　　　　　　　　　　表7-1

工序及过程	检查内容	质量及过程控制标准	检查方法
桩位测量放线	建筑框线的闭合桩位定点偏差	平角差180°±10″、直角差90°±6″、距差<1/5000≤2.0cm（与设计偏差）	经纬仪检测、拉尺检查
护筒埋设	筒心与定点偏差埋设处理	≤2.0cm（与定点偏差）周正稳固、入原土深度≥20cm	过十字钢环拉尺检查、水平尺检查、立尺检查
桩孔成孔	成孔偏差、孔径偏差、垂直度偏差、终孔孔深、泥浆指标控制	≤2.0cm（与护筒心偏差）-0～+0.2d ≤1.0%-0～+300mm 密度≤1.30、黏度20″～24″	钻头对中拉尺检查量测钻头直径、测孔抽检机架三点一线吊线检查、钻具线长及机上余尺核定比、重仪法、漏斗计法
一次清孔	清孔后沉淤	≤30cm	测绳探测核定
钢笼安装	焊条质量	必须合格	检查质保书、开包观察检查、拉尺检查、观察检查和尺量检查、吊筋长度及挂高换算核定
	同截面主筋接头	≤50%主筋根数	
	同截面主筋错距	≥35d（主筋直径）	
	焊接质量	必须合格	
	笼顶标高偏差	±100mm	观察检查
	保护块设置	2组/每节笼，每组3块	
导管安装	导管总长	丝口上足密封不渗水	节数与长度核定观察检查、水密承压检测换算核定
	导管接口处理		
	导管下置深度	距孔底0.3～0.5m	
混凝土浇灌	混凝土质量	必须合格	级配单审核、和易性检查
	初灌量	≥1m³	坍落度检测
	埋管拔管控制	埋管≥2m，拔管≤5m/次	观察检查、灌斗体积核定
	充盈系数	1.0～1.2	计算与实测对比核定
	终灌标高	大于设计桩顶标高以上1m	计算核定
	试块制作及强度	操作规范、数理统计评定合格	观察检查、送样测试核定

四、喷护系统施工质量控制要点

1.喷护系统施工质量控制要点

（1）定位放线应采用全站仪并结合50m钢卷尺，标高测量应采用水准仪，测量应从施工现场的测量基准点施测。放线定位的精度要求符合规范要求，现场测量获取数据应及时报监理人员复测验收。

（2）土方开挖过程中，挖土机械、运输车辆不得对已完成的坡体造成不利影响。

（3）挖土区域和标高的控制，支撑施工单位应事先与土方单位做好技术协商工作，标高由支撑施工单位进行控制，不同标高的区域应先撒好灰线，严禁超挖。

（4）喷护施工时监理人员应要求施工单位采取必要的排水措施保证基坑内无积水，并应经常检查土壁的稳定性，避免土方塌方。

（5）施工单位必须进行现场喷混凝土试验，成果资料报监理人员审查。

2.锚杆施工质量控制要点

（1）锚杆钻孔

1）钻孔应在开挖断面验收合格后进行，钻孔前，应根据设计要求和岩面情况，定出孔位，做出标记。

2）锚杆孔的开孔应按施工图纸布置的钻孔位置进行，其孔位偏差应不大于10cm。

3）锚杆孔的孔轴方向应符合施工图纸的要求。设计文件未作明确规定时，锚杆的孔轴方向应垂直于开挖面；局部加固锚杆的孔轴方向应与可能滑动面的方向相反，其与滑动面的夹角应大于45°。

4）锚杆孔深度必须达到施工图纸的规定，孔深偏差值不得大于5cm。

5）采用"先安装锚杆后注浆"的程序施工时，孔径应大于杆体直径15mm以上。

6）锚杆孔位、孔径、孔深及布置形式应符合设计要求，孔内岩粉和积水应吹干净。

（2）材质规定

1）锚杆材料：应按施工图纸的要求，选用Ⅱ级螺纹钢筋；使用前应平直、除锈、除油。

2）水泥：注浆锚杆的水泥砂浆应采用强度等级不低于32.5MPa的普通硅酸盐水泥。

3）砂：采用最大粒径不大于2.5mm的中细砂，使用前须过筛。

4）水泥砂浆：砂浆标号必须满足施工图纸的要求。

5）外加剂：按施工图纸的要求，在注浆锚杆水泥砂浆中添加速凝剂、抗侵蚀剂和其他外加剂，其品质不得含有对锚杆产生腐蚀作用的成分。

（3）锚杆安装和注浆

1）安装：锚杆施工宜在喷射混凝土前进行，采用"先注浆后插筋"的施工工艺，在钻孔内注满浆后立即插杆；采用"先安装锚杆后注浆"的施工工艺时，应在锚杆安装后立即进行注浆，注浆管应深入到距锚杆根部。

2）注浆：

①锚杆注浆的水泥砂浆配合比，应在以下规定的范围内通过试验后选定：

水泥：砂=1:1～1:2（重量比）；

水泥：水=1:0.38～1:0.45。

②水泥砂浆要随拌随用，一次拌和的砂浆应在初凝前用完，并严防石块、杂物混入。倘因间歇时间过久，砂浆已经初凝，则必须作废料处理。在任何情况下严禁将已初凝的砂浆拌水重新拌合。

③锚杆注浆后在砂浆达到强度前，不得敲击、碰撞和拉拔锚杆。注浆作业应遵守如下规定：

a.注浆开始或中途停止若超过30分钟时，应用水或稀水泥浆润滑注浆罐及其管路。

b.注浆时，注浆管应插至距孔底5～10cm，随砂浆的注入缓慢拔出（或将灌浆管与锚杆捆在一起与锚杆同时安装，待孔口溢出浆后拆除接头）。注浆后如孔内因砂浆干缩应及时补灌。

c.向锚杆孔内注浆时，注浆管内应保持一定数量的砂浆，以防止罐体放空，误伤人。处理管路堵塞前，应消除管内压力。

d.喷射作业过程中若处理堵管，应将输料管顺直，必须紧按喷头，疏通管路工作的风压不得超过0.6MPa。

e.未注浆或者只在孔口用砂浆封口的锚杆视为废锚杆。

（4）锚杆质量检验

1）锚杆材质检验：每批锚杆材料均应附有生产厂的钢材质量证明书，施工单位应按施工图纸规定的材质标准以及监理人员指示的抽检数量检验锚杆性能。

2）注浆密实度试验：选取与现场锚杆的直径和长度、锚孔孔径和倾斜度相同的锚杆和塑料管（或钢管），采用与现场注浆相同的材料和配比拌制的砂浆，并按现场施工相同的注浆工艺进行注浆，养护7天后剖管检查其密实度，每100根注浆锚杆随机取样不得少于1组进行抗压强度检验。不同类型和不同长度的锚杆均需进行试验，试验计划应报送监理人员审批。

3）抽查记录：施工单位应按监理人员指示的抽验范围和数量对锚杆孔的钻孔规格（孔径、深度和倾斜度）进行抽查并做好记录。

4）锚杆拉拔力试验：边坡和地下洞室的支护锚杆，按作业进行分区，每200根锚杆至少抽样一组，每组不少于3根，进行拉拔力试验，试件中应包括边墙和顶拱锚杆。不足200根的区域应抽取3根进行拉拔试验。

5）拉拔力试验应在砂浆注入锚杆的28天后（掺早强剂的孔位若有同期砂浆试验数据，可提前），安装张拉设备逐级加载张拉至拔出锚杆或将锚杆拉断为止，拉力方向应与锚杆轴线一致；喷锚支护中抽检的锚杆，其数量宜为锚杆数量的3%～5%，当拉拔力达到设计规定值时，应立即停止加载，结束试验。

6）锚杆杆端一旦出现颈缩，应立即卸荷。

7）预应力锚杆应在注浆后28天（掺早强剂的孔位若有同期砂浆试验数据，可提前）以及混凝土达到设计强度后，方可进行拉伸。当拉拔力达到设计规定值时，应立即停止加载并锁定，拉伸过程中应做好张拉记录。

（5）锚杆验收

1）监理人员应在现场跟随施工单位一起按照上述要求进行试验检验工作。施工单位应将每批锚杆材质的抽验记录、每项注浆密实度试验记录和成果、锚杆孔钻孔记录、边坡各作业分区的锚杆拉拔力试验记录和成果以及它们的验收报告一起报送监理人员，经监理人员验收并签认合格，可作为支护工程完工验收和计量支付的资料和依据。

2）喷射混凝土之前，应清除受喷面松动的岩块，用高压水流冲洗受喷面，并埋设显示喷层厚度的标志，且锚杆质量确定已经检查合格。此时，喷射混凝土的各项准备工作就绪，施工单位应通知监理人员进行检查，经监理人员检查合格并签证后，方可开仓喷射混凝土。开仓签证后24h未喷射混凝土，应重新办理开仓手续。

3）混凝土喷射应分层分段自上而下进行，须达到设计厚度，如果作业层间隔时间超过1小时，则应使用网制刷将表面乳皮清除，并用风和水清理干净后再继续作业。

施工期间，施工单位必须按月向监理人员报送详细的施工记录或原始施工记录的复制件。

4）对于施工中的质量事故（缺陷），施工单位应立即查明其范围、数量并填报质量事故报告单，分析产生质量事故的原因，提出处理措施，及时向监理人员报告，经批准后，方可进行处理。

5）为了确保施工质量，施工单位必须按照有关施工规范和设计文件进行施工。对于发生的违章作业行为，监理人员可发出违规警告、返工指令，直至停工整顿。

6）边坡支护所使用的水泥，应有产品出厂日期、厂家的品质试验报告，施工单位实验室必须按规定进行复检，必要时还应进行化学分析。试验检查项目包括：水泥标号、凝结时间、体积稳定性。

7）掺用任何外加剂，必须有试验资料和外加剂的材质清单，并通过配合比试验进行验证，经监理人员批准后，方可使用。

8）边坡支护所使用的砂石骨料，应符合技术规范的要求，施工单位的实验室必须按规定进行抽样试验，每批进料抽样试验数量不得少于三组，试验成果应报送监理人员审核。检测项目包括：细度模数、比重、吸水率、含泥量、针片状含量、有机物含量。

9）拌合用水，必须洁净、无污染，符合饮用水标准。

五、土方回填施工质量控制要点

（1）检查基坑回填土的各项指标是否满足设计要求。若设计无要求时，基坑回填土，不得使用纯黏土、淤泥、粉砂、杂土、有机质含量大于8%的腐殖土、含水量过大的湿土以及粒径大于150mm的块石填筑。

（2）基坑回填土应分层压实，分层厚度不大于300mm，用机械碾压时，搭接宽度不小于200mm，人工、小型机具夯压时，夯与夯之间重叠不小于1/3夯底宽度。

（3）基坑回填土质量检验：

1）基坑回填碾压或夯实，每个分层标准为：机械碾压按1000m²取样一组；人工夯实按500m²取样一组，并检查压实度，每组取样点不小于6个，遇有特殊情况应增加取样点位。

2）实测后各点回填土压实度应达到设计要求，且合格率不应低于90%，表层1.2m以内不低于95%。

3）回填土的顶面标高须符合设计要求，表面应平整密实，其标高允许误差不超过50mm，平整度±15mm。

六、基坑变形监测质量控制要点

（1）监测施工单位的资质审查，签署审查内容和审查意见

1）监测施工单位的资质证书和营业执照，近三年监测的工作业绩，考察其

监测工作的技术实力和仪器装备的情况。

2）查验工地监测人员的专业配备及上岗证书。

3）查验进场监测仪器及其检验与标定资料。

（2）监测方案和测点布置的审查

1）监测方案必须在基坑开挖前制定，提交监理审查并会同参建的建设方、设计方、施工方、监理方等进行会审，监理审查要点包括：

①加强基坑的变形监测，特别是降水期间。

②监测项目与精度要求应符合设计要求。施工监测项目包括：

a.支护结构坡顶水平、竖向位移。

b.周围建筑物、构筑物及周围地下管线的垂直沉降、水平位移、倾斜等。

c.基坑外地表沉降、基坑内坑底土的回弹量。

③测点布置与埋设方法应合理、稳固，防止损坏或因埋设不当造成数据虚假现象的出现。

④监测方法与手段应合理，并配备满足精度要求的仪器设备。

⑤监测频率应满足施工要求。

⑥警戒值的确定符合设计要求，超过设计要求的应及时报警。

⑦监测资料及监测结果的反馈制度。

第八章

地基与基础分部工程质量控制要点

一、地基处理施工质量控制要点

1.软地层地基监理要点

（1）监理工程师在施工前应审批施工单位提供的下列资料：

①建筑物场地的工程地质资料和水文地质资料；

②地基加固施工图及图纸会审纪要；

③施工场地内和施工影响范围内的建（构）筑物、地下管线和公共设施的调查资料；

④主要施工机械及其配套设备的技术性能资料；

⑤施工组织设计或施工方案（分项目监理施工计划）；

⑥原材料及其制品的质检报告，有关荷载、施工工艺的试验参考资料。

（2）应根据工程需要，要求施工单位按照拟定的地基加固方案进行现场试验，检验其设计参数和处理效果。

（3）审查用于地基加固施工的所有设备并进行书面确认。在设备使用中应督促施工单位经常进行维护和保养。

（4）监理工程师应对地基加固中各关键工序进行旁站监理，并独立做好施工记录，每道工序在得到监理工程师认可后方可进行下一道工序的施工。

（5）监理工程师应督促施工单位根据设计和规范要求进行地基加固质量检验。

（6）进场成品桩的质量监督检查包括：外观检查、强度检查（桩长、直径、壁厚）（审查厂家提供的质量证明文件，出厂合格证，配合比、钢筋、水泥、砂、石、外加剂及碱含量评估报告等）、接桩用的焊条产品合格证书。

（7）对压桩施工的检查包括：压桩机械性能、压桩压力、桩的垂直度、接桩的间歇时间、桩的连接质量、压入深度、桩位偏差承载力试验、桩体质量检验（两控制点由有资质的单位检测）、桩顶标高等。

（8）机槽开挖（土方开挖）的检查包括：①技术复核（复核定位放线）标桩的固定和保护措施；②提前进行降排水；③确定合理的机械开挖顺序，严禁超挖（一般地基机械开挖深度距地基标高最少抬高200mm用人工开挖）（对各种桩基或复合地基的桩顶不得损坏，机械开挖抬起标高必须高于桩顶不得少于300mm再用人工开挖）；④检查平面布置，水平标高，边坡的坡度、长度、宽度，槽底表面平整度；⑤土方外运及现场存放（严禁边坡压土）；⑥地基情况，触探及布点间距、排距，触探工具，触探深度和触探落距，这些记录须准确真实；⑦核查土质的土性、地基局部的处理方案、地基处理的监督实施；⑧量槽、验槽。

2.混凝土垫层施工质量控制要点：

监理人员应主要查验模板及边线位置标高、混凝土的配合比、浇筑厚度、表面平整度、表面浇筑质量。

二、地下室筏板基础、框架剪力墙结构质量控制要点

（1）地下室钢筋混凝土筏板基础、框架剪力墙结构工程质量控制管理重点：

验线、验轴线、基础边线、柱（墙）、梁边线、钢筋位置线、验模和钢筋分项工程质量控制管理。监理人员应做好这些方面的事前控制工作。

（2）施工图纸的会审和交底：

1）标高、配筋及截面尺寸是否有遗漏或错误；

2）对图纸会审记录及设计变更问题，及时在相应的结构图上标明，避免因遗忘造成失误。

（3）施工组织设计或施工方案的审查：

1）监理人员对方案的审查，主要关注地下室钢筋混凝土筏板基础、主体框架剪力墙结构的工程质量是否有可靠的技术、组织和预控措施；

2）如果模板及支撑系统的高度大于4.5m，应要求其编制专项施工技术方案。

（4）工程主要原材料进场的质量情况检查：

1）检查水泥的品种、级别、出厂日期；水泥、钢筋产品的合格证、出厂检验报告；参与对水泥、钢筋及钢筋焊接见证取样并送至具备相应资质的检测单位进行复验，其质量必须符合国家标准规定的进场复验标准；

2）检查混凝土所用粗细骨料的出厂合格证，且须按进场批次进行见证取样，送至具备相应资质的检测单位进行复验，其质量应符合国家现行标准规定的复验标准；

3）拌制混凝土所用的水宜使用饮用水；若使用其他水源，水质应符合国家

现行标准的规定。

（5）检查混凝土配合比的设计情况：

1）混凝土配合比报告单应由具备相应资质的检测试验单位出具；

2）检查砂石含水率，应现场进行测试并得出结果，审核其调整材料用量后的施工配合比是否正确。

（6）检查机械设备情况：

1）检查工程必需的各种施工机械设备能否保证正常、安全运转，是否有备用设备及备件；

2）检查材料的计量器具是否具备相应的技术合格证，是否送至有资质的法定计量检测部门进行了检验；查阅校正证明。

（7）检查承包方是否对施工人员进行了质量安全方面的技术交底。检查承包方专职管理人员和特种作业人员的资格证、上岗证，并检查施工现场道路、水、电、通信的落实情况。

（8）钢筋混凝土框剪结构工程施工过程的质量控制、正式施工过程中的质量控制是工程项目监理部进行监理的关键工作。如果要做好事中控制，必须做好如下工作。

1）模板分项工程应进行以下检查和验收：

①检查模板及其支架是否具有足够的承载力、刚度和稳定性，支架的搭设是否符合施工组织设计要求；

②模板的接缝是否严密、不漏浆；

③基础、梁、柱、模板的标高及截面尺寸是否正确，其尺寸偏差是否在规范允许的范围内；

④固定在模板上的预埋件及预留孔是否安装牢固，位置是否准确，是否还有其他遗漏；

⑤跨度不小于4m的现浇钢筋混凝土梁板，应检查其模板是否按设计或规范要求起拱；

⑥模板内的杂物是否清理干净。

2）浇筑混凝土前应对钢筋工程进行如下检查和验收：

①全数检查纵向受力钢筋的品种、规格、数量、位置是否与设计图纸相符；

②全数检查钢筋的连接方式、接头位置、接头数量、接头面积的百分率是否与设计及规范要求相符；

③检查箍筋、横向钢筋的品种、规格、数量、间距是否与设计相符。重点关注有抗震要求的结构、箍筋弯钩的弯折角度是否符合要求；

④柱基、柱顶、梁柱交接处，其箍筋间距是否按设计要求进行了加密；

⑤钢筋的锚固、搭接、焊接长度均应符合设计及规范要求；

⑥混凝土板内双向受力筋及负筋应全数绑扎，板内负筋及双层筋必须每隔800～1000mm加设钢筋撑脚；

⑦钢筋混凝土框剪结构构件的保护层必须在安装钢筋时用垫块垫好，其保护层厚度应符合设计要求及《工程建设标准强制性条文》的规定；

⑧在浇灌混凝土前必须设置混凝土浇灌运输通道，不允许翻斗车及人直接在钢筋上行走；不允许泵送管的支座直接压在负筋上，特别是悬臂梁、板负筋，禁止直接踩上，严格控制负筋的位置；

⑨钢筋安装位置的允许偏差值不得超出规范要求。

3）浇筑混凝土时，监理人员旁站监督，并做好如下控制：

①检查搅拌站是否按施工配合比准确计量；

②检查加料顺序、搅拌时间是否符合操作规程；

③按规定批量督促取样人员随机取样制作混凝土试块；

④混凝土振捣方法是否正确，是否漏振；

⑤应对模板及支架进行观察，如发现胀模、下沉、漏浆等异常情况，应通知施工单位及时采取措施进行处理；

⑥督促施工单位安排钢筋工跟班作业，发现结构内钢筋偏位，应及时予以校正；

⑦施工缝及后浇带的留设位置及处理，应按设计要求和施工技术方案执行；

⑧混凝土的运输、浇筑及间歇的全部时间不应超过混凝土的终凝时间。

监理人员在施工过程中的质量控制管理，是整个质量控制的关键，也是重中之重，核心之核心，因此，工程监理务必做好这方面的质量管理，为整个钢筋混凝土框架结构工程把好关，负好责。

（9）钢筋混凝土框剪结构工程监理的事后质量控制。

所谓工程监理的事后质量控制，就是对结构混凝土浇筑后进行的质量控制。事后质量控制是工程项目监理部进行监理的必要工作。要做好事后控制须做好以下几点：

1）混凝土浇筑完毕后，根据气温及混凝土硬化情况督促施工方派专人在12h内对混凝土进行养护，养护时间须符合规范要求。在混凝土硬化过程中，若混凝土强度未达到1.2N/mm，严禁其受到冲击、振动、加载。

2）及时督促施工单位对混凝土试块进行同条件养护，到期按时送检，以判定浇筑的混凝土是否达到设计要求的强度。

3）模板及支架的拆除顺序应根据施工技术方案执行。底模拆除时间应根据规范要求执行，严禁未达到混凝土强度要求就拆除底模。对于拆模后混凝土的结构，应检查其尺寸偏差是否超过规范要求。

4）如发现结构外观存在蜂窝、麻面、露筋、孔洞、裂缝、夹渣等质量缺陷，施工方不得自行修整。监理人员应根据实际缺陷程度，区别对待：

①一般的混凝土质量缺陷，监理工程师应出具通知单，要求施工方按技术处理方案整改；

②影响结构性能及使用功能的严重缺陷，应由施工方提出技术处理方案，并经监理（建设）、设计单位认可。在处理过程中，监理人员须旁站监督，对于所产生的缺陷部位，必须重新检查验收；

③监理单位或质量监督站应对结构混凝土强度做回弹检测。同时，对于质量保证资料，应检查其是否齐全，是否符合设计及国家标准所规定的要求。

第九章

大体积混凝土施工的监理控制要点

▨ 一、施工准备阶段质量监理控制

1. 大体积混凝土专项施工方案、施工准备工作的审查

（1）在施工前要求施工单位编制报审大体积混凝土专项施工方案，由总监理工程师组织项目监理人员进行审核，并对该方案提出审查意见。若大体积混凝土专项施工方案需要修改，应及时返回施工单位修改，施工单位修改完成后须重新按程序报审，项目监理部、总监理工程师应重新组织项目监理人员对该方案进行审查。审查通过后，监督施工单位应按照审查通过的大体积混凝土专项施工方案组织施工，并在正式开盘浇筑混凝土前，项目监理人员监督检查施工单位的技术交底情况。

（2）对混凝土生产厂家进行考察，应多比较几家，以便于优中选优。

（3）审查专项施工方案中大体积混凝土浇筑分段分层的合理性，以利于热量散发，使温度分布均匀。审查温度控制方案的有效性，应对温度变化进行预测，在预测的同时对温度进行监测。

（4）审查专项施工方案中的温度及温度应力计算，要求大体积混凝土的内外温度不超过25℃，温度陡降不应超过10℃。因此，施工中应严格控制温度差，有效控制混凝土裂缝；审查测量措施及测温点的布置是否合理；同时，注意所采用的材料如水泥、砂石、外加剂等是否符合大体积混凝土的施工要求。

（5）核实混凝土的施工配置结果是否满足设计和施工要求。

（6）检查现场机械设备的配置、泵管的布置及阻力计算的合理性。

（7）检查预埋件预留孔洞是否齐全，钢筋分布是否合理。

（8）核实近期的气象情况以及供电情况。

（9）督促施工单位落实管理人员及施工人员的组织技术安排，并排布值班表。

（10）检查抗渗、抗压试验是否齐全。

（11）审查大体积混凝土的浇筑方案组织得是否合理；大体积混凝土分段分层浇筑时间差是否控制在初凝之前。

（12）审查浇筑路线是否合理，施工时必须按照路线予以落实。

（13）审查施工中的安全、文明施工控制措施是否可靠；大体积混凝土浇筑方法是否妥当。

2. 优化混凝土配比，严格控制原材料质量

大体积混凝土施工对裂缝的控制非常重要，其中配合比的设计是关键。工程实践表明，合理的配合比可有效减少水化热，降低绝热升温，因此要求施工单位提前一个月进行提交。针对本工程的混凝土配合比设计，大体积混凝土可按60天强度设计。配合比的设计应考虑以下几点：

（1）材料及外加剂的相关要求

1）采用较低水化热和安定性好的水泥，如矿渣硅酸盐水泥，所用水泥控制出厂半个月以上，以降低水泥的活性，禁止使用刚出窑的水泥。

2）掺粉煤灰。在保证大体积混凝土强度的前提下，应尽可能减少水泥用量，降低水化热峰值，通过进行绝热温升试验，优选混凝土配比。粉煤灰要求选用同一厂家，同一批次的优质I级，并严格控制其烧失量、含硫量的比例，同时还应符合《粉煤灰混凝土应用技术规范》GB/T 50146—2014中的规定。

3）石料要求。使用小于或等于2.5cm的粒径，吸水率小于等于1.5%，含泥量不超过1%，不得使用碱活性骨料，必须符合《普通混凝土用砂、石质量及检验方法标准》JGJ 52—2006的规定。

4）砂子选用中粗砂，含泥量不超过2%，其他要求应符合《普通混凝土用砂、石质量及检验方法标准》JGJ 52—2006的规定。

5）拌制混凝土所用的水应符合《混凝土用水标准》JGJ 63—2006的规定。

6）外加剂的使用。需符合国家或行业标准一级品以上的质量要求，结合混凝土的性能要求，满足抗渗、合易性、抗裂、初凝时间等需要，严格控制配比重量以满足工程的需要。

7）采用合理的水灰比及配合比。要求实验室提供满足工程性能需要的配合比、适宜的水灰比，以保证工程质量。

8）材料温度控制。在夏季施工时，砂石场地应增设凉棚以降低砂石的温度。另外，夏季使用的水应适当增加冰块以降低温度，应控制在4～8℃之间，减少材料温度。如果是冬天，应做好保温、防雪措施，使用的水温应控制在30～40℃左右，以保证出机时的温度控制。

（2）坍落度要求

因施工面积较大，要求混凝土保水性能好，坍落度不仅要满足泵送要求，同时也要保证混凝土流淌距离不能过长，以免混凝土分层施工衔接不上，进而形成冷缝。因此，坍落度应控制在140～180mm之间，坍落度损失值不大于30mm/h。

（3）初凝时间的控制要求

根据混凝土分层一次浇筑的最大方量，结合混凝土供应能力、运输时间及施工季节的气温，确定混凝土的初凝时间不小于12h，为保证分层衔接时混凝土不至于初凝，需要进行计算确定。

（4）混凝土强度要求

采用60天龄期试块强度作为检验达到设计强度标准，以减少水泥用量，降低水热化。应做7天、28天及60天龄期试块，以检查强度发展情况。

（5）考察优质的混凝土生产厂家

检查生产厂家的营业执照、安全生产证书、计量证年检、试验室、车程及交通状况，以及厂家生产的管理状况是否满足施工需要，提前提供能够满足此项工程混凝土性能的配比单，以便于研究与协调。

■ 二、施工过程中质量监理控制

（1）为处理大体积混凝土在浇筑过程中出现的泌水问题，在垫层施工时，要预先有意识地沿纵向、横向做一定的坡度，使泌水顺垫层坡度流向预留井坑，再用泵将水抽至周围排水沟内。

（2）在浇筑过程中，监理人员应进行全过程旁站监理，检查浇筑工艺的全过程是否符合规范要求；是否按照方案实施；检查搅拌站配比是否严格按照要求的比例称重，控制偏差；现场设专人检查坍落度是否按要求达到交付商品混凝土的要求，运输出现异常时及时联系厂家进行处理，设备出现故障要及时督促施工单位予以处理。

（3）督促施工人员分层浇捣，严格控制分层厚度，及时移动泵管，尤其在浇捣过程中要严格落实浇捣顺序，确保各部位振捣密实，振捣时上下垂直、快插慢拔，插点均匀，防止混凝土离析和漏振。

（4）检查水平施工缝的处理是否按照方案要求进行，督促施工人员及时压实拉毛，尤其要做好表层处理，使混凝土振捣密实，表面平整。混凝土初凝前用抹子进行抹压搓平。在混凝土初凝至终凝前，根据混凝土表面的凝结状况进行多次抹压，尽可能消除混凝土所产生的干缩裂缝。

（5）督促施工单位按照规定做好测温工作，测温点宜布置在厚度的1/2处、1/4处及表面，在浇筑期间每小时测温1次，浇筑的7天内应每2h测1次；7天后，分别4h、6h、8h测温1次，监测30天。

（6）督促施工单位按规范要求留置混凝土试块。

三、做好混凝土的养护及温差监控工作

（1）混凝土完成浇筑后要重视养护，保证养护质量，大体积混凝土必须根据强度等级、现场条件及施工季节合理选用养护措施。高层建筑基础多采用覆盖方式，达到保温、保湿、养护混凝土的目的，终凝后及时覆盖严密，不能出现混凝土外露现象，覆盖厚度根据温度进行确定。一般工程通过热工计算以确定覆盖一层塑料薄膜、数层麻袋，达到保温、保湿、养护的目的，混凝土内部预埋热电偶测温，密切注意各点温度变化，一旦内外温差超过25℃，应督促施工队及时加强保温措施，对于掺粉煤灰的混凝土，当覆盖层拆除后，仍需浇水保温养护至14天以上。

（2）大体积混凝土的施工是一个综合性的问题，应早做准备。施工单位应研究制定可靠可行的大体积混凝土专项施工方案，严格审查混凝土配合比及施工组织设计，发挥监理作用，协助施工单位解决技术难点，多考虑一些不利因素，以利于遇到问题沉着应对，做好监理的旁站及监控点的检查工作，切实落实好浇筑的施工工艺及混凝土养护工作，做好测温监测工作，做到发现问题及时处理，从而确保工程质量符合要求。

四、结构混凝土浇筑的质量控制

结构混凝土的浇筑应遵循《混凝土强度检验评定标准》GB/T 50107—2010、《大体积混凝土施工标准》GB 50496—2018的有关规定。结构混凝土的材料规格、构件形式、尺寸及其位置均应符合施工设计规定。施工单位任何结构形式的变更，应进行严格审批。

1.浇筑前的质量控制要点

（1）在浇筑混凝土前应再次对模板和钢筋进行检查，做好预检和隐检，确保模板位置、标高、截面尺寸与设计相符，且支撑牢固，拼缝严密，确定模板内的杂物已被清除干净。关键部位，应再次查验钢筋品种、数量、规格及插筋、锚筋的情况。

（2）混凝土自高处倾落的自由高度，各受力钢筋之间、绑扎接头位置应互相错开，从任一绑扎接头中心至搭接长度的1.3倍区段范围内，绑扎接头的受力钢筋截面面积占受力钢筋总截面面积百分率为：受拉区不得超过25%；受压区不得超过50%。

（3）检查施工单位管理人员及施工人员到岗和机具准备情况。对于可能出现的故障，应提前准备好应急措施。

（4）混凝土浇筑申请按程序应已经报审通过。

（5）水、电、照明等现场应已准备就绪。

2.冬季混凝土浇筑过程中的质量监理控制要点

（1）首先要根据工程进度、气温预测、施工环境做出切实可行的详细的冬季技术施工措施，提前制定出测温孔布置方案、测温方案、浇筑方案、拆模条件。

（2）认真进行热工计算，采用科学的保温措施，确保到场的保温材料的数量和质量符合要求。

（3）对冬施的混凝土配合比、外加剂性能、掺量必须提前做好试验报告。

（4）控制好冬施关键点，做好以下的检查和抽测工作：抽检混凝土的入模温度、混凝土内外温度及温差的监测、分析，必须时要采取措施，防止混凝土受冻和裂缝的发生、加强对蓄热覆盖防风措施的监察，确保覆盖及时到位、适时控制拆模时间及拆模后的保温及养护问题、保证混凝土试块的留置数量，应包括冬季条件和转常温条件的试块。

3.夏季混凝土浇筑过程中的质量监理控制要点

（1）对高温环境下影响混凝土的因素进行预测分析，提前制定夏季施工技术方案。落实方案的执行情况，例如配合比是否考虑了夏季施工坍落度损失大所应采取的措施、温度控制是否有效等。

■ 五、大体积混凝土施工配合比控制

1.配合比控制的原则

（1）为了取得较高强度、较好和易性的混凝土，可以提高单位体积水泥的用量，但过大的水泥用量会增加造价、用水量和形成混凝土后的体积变化率，故而应限制混凝土的水泥用量。

（2）力求最少但符合和易性要求的用水量：因为用水量越小，混凝土强度越高；水泥用量越少，体积变化率越小。但施工时常会遇到搅拌不匀、振捣不实等困难，所以要具体规定混凝土的最大水灰比、最小水泥用量、适宜用水量和适宜

的坍落度等。

（3）石子的最大粒径受构件截面尺寸和钢筋最小间距等条件的限制。

（4）要选用合适的砂率，以达到石子使用量最多、砂石级配合适，增大混凝土密度，与混凝土水灰比和石子最大粒径相匹配。

2.配合比控制

（1）结构用混凝土在施工前应持有试验室签发的配合比通知单。在施工中，当原材料发生变化时，应重新申请试配。配合比通知单应附配套的砂、石、水泥、外加剂及配合比试块强度试验单。

（2）混凝土的坍落度应严格按试验报告中的坍落度标准控制，严禁随意增加用水量。

（3）原材料计量应控制在允许偏差范围内。

混凝土施工缝不可随意留置，位置须按设计要求和施工技术方案确定，留置部位要方便施工。施工缝的处理要按技术方案执行。

3.施工缝的浇筑与处理

（1）在施工缝处浇筑混凝土时，已浇筑混凝土的抗压强度一定要达到1.2MPa以上。进行施工缝施工时，要在已硬化的混凝土表面清除水泥薄膜和松动的石子及软弱的混凝土土层，还要加以凿毛，用水冲洗干净并充分湿润，时间通常应大于24h，残留在混凝土表面的积水要及时清除，最后在施工缝处铺一层水泥砂浆。

（2）在施工缝位置附近回弯钢筋时，钢筋周围的混凝土不可受到松动和损坏。钢筋上的油污、水泥砂浆及浮锈等杂物必须清理干净。

（3）浇筑前水平施工缝应铺上厚10～15mm的水泥砂浆，配合比与混凝土内的砂浆成分应相同。

（4）施工缝处继续浇筑时，要防止直接靠近缝边下料。机械振捣前，要向施工缝处推进，在距800～1000mm处停止振捣，要加强对施工缝接缝的捣实。

（5）承受动力作用的设备基础的施工缝在进行处理时，宜在标高不同的两个水平施工缝的高低接合处留成台阶形，台阶的高度比应小于1.0。在水平施工缝继续浇筑前，要对地脚螺栓进行观测校正；垂直施工缝处要加插钢筋，直径为12～16mm，长度为500～600mm，间距为500mm，在台阶式施工缝的垂直面上也可补插钢筋。

4.后浇带的设置

（1）在现浇钢筋混凝土结构施工中，后浇带是一个为克服因温度、收缩、沉降而产生的有害裂缝而设置的临时施工缝。该缝须根据设计要求保留一段时间后再行浇筑，进而把整个结构连成整体。

（2）后浇带的保留时间须符合按设计要求；在设计无要求时，温度、收缩后浇带通常保留28天以上；高层建筑与裙房间设置的沉降后浇带要在高层结构封顶后浇筑。其宽度要考虑施工简便，防止应力集中，通常为700～1000mm。后浇带内的钢筋应保护完好。后浇带在浇筑混凝土之前，一定把混凝土表面按施工缝的要求提前处理好，后浇带混凝土须采用高于其两侧混凝土强度等级的补偿收缩混凝土，并保持至少14天的湿润养护。

第十章

主体结构工程质量验收监理控制要点

一、基本规定

（1）混凝土结构施工现场质量管理应有相应的施工技术标准、健全的质量管理体系、施工质量控制和质量检验制度。混凝土结构施工项目应包括施工组织设计和施工技术方案，并须经审查批准。

（2）混凝土结构子分部工程根据结构的施工方法可分为两类，现浇混凝土结构子分部工程和装配式混凝土结构子分部工程。根据结构的分类，还可分为钢筋混凝土结构子分部工程和预应力混凝土结构子分部工程等。混凝土结构子分部工程可划分为模板、钢筋、预应力、混凝土、现浇结构和装配式结构等分项工程。各分项工程可根据与施工方式相一致且便于控制施工质量的原则，按工作班、楼层、结构缝或施工段划分为若干检验批。

（3）对混凝土结构子分部工程的质量验收，应在钢筋、预应力、混凝土、现浇结构或装配式结构等相关分项工程验收合格的基础上，进行质量控制资料检查及观感质量验收，并应对涉及结构安全的材料、试件、施工工艺和结构的重要部位进行见证检测或结构实体检验。

（4）分项工程的质量验收应在所含检验批验收合格的基础上，进行质量验收记录检查。

（5）检验批的质量验收包括实物检查和资料检查。

1）实物检查，按下列方式进行：

①原材料、构配件和器具等产品的进场复验，应按进场的批次和产品的抽样检验方案执行；

②混凝土强度、预制构件结构性能等，应按国家现行有关标准和相关规范规定的抽样检验方案执行；

③本书采用的计数检验项目，应按抽查总点数的合格率进行检查。

2）资料检查，包括原材料、构配件和器具等的产品合格证（中文质量合格证明文件、规格、型号及性能检测报告等）及进场复验报告、施工过程中重要工序的自检和交接检记录、抽样检验报告、见证检测报告、隐蔽工程验收记录等。

（6）检验批合格质量应符合下列规定：

1）主控项目的质量经抽样检验合格；

2）一般项目的质量经抽样检验合格；当采用计数检验时，若无特殊要求，一般项目的合格点率应达到80%及以上，且不得有严重缺陷；

3）具有完整的施工操作依据和质量验收记录。验收合格的检验批，应做出合格标志。

（7）检验批、分项工程、混凝土结构子分部工程的质量验收可按相关规范的要求进行记录，质量验收程序和组织应符合《建筑工程施工质量验收统一标准》GB 50300—2013的规定。

二、模板分项工程

（一）一般规定

（1）模板及其支架应根据工程结构形式、荷载大小、地基土类别、施工设备和材料供应等条件进行设计。模板及其支架应具有足够的承载能力、刚度和稳定性，能可靠地承受浇筑混凝土的重量、侧压力以及施工荷载。

（2）在浇筑混凝土之前，应对模板工程进行验收。模板安装和浇筑混凝土时，应对模板及其支架进行观察和维护。发生异常情况时，应按施工技术方案及时进行处理。

（3）模板及其支架拆除的顺序、安全措施应按施工技术方案执行。

（二）模板安装

1.主控项目

（1）安装现浇结构的上层模板及其支架时，下层楼板应具有承受上层荷载的承载能力，或加设支架；上、下层支架的立柱应对准，并铺设垫板。

检查数量：全数检查。

检验方法：对照模板设计文件和施工技术方案观察。

（2）在涂刷模板隔离剂时，不得污损钢筋和混凝土的接搓部位。

检查数量：全数检查。

检验方法：观察。

2.一般项目

（1）模板安装应满足下列要求：

①模板的接缝处不应漏浆；在浇筑混凝土前，木模板应浇水湿润，但模板内不应有积水；

②模板与混凝土的接触面应清理干净并涂刷隔离剂，但不得采用影响结构性能或妨碍装饰工程施工的隔离剂；

③浇筑混凝土之前，模板内的杂物应清理干净；

④清水混凝土工程及装饰混凝土工程，应使用能达到设计效果的模板。

检查数量：全数检查。

检验方法：观察。

（2）用作模板的地坪、胎模等应平整光洁，不得产生影响构件质量的下沉、裂缝、起砂或起鼓。

检查数量：全数检查

检验方法：观察。

（3）跨度不小于4m的现浇钢筋混凝土梁、板，其模板应按设计要求起拱；当设计无具体要求时，起拱高度宜为跨度的1/1000～3/1000。

检查数量：在同一检验批内，梁的抽查构件数量为10%，且不少于3件；板应按有代表性的自然间抽查10%，且不少于3间；大空间结构的板可按纵、横轴线划分检查面，抽查10%，且不少于3面。

检验方法：水准仪或拉线、钢尺检查。

（4）固定在楼板上的预埋件、预留孔和预留洞均不得遗漏，且应安装牢固，其偏差应符合如表10-1所示的规定。

检查数量：在同一检验批内，梁、柱和独立基础的抽查构件数量应为10%，且不少于3件；墙和板应按有代表性的自然间抽查10%，且不少于3间；大空间结构的墙可按相邻轴线间高度5m左右划分检查面，板可按纵横轴线划分检查面，抽查10%，且均不少于3面。

检验方法：钢尺检查。

（5）现浇结构模板安装的偏差应符合如表10-2所示的规定。

检查数量：在同一检验批内，梁、柱和独立基础应抽查构件数量的10%，且不少于3件；墙和板应按有代表性的自然间抽查10%，且不少于3间；大空间结构的墙可按相邻轴线间高度5m左右划分检查面，板可按纵、横轴线划分检查面，抽查10%，且均不少于3面。

预埋件和预留孔洞的允许偏差　　　　　　　　　　　　　　表10-1

项目		允许偏差（mm）
预埋钢板中心线位置		3
预埋管、预留孔中心线位置		3
插筋	中心线位置	5
	外露长度	+10，0
预埋螺栓	中心线位置	2
	外露长度	+10，0
预留洞	中心线位置	10
	尺寸	+10，0

注：检查中心线位置时，应沿纵、横两个方向测量，并取其中的较大值。

现浇结构模板安装的允许偏差及检验方法　　　　　　　　　表10-2

项目		允许偏差（mm）	检验方法
轴线位置		5	钢尺检查
底模上表面标高		±5	水准仪或拉线、钢尺检查
截面内部尺寸	基础	±10	钢尺检查
	柱、墙、梁	+4，−5	钢尺检查
层高垂直度	不大于5m	6	经纬仪或吊线、钢尺检查
	大于5m	8	经纬仪或吊线、钢尺检查
相邻两板表面高低差		2	钢尺检查
表面平整度		5	2m靠尺和塞尺检查

注：检查轴线位置时，应沿纵、横两个方向量测，并取其中的较大值。

（6）预制构件模板安装的偏差应符合如表10-3所示的规定。

检查数量：首次使用及大修后的模板应全数检查；使用中的模板应定期进行检查，并根据使用情况不定期进行抽查（表10-3）。

预制构件模板安装的允许偏差及检验方法　　　　　　　　表10-3

项目		允许偏差（mm）	检验方法
长度	板、梁	±5	钢尺测量两角边，取其中较大值
	薄腹梁、行架	±10	
	柱	0，−10	
	墙板	0，−5	
宽度	板、墙板	0，−5	钢尺测量一端及中部，取其中较大值
	梁、薄腹梁、行架、柱	+2，−5	

项目		允许偏差（mm）	检验方法
高（厚）度	板	+2，-3	钢尺测量一端及中部，取其中较大值
	墙板	0，-5	
	梁、薄腹梁、行架、柱	+2，-5	
侧向弯曲	梁、板、柱	$L/1000$ 且 ≤15	拉线、钢尺测量最大弯曲处
	墙板、薄腹梁、行架	$L/1500$ 且 ≤15	
板的表面平整度		3	2m靠尺和塞尺检查
相邻两板表面高低差		1	钢尺检查
对角线差	板	7	钢尺测量两个对角线
	墙板	5	
翘曲	板、墙板	$L/1500$	调平尺在两端测量
设计起拱	薄腹梁、行架、梁	±3	拉线、钢尺测量跨中

（三）模板拆除

1.主控项目

（1）底模及其支架拆除时的混凝土强度应符合设计要求；当设计无具体要求时，混凝土强度应符合如表10-4所示的规定。

检查数量：全数检查。

检验方法：检查同条件养护试件强度试验报告。

底模拆除时的混凝土强度要求　　　　　　　　表10-4

构件类型	构件跨度（m）	达到设计要求的混凝土立方体抗压强度标准值的百分率（%）
板	≤2	≥50
	>2，≤8	≥75
	>8	≥100
梁、拱、壳	≤8	≥75
	>8	≥100
悬壁构件	—	≥100

（2）后张法预应力混凝土结构构件的侧模宜在预应力张拉前拆除；底模支架的拆除应按施工技术方案执行，当无具体要求时，不应在结构构件建立预应力前拆除。

检查数量：全数检查。

检验方法：观察。

（3）后浇带模板的拆除和支顶应按施工技术方案执行。

检查数量：全数检查。

检验方法：观察。

2.一般项目

（1）侧模拆除时的混凝土强度应能保证其表面及棱角不受损伤。

检查数量：全数检查。

检验方法：观察。

（2）模板拆除时，不应对楼层形成冲击荷载。拆除的模板和支架宜分散堆放并及时清运。

检查数量：全数检查。

检验方法：观察。

■ 三、钢筋分项工程

（一）一般规定

（1）当钢筋的品种、级别或规格需要进行变更时，应办理设计变更文件。

（2）在浇筑混凝土之前，应进行钢筋隐蔽工程验收，其内容包括：

①纵向受力钢筋的品种、规格、数量、位置等；

②钢筋的连接方式、接头位置、接头数量、接头面积百分率等；

③箍筋、横向钢筋的品种、规格、数量、间距等；

④预埋件的规格、数量、位置等。

（二）原材料

1.主控项目

（1）钢筋进场时，应按《钢筋混凝土用钢　第2部分：热轧带肋钢筋》GB/T 1499.2—2018等的规定抽取试件做力学性能检验，其质量必须符合相关标准的规定。

检查数量：按进场的批次和产品的抽样检验方案确定。

检验方法：检查产品合格证、出厂检验报告和进场复验报告。

（2）当有抗震设防要求时，框架结构模的纵向受力钢筋的强度应满足相关设计要求；当设计无具体要求时，对一、二级抗震等级，检验所得的强度实测值应符合下列规定：

①钢筋的抗拉强度实测值与屈服强度实测值的比值不应小于1.25；

② 钢筋的屈服强度实测值与强度标准值的比值不应大于1.3。

检查数量：按进场的批次和产品的抽样检验方案进行确定。

检验方法：检查过场复验报告。

（3）发现钢筋脆断、焊接性能不良或力学性能显著不正常等现象时，应及时对该批钢筋进行化学成分检验或其他专项检验。

检验方法：检查化学成分等专项检验报告。

2.一般项目

钢筋应伸直、无损伤，表面不得有裂纹、油污、颗粒状或片状老锈。

检查数量：进场时和使用前全数检查。

检验方法：观察。

（三）钢筋加工

1.主控项目

（1）受力钢筋的弯钩和弯折应符合下列规定：

①HPB235级钢筋末端应做180°弯钩，其弯弧内直径不应小于钢筋直径的2.5倍，弯钩的弯后平直部分长度不应小于钢筋直径的3倍。

②当设计要求钢筋末端需做135°弯钩时，HRB335级、HRB400级钢筋的弯弧内直径不应小于钢筋直径的4倍，弯钩的弯后平直部分长度应符合设计要求。

③钢筋作不大于90°的弯折时，弯折处的弯弧内直径不应小于钢筋直径的5倍。

检查数量：按每工作班同一类型钢筋、同一加工设备抽查不应少于3件。

检查方法：钢尺检查。

（2）除焊接封闭环式箍筋外，箍筋的末端应作弯钩，弯钩形式应符合设计要求；当设计无具体要求时，应符合下列规定：

①箍筋弯钩的弯弧内直径除应满足规范规定外，尚应不小于受力钢筋的直径。

②箍筋弯钩的弯折角度：一般结构不应小于90°；有抗震等要求的结构应为135°。

③箍筋弯后平直部分长度：一般结构不宜小于箍筋直径的5倍；有抗震等要求的结构不应小于箍筋直径的10倍。

检查数量：按每工作班同一类型钢筋、同一加工设备抽查不应少于3件。

检验方法：钢尺检查。

2.一般项目

（1）钢筋调直宜采用机械方法，也可采用冷拉方法。采用冷拉方法调直钢筋时，HPB235级钢筋的冷拉率不宜大于4%，HRB335级、HRB400级和RRB400

级钢筋的冷拉率不宜大于1%。

检查数量：按每工作班同一类型钢筋、同一加工设备抽查不应少于3件。

检验方法：观察、钢尺检查。

（2）钢筋加工的形状、尺寸应符合设计要求，其偏差应符合如表10-5所示的规定。

检查数量：按每工作班同一类型钢筋、同一加工设备抽查不应少于3件。

检验方法：钢尺检查。

钢筋加工的允许偏差　　　　　　　　　　　　表10-5

项目	允许偏差（mm）
受力钢筋长度方向的净尺寸	±10
弯起钢筋的弯折位置	±20
箍筋内净尺寸	±5

（四）钢筋连接

1. 主控项目

（1）纵向受力钢筋的连接方式应符合设计要求。

检查数量：全数检查。

检验方法：观察。

（2）在施工现场，应按《钢筋机械连接技术规程》JGJ 107—2016、《钢筋焊接及验收规程》JGJ 18—2012的规定抽取钢筋机械连接接头、焊接接头试件做力学性能检验，其质量应符合相关规程的规定。

检查数量：按有关规程确定。

检验方法：检查产品合格证、接头力学性能试验报告。

2. 一般项目

（1）钢筋的接头宜设置在受力较小处。同一纵向受力钢筋不宜设置两个或两个以上接头。接头末端至钢筋弯起点的距离不应小于钢筋直径的10倍。

检查数量：全数检查。

检验方法：观察，钢尺检查。

（2）在施工现场，应按《钢筋机械连接技术规程》JGJ 107—2016、《钢筋焊接及验收规程》JGJ 18—2012的规定对钢筋机械连接接头、焊接接头的外观进行检查，其质量应符合相关规程的规定。

检查数量：全数检查。

检验方法：观察。

（3）当受力钢筋采用机械连接接头或焊接接头时，设置在同一构件内的接头宜相互错开。

纵向受力钢筋机械连接接头及焊接接头连接区段的长度为35倍d（d为纵向受力钢筋的较大直径）且不小于500mm，凡接头中点位于该连接区段长度内的接头，均属于同一连接区段。同一连接区段内，纵向受力钢筋机械连接及焊接的接头面积百分率为该区段内有接头的纵向受力钢筋截面面积与全部纵向受力钢筋截面面积的比值。

同一连接区段内，纵向受力钢筋的接头面积百分率应符合设计要求；当设计无具体要求时，应符合下列规定：

①在受拉区不宜大于50%；

②接头不宜设置在有抗震设防要求的框架梁端、柱端的箍筋加密区；当无法避开时，对等强度高质量机械连接接头不应大于50%；

③直接承受动力荷载的结构构件中，不宜采用焊接接头；当采用机械连接接头时，不应大于50%。

检查数量：在同一检验批内，对梁、柱和独立基础，应抽查其构件数量的10%，且不少于3件；应抽查墙和板有代表性自然间的10%，且不少于3间；大空间结构的墙可按相邻轴线间高度5m左右划分检查面，板可按纵横轴线划分检查面，抽查10%，且均不少于3面。

检验方法：观察、钢尺检查。

（4）同一构件中相邻纵向受力钢筋的绑扎搭接接头宜相互错开。绑扎搭接接头中钢筋的横向净距不应小于钢筋直径，且不应小于25mm。

钢筋绑扎搭接接头连接区段的长度为1.3倍搭接长度，凡搭接接头中点位于该连接区段长度内的搭接接头均属于同一连接区段。

同一连接区段内，纵向受拉钢筋搭接接头面积百分率应符合设计要求；当设计无具体要求时，应符合下列规定：

①梁类、板类及墙类构件不宜大于25%；

②柱类构件不宜大于50%；

③当工程中确有必要增大接头面积百分率时，梁类构件不应大于50%；其他构件可根据实际情况放宽。

纵向受力钢筋绑扎搭接接头的最小搭接长度应符合本规范附录B的规定。

检查数量：在同一检验批内，对梁、柱和独立基础，应抽查其构件数量的10%，且不少于3件；应抽查墙和板有代表性自然间的10%，且不少于3间；大空间结构的墙可按相邻轴线间高度5m左右划分检查面，板可按纵、横轴线划分检查面，抽查10%，且均不少于3面。

检验方法：观察、钢尺检查。

（5）在梁、柱类构件的纵向受力钢筋搭接长度范围内，应按设计要求配置箍筋。当设计无具体要求时，应符合下列规定：

① 箍筋直径不应小于搭接钢筋较大直径的0.25倍；

② 受拉搭接区段的箍筋间距不应大于搭接钢筋较小直径的5倍，且不应大于100mm。

③ 受压搭接区段的箍筋间距不应大于搭接钢筋较小直径的10倍，且不应大于200mm；

④ 当柱中的纵向受力钢筋直径大于25mm时，应在搭接接头两个端面外的100mm范围内各设置两个箍筋，其间距宜为50mm。

检查数量：在同一检验批内，对梁、柱和独立基础应抽查其构件数量的10%，且不少于3件；应抽查墙和板有代表性自然间的10%，且不少于3间；大空间结构的墙可按相邻轴线间高度5m左右划分检查面，板可按纵、横轴线划分检查面，抽查10%，且均不少于3面。

检验方法：钢尺检查。

（五）钢筋安装

1.主控项目

钢筋安装时，受力钢筋的品种、级别、规格和数量必须符合设计要求。

检查数量：全数检查。

检验方法：观察、钢尺检查

2.一般项目

钢筋安装位置的偏差应符合如表10-6所示的规定。

钢筋安装位置的允许偏差和检验方法　　　　　　　　　　表10-6

项目		允许偏差（mm）	检验方法
绑扎钢筋网	长、宽	±10	钢尺检查
	网眼尺寸	±20	钢尺连续测量三档，取最大值
绑扎钢筋骨架	长	±10	钢尺检查
	宽、高	±5	钢尺检查
受力钢筋	间距	±10	钢尺测量两端、中间各一点，取最大值
	排距	±5	钢尺检查

项目			允许偏差（mm）	检验方法
受力钢筋	保护层厚度	基础	±10	钢尺检查
		柱、梁	±5	钢尺检查
		板、墙、壳	±3	钢尺连续测量三档，取最大值
绑扎箍筋、横向钢筋间距			±20	钢尺检查
钢筋弯起点位置			20	钢尺检查
预埋件	中心线位置		5	钢尺检查
	水平高差		+3，0	钢尺和塞尺检查

注：（1）检查预埋件中心线位置时，应沿纵、横两个方向量测，并取其中的较大值；

（2）表中梁类、板类构件上部纵向受力钢筋保护层厚度的合格点率应达到90%及以上，且不得有超过表中数值1.5倍的尺寸偏差。

检查数量：在同一检验批内，对梁、柱和独立基础，应抽查其构件数量的10%，且不少于3件；应抽查墙和板代表性自然间的10%，且不少于3间；大空间结构的墙可按相邻轴线间高度5m左右划分检查面，板可按纵、横轴线划分检查面，抽查10%，且均不少于3面。

四、预应力分项工程

（一）一般规定

（1）后张法预应力工程的施工应由具有相应资质等级的预应力专业施工单位承担。

（2）预应力筋张拉机具设备及仪表，应定期进行维护和校验。张拉设备应进行配套标定并使用。张拉设备的标定期限不应超过半年。若使用过程中出现反常现象或在千斤顶检修后，应重新进行标定。

1）张拉设备标定时，千斤顶活塞的运行方向应与实际张拉工作状态相一致；

2）压力表的精度不应低于1.5级，标定张拉设备用的试验机或测力计精度不应低于±2%。

3）在浇筑混凝土之前，应进行预应力隐蔽工程验收，其内容包括：

①预应力筋的品种、规格、数量、位置等；

②预应力筋机具和连接器的品种、规格、数量、位置等；

③预留孔道的规格、数量、位置、形状及灌浆孔、排气兼泌水管等；

④锚固区局部加强构造等。

（二）原材料

1.主控项目

（1）预应力筋进场时，应按《预应力混凝土用钢绞线》GB/T 5224—2014等规定抽取试件进行力学性能检验，其质量必须符合相关标准的规定。

检查数目：按进场的批次和产品的抽样检验方案确定。

检验方法：检查产品合格证、出厂检验报告和进场复验报告。

（2）无粘结预应力筋的涂包质量应符合无粘结预应力钢绞线标准的规定。

检查数量：每60吨为一批，每批抽取一组试件。

检验方法：观察，检查产品合格证、出厂检验报告和进场复验报告。

注：当有工程经验并经观察认为质量有保证时，可不进行油脂用量和护套厚度的进场复验。

（3）预应力筋用锚具、夹具和连接器应按设计要求选取，其性能应符合《预应力筋用锚具、夹具和连接器》GB/T 14370—2015等的规定。

检查数量：按进场批次和产品的抽样检验方案确定。

检验方法：检查产品合格证、出厂检验报告和进场复验报告。

注：锚具用量较少的一般工程，如供货方提供有效的试验报告，可不做静载锚固性能试验。

2.一般项目

（1）预应力筋使用前应进行外观检查，其质量应符合下列要求：

1）有粘结预应力筋展开后应平顺，不得有弯折，表面不应有裂纹、小刺、机械损伤、氧化铁皮和油污等；

2）无粘结预应力筋护套应光滑、无裂缝，无明显褶皱。

检查数量：全数检查。

检验方法：观察。

注：无粘结预应力筋护套轻微破损的，应对外包防水塑料胶带进行修补，严重破损的不得使用。

（2）预应力筋用锚具、夹具和连接器使用前应进行外观检查，其表面应无污物、锈蚀、机械损伤和裂纹。

检查数量：全数检查。

检验方法：观察。

（3）预应力混凝土用金属螺旋管的尺寸和性能应符合《预应力混凝土用金属波纹管》JG/T 225—2020的规定。

检查数量：按进场批次和产品的抽样检验方案确定。

检验方法：检查产品合格证、出厂检验报告和进场复验报告。

注：金属螺旋管用量较少的一般工程，若有可靠依据，可不做径向刚度、抗渗漏性能的进场复验。

（4）预应力混凝土用金属波纹管在使用前应进行外观检查，其内外表面应进行清洁，无锈蚀，不应有油污、孔洞和不规则的褶皱，咬口不应有开裂或脱扣。

检查数量：全数检查。

检验方法：观察。

（三）制作与安装

1. 主控项目

（1）预应力筋安装时，其品种、级别、规格、数量必须符合设计要求。

检查数量：全数检查。

检验方法：观察、钢尺检查。

（2）先张法预应力施工时应选用非油质类模板隔离剂，并应避免沾污预应力筋。

检查数量：全数检查。

检验方法：观察。

（3）施工过程中应避免电火花损伤预应力筋；受损伤的预应力筋应及时予以更换。

检查数量：全数检查。

检验方法：观察。

2. 一般项目

（1）预应力筋下料应符合下列要求：

①预应力筋应采用砂轮锯或切断机切断，不得采用电弧切割；

②当钢丝束两端采用镦头锚具时，同一束中各根钢丝长度的极差不应大于钢丝长度的1/5000，且不应大于5mm。当成组的钢丝张拉长度不大于10m时，同组钢丝长度的极差不得大于2mm。

检查数量：每工作班须抽查预应力筋总数的3%，且不少于3束。

检验方法：观察、钢尺检查。

（2）预应力筋端部锚具的制作质量应符合下列要求：

①挤压锚具制作时压力表油压应符合操作说明书的规定，挤压后预应力筋外端应露出挤压套筒1～5mm；

②钢绞线压花锚具成形时，表面应清洁、无油污，梨形头的尺寸和直线段长度应符合设计要求；

③钢丝镦头的强度不得低于钢丝强度标准值的98%。

检查数量：挤压锚具，每工作班抽查5%，且不应少于5件；压花锚具，每工作班抽查3件；对钢丝镦头强度，每批钢丝检查6个镦头试件。

检验方法：观察、钢尺检查、检查镦头强度试验报告。

（3）后张法有粘结预应力筋预留孔道的规格、数量、位置和形状，除须符合设计要求外，尚应符合下列规定：

①预留孔道的定位应牢固，浇筑混凝土时不应出现移位和变形；

②孔道应平顺，端部的预埋铺垫板应垂直于孔道中心线；

③成孔用管道应密封良好，接头应严密且不得漏浆；

④灌浆孔的间距：预埋金属波纹管不宜大于30m；抽芯成形孔道不宜大于12m；

⑤曲线孔道的曲线波峰部位应设置排气兼泌水管，必要时可在最低点设置排水孔；

⑥灌浆孔及泌水管的孔径应保证浆液畅通。

检查数量：全数检查。

检验方法：观察、钢尺检查。

（4）预应力筋束形控制点的竖向位置偏差应符合如表10-7所示的规定。

束形控制点的竖向位置允许偏差　　　　　　表10-7

截面高（厚）度（mm）	$h \leqslant 300$	$300 < h \leqslant 1500$	$h > 1500$
允许偏差（mm）	±5	±10	±15

检查数量：在同一检验批内，须抽查各类型构件中预应力构件总数的5%，且各类型构件均不应少于5束，每束不应少于5处。

检验方法：钢尺检查。

注：束形控制点的竖向位置偏差合格点率应达到90%及以上，且不得有超过表中数值1.5倍的尺寸偏差。

（5）无粘结预应力筋的铺设，除应符合《混凝土结构工程施工质量验收规范》GB 50204—2015的规定外，尚应符合下列要求：

①无粘结预应力筋的定位应牢固，浇筑混凝土时不应出现移位和变形；

②端部的预埋锚垫板应垂直于预应力筋；

③内埋式固定端垫板不应重叠，锚具与垫板应贴紧；

④无粘结预应力筋成束布置时，应保证混凝土密实并裹住预应力筋；

⑤无粘结预应力筋的护套应完整，局部破损处应采用防水胶带缠绕紧密。

检查数量：全数检查。

检验方法：观察。

（6）浇筑混凝土前穿入孔道的后张法有粘结预应力筋，宜采取防止锈蚀的措施。

检查数量：全数检查。

检验方法：观察。

（四）张拉和放张

1. 主控项目

（1）预应力筋张拉或放张时，混凝土强度应符合设计要求；当设计无具体要求时，不应低于混凝土立方体抗压强度设计标准值的75%。

检查数量：全数检查。

检验方法：检查同条件养护试件试验报告。

（2）预应力筋的张拉力、张拉或放张顺序及张拉工艺应符合设计及施工技术方案的要求，并应符合下列规定：

①当施工需要超张拉时，最大张拉应力不应大于《混凝土结构设计规范》GB 50010—2010的规定；

②张拉工艺应保证同一束中各根预应力筋的应力均匀一致；

③后张法施工中，当预应力筋是逐根或逐束张拉时，应保证各阶段不出现对结构不利的应力状态；同时宜考虑后批张拉预应力筋所产生的结构构件的弹性压缩对先批张拉预应力筋的影响，确定张拉力；

④先张法预应力筋放张时，宜缓慢放松锚固装置，使各根预应力筋同时缓慢放松；

⑤当采用应力控制方法张拉时，应校核预应力筋的伸长值。实际伸长值与设计计算理论伸长值的相对允许偏差为±6%。

检查数量：全数检查。

检验方法：检查张拉记录。

（3）预应力筋张拉锚固后实际建立的预应力值与工程设计规定检验值的相对允许偏差为±5%。

检查数量：先张法施工时，每工作班抽查预应力筋总数的1%，且不少于3根；对后张法施工，在同一检验批内，抽查预应力筋总数的3%，且不少于5束。

检验方法：先张法施工时，检查预应力筋应力检测记录；后张法施工时，检查见证张拉记录。

（4）张拉过程中应避免预应力筋断裂或滑脱；当发生断裂或滑脱时，必须符合下列规定：

①后张法预应力结构构件断裂或滑脱的数量严禁超过同一截面预应力筋总根数的3%，且每束钢丝不得超过一根；多跨双向连续板的同一截面应按每跨计算；

②先张法预应力构件在浇筑混凝土前，若发生断裂或滑脱，预应力筋必须予以及时更换。

检查数量：全数检查。

检验方法：观察、检查张拉记录。

2.一般项目

（1）锚固阶段张拉端预应力筋的内缩量应符合设计要求；若设计无具体要求，应符合如表10-8所示的规定。

检查数量：每工作班抽查预应力筋总数的3%，且不少于3束。

检验方法：钢尺检查。

张拉端预应力筋的内缩量限值   表10-8

锚具类别		内缩量限值（mm）
支承式锚具（镦头锚具等）	螺帽缝隙	1
	每块后加垫板的缝隙	1
锥塞式锚具		5
夹片式锚具	有顶压	5
	无顶压	6～8

（2）先张法预应力筋张拉后与设计位置的偏差不得大于5mm，且不得大于构件截面短边边长的4%。

检查数量：每工作班须抽查预应力构件总数的3%，且不少于3束。

检验方法：钢尺检查。

（五）灌浆及封锚

1.主控项目

（1）后张法有粘结预应力筋张拉后，应尽早进行孔道灌浆，孔道内水泥浆应饱满、密实。

检查数量：全数检查。

检验方法：观察、检查灌浆记录。

（2）锚具的封闭保护应符合设计要求；当设计无具体要求时，应符合下列规定：

①应采取防止锚具腐蚀和遭受机械损伤的有效措施；

②凸出式锚固端锚具的保护层厚度不应小于50mm；

③外露预应力筋的保护层厚度：处于正常环境时，不应小于20mm；处于易受腐蚀的环境时，不应小于50mm。

检查数量：在同一检验批内，须抽查预应力筋总数的5%，且不少于5处。

检验方法：观察、钢尺检查。

2.一般项目

（1）后张法预应力筋锚固后的外露部分宜采用机械方法切割，其外露长度不宜小于预应力筋直径的1.5倍，且不宜小于30mm。

检查数量：在同一检验批内，抽查预应力筋总数的3%，且不少于5束。

检验方法：观察、钢尺检查。

（2）灌浆用水泥浆的水灰比不应大于0.45，搅拌后3h泌水率不宜大于2%，且不应大于3%。泌水应在24h内全部重新被水泥浆吸收。

检查数量：同一配合比检查一次。

检验方法：检查水泥浆性能试验报告。

（3）灌浆用水泥浆的抗压强度不应小于30N/mm²。

检查数量：每工作班留置一组边长为70.7mm的立方体试件。

检验方法：检查水泥浆试件强度试验报告。

注：（1）一组试件由6个试件组成，试件应标准养护28天。

（2）抗压强度为一组试件的平均值，当一组试件中抗压强度的最大值或最小值与平均值相差超过20%时，应取中间4个试件强度的平均值。

五、混凝土分项工程

（一）一般规定

（1）结构构件的混凝土强度应按《混凝土强度检验评定标准》GB/T 50107—2010的规定进行分批检验评定。

采用蒸汽法养护的混凝土结构构件，其混凝土试件应先随同结构构件进行同条件蒸汽养护，再转入标准条件养护，共28天。

当混凝土中掺用矿物掺合料，确定混凝土强度的龄期可按《粉煤灰混凝土应用技术规范》GB/T 50146—2014等的规定进行取值。

（2）检验评定混凝土强度用的混凝土试件的尺寸及强度的尺寸换算系数，应按如表10-9所示取用；其标准成型方法、标准养护条件及强度试验方法应符合普通混凝土力学性能试验方法标准的规定。

混凝土试件尺寸及强度的尺寸换算系数 表10-9

骨料最大粒径（mm）	试件尺寸（mm）	强度的尺寸换算系数
≤31.5	$100 \times 100 \times 100$	0.95
≤40	$150 \times 150 \times 150$	1.00
≤63	$200 \times 200 \times 200$	1.05

注：强度等级为C60及以上的混凝土试件，其强度的尺寸换算系数可通过试验确定。

（3）结构构件拆模、出池、出厂、吊装、张拉、放张及施工期间临时负荷时的混凝土强度，应根据同条件养护的标准尺寸，对混凝土的试件强度进行确定。

（4）当混凝土试件强度评定为不合格时，可采用非破损或局部破损的检测方法，按相关标准对结构构件中的混凝土强度进行推定，并作为处理的依据。

（5）混凝土的冬期施工应符合《建筑工程冬期施工规程》JGJ/T 104—2011和施工技术方案的规定。

（二）原材料

1.主控项目

（1）水泥进场时应对其品种、级别、包装或散装仓号、出厂日期等进行检查，还应对其强度、安定性及其他必要的性能指标进行复验，其质量必须符合《通用硅酸盐水泥》GB 175—2007等的规定。

对水泥质量持有怀疑或水泥出厂超过三个月（快硬硅酸盐水泥超过一个月）时，应进行复验，并按复验结果使用。

钢筋混凝土结构、预应力混凝土结构中，严禁使用含氯化物的水泥。

检查数量：按同一生产厂家、同一等级、同一品种、同一批号且连续进场的水泥，袋装不超过200t为一批，散装不超过500t为一批，每批抽样不少于一次。

检验方法：检查产品合格证、出厂检验报告和进场复验报告。

（2）混凝土中掺用外加剂的质量及应用技术应符合《混凝土外加剂》GB 8076—2008、《混凝土外加剂应用技术规范》GB 50119—2013以及有关环境保护的规定。

预应力混凝土结构中，严禁使用含氯化物的外加剂。钢筋混凝土结构中，当使用含氯化物的外加剂时，混凝土中氰化物的总含量应符合《混凝土质量控制标准》GB 50164—2011的规定。

检查数量：按进场的批次和产品的抽样检验方案确定。

检验方法：检查产品合格证、出厂检验报告和进场复验报告。

（3）混凝土中氯化物和碱的总含量应符合《混凝土结构设计规范》GB 50010—2010和设计的要求。

检验方法：检查原材料试验报告和氯化物、碱的总含量计算书。

2.一般项目

（1）混凝土中掺用矿物掺合料的质量应符合《用于水泥和混凝土中的粉煤灰》GB 1596—2017等的规定。矿物掺合料的掺量应通过试验进行确定。

检查数量：按进场的批次和产品的抽样检验方案确定。

检验方法：检查出厂合格证和进场复验报告。

（2）普通混凝土所用的粗、细骨料的质量应符合《普通混凝土用砂、石质量及检验方法标准》JGJ 52—2006的规定。

检查数量：按进场的批次和产品的抽样检验方案确定。

检验方法：检查进场复验报告。

注：（1）混凝土用的粗骨料，其最大颗粒粒径不得超过构件截面最小尺寸的1/4，且不得超过钢筋最小净间距的3/4。

（2）混凝土实心板骨料的最大粒径不宜超过板厚的1/3，且不得超过40mm。

（3）拌制混凝土宜采用饮用水；当采用其他水源时，水质应符合《混凝土用水标准》JGJ 63—2006的规定。

检查数量：同一水源检查不应少于一次。

检验方法：检查水质试验报告。

（三）配合比设计

1.主控项目

混凝土应按《普通混凝土配合比设计规程》JGJ 55—2011的有关规定，根据混凝土强度等级、耐久性和工作性等要求进行配合比设计。

有特殊要求的混凝土，其配合比设计尚应符合相关标准的规定。

检验方法：检查配合比设计资料。

2.一般项目

（1）首次使用的混凝土配合比应进行开盘鉴定，其工作性应满足设计配合比的要求。开始生产时应至少留置一组标准养护试件，作为验证配合比的依据。

检验方法：检查开盘鉴定资料和试件强度试验报告。

（2）混凝土拌制前，应测定砂、石含水率并根据测试结果调整材料用量，提出施工配合比。

检查数量：每工作班检查一次。

检验方法：检查含水率测试结果和施工配合比通知单。

（四）混凝土施工

1.主控项目

（1）结构混凝土的强度等级必须符合设计要求。在检查结构构件混凝土强度的试件时，应在混凝土的浇筑地点随机抽取。取样与试件留置应符合下列规定：

①每拌制100盘且不超过100m³的同配合比的混凝土，取样不得少于一次；

②每工作班拌制的同一配合比的混凝土不足100盘时，取样不得少于一次；

③当一次连续浇筑超过1000m³时，同一配合比的混凝土每200m³取样不得少于一次；

④每一楼层、同一配合比的混凝土，取样不得少于一次；

⑤每次取样应至少留置一组标准养护试件，同条件养护试件的留置组数应根据实际需要进行确定。

检验方法：检查施工记录及试件强度试验报告。

（2）有抗渗要求的混凝土结构，其混凝土试件应在浇筑地点随机取样。同一工程、同一配合比的混凝土，取样不应少于一次，留置组数可根据实际需要进行确定。

检验方法：检查试件抗渗试验报告。

（3）混凝土原材料每盘称量的偏差应符合如表10-10的规定。

检查数量：每工作班抽查不应少于一次。

检验方法：复称。

原材料每盘称量的允许偏差　　　　　　　　　　　　表10-10

材料名称	允许偏差
水泥、掺合料	±2%
粗、细骨料	±3%
水、外加剂	±2%

注：（1）各种衡器应定期进行校验，每次使用前应进行零点校核，保持计量准确；

（2）当遇雨天或含水率有显著变化时，应增加含水率检测次数，并及时调整水和骨料的用量。

（4）混凝土运输、浇筑及间歇的全部时间不应超过混凝土的初凝时间。同一施工段的混凝土应连续浇筑，并应在底层混凝土初凝之前将上一层混凝土浇筑完毕。

当底层混凝土初凝后浇筑上一层混凝土时，应按施工技术方案中对施工缝的要求进行处理。

检查数量：全数检查。

检验方法：观察、检查施工记录。

2.一般项目

（1）施工缝的位置应在混凝土浇筑前按设计要求和施工技术方案确定。施工缝的处理应按施工技术方案执行。

检查数量：全数检查。

检验方法：观察、检查施工记录。

（2）后浇带的留置位置应按设计要求和施工技术方案确定。后浇带混凝土浇筑应按施工技术方案进行。

检查数量：全数检查。

检验方法：观察、检查施工记录。

（3）混凝土浇筑完毕后，应按施工技术方案及时采取有效的养护措施，并应符合下列规定：

①应在浇筑完毕后的12h以内对混凝土加以覆盖并保湿养护；

②混凝土浇水养护的时间：采用通用硅酸盐水泥或矿渣硅酸盐水泥拌制的混凝土，不得少于7天；掺用缓凝型外加剂或有抗渗要求的混凝土，不得少于14天；

③浇水次数应混凝土持续处于湿润状态；混凝土养护用水应与拌制用水相同；

④采用塑料布覆盖养护的混凝土，其敞露的全部表面应覆盖严密，并应保持塑料布内有凝结水；

⑤混凝土强度达到1.2N/mm²前，不得在其上踩踏或安装模板及支架。

注：（1）当日平均气温低于5℃时，不得浇水；

（2）当采用其他品种水泥时，混凝土的养护时间应根据所采用水泥的技术性能进行确定；

（3）混凝土表面不便浇水或使用塑料布时，宜涂刷养护剂；

（4）对于大体积混凝土的养护，应根据气候条件按施工技术方案采取控温措施。

检查数量：全数检查。

检验方法：观察、检查施工记录。

六、现浇结构分项工程

（一）一般规定

（1）现浇结构的外观质量缺陷应由监理（建设）单位、施工单位等各方根据其对结构性能和使用功能影响的严重程度进行确定，如表10-11所示确定。

现浇结构外观质量缺陷　　　　　　　　表10-11

名称	现象	严重缺陷	一般缺陷
露筋	构件内钢筋未被混凝土包裹而外露	纵向受力钢筋有露筋	其他钢筋有少量露筋
蜂窝	混凝土表面缺少水泥砂浆而形成石子外露	构件主要受力部位有蜂窝	其他部位有少量蜂窝
孔洞	混凝土中孔穴深度和长度均超过保护层厚度	构件主要受力部位有孔洞	其他部位有少量孔洞
夹渣	混凝土中夹有杂物且深度超过保护层厚度	构件主要受力部位有夹渣	其他部位有少量夹渣
疏松	混凝土中局部不密实	构件主要受力部位有疏松	其他部位有少量疏松
裂缝	缝隙从混凝土表面延伸至混凝土内部	构件主要受力部位有影响结构性能或使用功能的裂缝	其他部位有少量不影响结构性能或使用功能的裂缝
连接部位缺陷	构件连接处混凝土缺陷及连接钢筋、连接件松动	连接部位有影响结构传力性能的缺陷	连接部位有基本不影响结构传力性能的缺陷
外形缺陷	缺棱掉角、棱角不直、翘曲不平、飞边凸肋等	清水混凝土构件有影响使用功能或装饰效果的外形缺陷	其他混凝土构件有不影响使用功能的外形缺陷
外表缺陷	构件表面麻面、掉皮、起砂、沾污等	具有重要装饰效果的清水混凝土构件有外表缺陷	其他混凝土构件有不影响使用功能的外表缺陷

（2）现浇结构拆模后，应由监理（建设）单位、施工单位对其外观质量和尺寸的偏差进行检查，并做记录，应及时按照施工技术方案对其缺陷进行处理。

（二）外观质量

1.主控项目

现浇结构的外观质量不应有严重缺陷。

对于已经出现的严重缺陷，应由施工单位提出技术处理方案，并经监理（建设）单位认可后再行处理。对于已经处理的部位，应重新进行检查验收。

检查数量：全数检查。

检验方法：观察、检查技术处理方案。

2.一般项目

现浇结构的外观质量不应有一般缺陷。

对于已经出现的一般缺陷，应由施工单位按技术处理方案进行处理，并重新进行检查验收。

检查数量：全数检查。

检验方法：观察、检查技术处理方案。

（三）尺寸偏差

1.主控项目

现浇结构不应影响结构性能和使用功能的尺寸偏差。混凝土设备基础不应影响结构性能和设备安装的尺寸偏差。

对于超过尺寸允许偏差且影响结构性能和安装、使用功能的部位，应由施工单位提出技术处理方案，并经监理（建设）单位认可后进行处理。对于已经处理过的部位，应重新进行检查验收。

检查数量：全数检查。

检验方法：测量、检查技术处理方案。

2.一般项目

现浇结构和混凝土设备基础拆模后的尺寸偏差应符合如表10-12、表10-13所示的规定。

现浇结构尺寸允许偏差和检验方法 表10-12

项目			允许偏差（mm）	检验方法
轴线位置	基础		15	钢尺检查
	独立基础		10	
	墙、柱、梁		8	
	剪力墙		5	
垂直度	层高	≤5m	8	经纬仪或吊线、钢尺检查
		>5m	10	经纬仪或吊线、钢尺检查
	全高（H）		$H/1000$且≤30	经纬仪、钢尺检查
标高	层高		±10	水准仪或拉线、钢尺检查
	全高		±30	
截面尺寸			+8，-5	钢尺检查
电梯井	井筒长、宽对定位中心线		+25，0	钢尺检查
	井筒全高（H）垂直度		$H/1000$且≤30	经纬仪、钢尺检查

项目		允许偏差（mm）	检验方法
表面平整度		8	2m靠尺和塞尺检查
预埋设施中心线位置	预埋件	10	钢尺检查
	预埋螺栓	5	
	预埋管	5	
预留洞中心线位置		15	钢尺检查

注：检查轴线、中心线位置时，应沿纵、横两个方向测量，并取其中的较大值。

混凝土设备基础尺寸允许偏差和检验方法　　　　　　表10-13

项目		允许偏差（mm）	检验方法
坐标位置		20	钢尺检查
不同平面的标高		0，−20	水准仪或拉线、钢尺检查
平面外形尺寸		±20	钢尺检查
凸台上平面外形尺寸		0，−20	钢尺检查
凹穴尺寸		+20，0	钢尺检查
平面水平度	每米	5	水平尺、塞尺检查
	全长	10	水准仪或拉线、钢尺检查
垂直度	每米	5	经纬仪或吊线、钢尺检查
	全高	10	
预埋地脚螺栓	标高（顶部）	+20，0	水准仪或拉线、钢尺检查
	中心距	±2	钢尺检查
预埋地脚螺栓孔	中心线位置	10	钢尺检查
	深度	+20，0	钢尺检查
	孔的垂直度	10	吊线、钢尺检查
预埋活动地脚螺栓锚板	标高	+20，0	水准仪或拉线、钢尺检查
	中心线位置	5	钢尺检查
	带槽锚板平整度	5	钢尺、塞尺检查
	带螺纹孔锚板平整度	2	钢尺、塞尺检查

注：检查坐标、中心线位置时，应沿纵、横两个方向进行测量，并取其中的较大值。

检查数量：按楼层、结构缝或施工段划分检验批。在同一检验批内，对于梁、柱和独立基础，应抽查其构件数量的10%，且不少于3件；对于墙和板，应抽查其10%的有代表性的自然间，且不少于3间；对于大空间结构，墙可按相邻轴线间高度5m左右划分检查面，板可按纵、横轴线划分检查面，抽查其10%，且均不少于3面；对于电梯井应全数进行检查。对于设备基础，应全数进行检查。

七、装配式结构分项工程

（一）基本规定

（1）预制构件应进行结构性能检验。结构性能检验不合格的预制构件不得用于混凝土结构。

（2）叠合结构中，预制构件的叠合面应符合设计要求。

（3）装配式结构外观质量、尺寸偏差的验收及对缺陷的处理应按国家相关规定执行。

（二）预制构件

1.主控项目

（1）预制构件应在明显部位标明生产单位、构件型号、生产日期和质量验收标志。构件上的预埋件、插筋和预留孔洞的规格、位置和数量应符合标准图或设计的要求。

检查数量：全数检查。

检验方法：观察。

（2）预制构件的外观质量不应有严重缺陷。对于已经出现的严重缺陷，应按技术处理方案进行处理，并重新进行检查验收。

检查数量：全数检查。

检验方法：观察、检查技术处理方案。

（3）预制构件不应有影响结构性能、安装和使用功能的尺寸偏差。对于超过尺寸允许偏差且影响结构性能、安装和使用功能的部位，应按技术处理方案进行处理，并重新进行检查验收。

检查数量：全数检查。

检验方法：测量、检查技术处理方案。

2.一般项目

（1）预制构件的外观质量不宜有一般缺陷。对于已经出现的一般缺陷，应按技术处理方案进行处理，并重新进行检查验收。

检查数量：全数检查。

检验方法：测量、检查技术处理方案。

（2）预制构件的尺寸偏差应符合如表10-14所示的规定。

检查数量：同一工作班生产的同类型构件，应抽查其5%且不少于3件。

项目		允许偏差（mm）	检验方法
长度	板、梁	+10，-5	钢尺检查
	柱	+5，-10	
	墙板	±5	
	薄腹梁、行架	+15，-10	
宽度、高（厚）度	板、梁、柱、墙板、薄腹梁、行架	±5	钢尺测量一端及中部，取其中较大值
侧向弯曲	梁、柱、板	l/750且≤20	拉线、钢尺测量最大侧向弯曲处
	墙板、薄腹梁、行架	l/1000且≤20	
预埋件	中心线位置	10	钢尺检查
	螺栓位置	5	
	螺栓外露长度	+10，-5	
预留孔	中心线位置	5	钢尺检查
预留洞	中心线位置	15	钢尺检查
主筋保护层厚度	板	+5，-3	钢尺或保护层厚度测定仪测量
	梁、柱、墙板、薄腹梁、行架	+10，-5	
对角线差	板、墙板	10	钢尺测量两个对角线
表面平整度	板、墙板、柱、梁	5	2m靠尺和塞尺检查
预应力构件预留孔道位置	梁、墙板、薄腹梁、行架	3	钢尺检查
翘曲	板	l/750	调平尺在两端测量
	墙板	l/1000	

注：（1）为构件长度（mm）；

　　（2）检查中心线、螺栓和孔道位置时，应沿纵、横两个方向进行测量，并取其中的较大值；

　　（3）对形状复杂或有特殊要求的构件，其尺寸偏差应符合标准图或设计的要求。

（三）结构性能检验

预制构件应按标准图或设计要求的试验参数及检验指标进行结构性能检验。

检验内容：钢筋混凝土构件和允许出现裂缝的预应力混凝土构件应进行承载力、挠度和裂缝宽度的检验；不允许出现裂缝的预应力混凝土构件应进行承载力、挠度和抗裂检验；预应力混凝土构件中的非预应力杆件接钢筋混凝土构件应按要求进行检验。对于设计成熟、生产数量较少的大型构件，应当采取加强材料和制作质量检验的措施时，可仅做挠度、抗裂或裂缝宽度检验；当采取上述措施并有可靠的实践经验时，可不做结构性能检验。

检验数量：对于成批生产的构件，按同一工艺正常生产的不应超过1000件且不超过3个月的同类型产品为一批。当连续检验10批且每批的结构性能检验结果均符合相关规定时，对同一工艺正常生产的构件，可改为不超过2000件且不超过3个月的同类型产品为一批。在每批中应随机抽取1个构件作为试件进行检验。

检验方法：采用短期静力加载检验。

注：（1）"加强材料和制作质量检验的措施"包括下列内容：

1）钢筋进场检验合格后，在使用前，须再对用作构件受力主筋的同批钢筋按不超过5t抽取一组试件，并经检验后合格；已经逐盘检验的预应力钢丝，可不再抽样检查；

2）受力主筋焊接接头的力学性能，应按《钢筋焊接及验收规程》JGJ 18—2012检验合格后，再抽取一组试件，并经检验后合格；

3）混凝土按5m³且不超过半个工作班生产的相同配合比的混凝土，留置一组试件，并经检验后合格；

4）受力主筋焊接接头的外观质量、入模后的主筋保护层厚度、张拉预应力总值和构件的截面尺寸等，并经逐件检验后合格。

（2）"同类型产品"是指同一钢种、同一混凝土强度等级、同一生产工艺和同一结构形式的构件。对同类型产品进行抽样检验时，试件宜从设计荷载最大、受力最不利或生产数量最多的构件中抽取。对于同类型的其他产品，也应定期进行抽样检验（表10-15）。

构件的承载力检验系数允许值　　　　表10-15

受力情况	达到承载能力极限状态的检验标志		数值［γu］
轴心受拉、偏心受拉、受弯、大偏心受压	受拉主筋处的最大裂缝宽度达到1.5mm，或挠度达到跨度的1/50	热轧钢筋	1.20
		钢丝、钢绞线、热处理钢筋	1.35
	受压区混凝土破坏	热轧钢筋	1.30
		钢丝、钢绞线、热处理钢筋	1.45
	受拉主筋拉断		1.50
受弯构件受剪	腹部斜裂缝达到1.5mm，或斜裂缝末端受压混凝土剪压破坏		1.40
	沿斜截面混凝土斜压破坏，受拉主筋在端部滑脱或其他锚固破坏		1.55
轴心受压、小偏心受压	混凝土受压破坏		1.50

注：热轧钢筋系指HPB235级、HRB335级、HRB400级和RRB400级钢筋。

（四）装配式结构施工

1. 主控项目

（1）进入现场的预制构件，其外观质量、尺寸偏差及结构性能应符合标准图或设计的要求。

检查数量：按批检查。

检验方法：检查构件合格证。

（2）预制构件与结构之间的连接应符合设计要求。

连接处钢筋或埋件采用焊接或机械连接时，接头质量应符合《钢筋焊接及验收规程》JGJ 18—2012、《钢筋机械连接通用技术规程》JGJ 107—2016 的要求。

检查数量：全数检查。

检验方法：观察、检查施工记录。

（3）对于承受内力的接头和拼缝，当其混凝土强度未达到设计要求时，不得吊装上一层结构构件；当设计无具体要求时，应在混凝土强度不小于 $10N/mm^2$ 或具有足够的支承时吊装上一层结构构件。

已安装完毕的装配式结构，应在混凝土强度到达设计要求后，承受全部设计荷载。

检查数量：全数检查。

检验方法：检查施工记录及试件强度试验报告。

2. 一般项目

（1）预制构件码放和运输时的支承位置和方法应符合标准图或设计的要求。

检查数量：全数检查。

检验方法：观察检查。

（2）预制构件吊装前，应按设计要求在构件和相应的支承结构上标志中心线、标高等控制尺寸，按标准图或设计文件校核预埋件及连接钢筋等，并做出标志。

检查数量：全数检查。

检验方法：观察、钢尺检查。

（3）预制构件应按标准图或设计的要求吊装。起吊时绳索与构件水平面的夹角不宜小于45°，否则应采用吊架或经验计算进行确定。

检查数量：全数检查。

检验方法：观察检查。

（4）预制构件安装就位后，应采取保证构件稳定的临时固定措施，并应根据水准点和轴线校正位置。

检查数量：全数检查。

检验方法：观察、钢尺检查。

（5）装配式结构中的接头和拼缝应符合设计要求；当设计无具体要求时，应符合下列规定：

①承受内力的接头和拼缝应采用混凝土浇筑，其强度等级应比构件混凝土强度等级提高一级。

②不承受内力的接头和拼缝应采用混凝土或砂浆浇筑，其强度等级不应低于C15或M15。

③用于接头和拼缝的混凝土或砂浆，宜采取微膨胀措施和快硬措施，在浇筑过程中应振捣密实，并采取必要的养护措施。

检查数量：全数检查。

检验方法：检查施工记录及试件强度试验报告。

■ 八、混凝土结构子分部工程

（一）结构实体检验

（1）涉及混凝土结构安全的重要部位应进行结构实体检验。结构实体检验应在监理工程师（建设单位项目专业技术负责人）的见证下，由施工项目技术负责人组织实施。承担结构实体检验的试验室应具有相应的资质。

（2）结构实体检验的内容应包括混凝土强度、钢筋保护层厚度以及工程合同约定的项目；必要时可检验其他项目。

（3）混凝土强度的检验，应以在混凝土浇筑地点制备并与结构实体同条件养护的试件强度为依据。

对于混凝土强度的检验，也可根据合同的约定，采用非破损或局部破损的检测方法，按相关标准的规定进行。

（4）当同条件养护试件强度的检验结果符合《混凝土强度检验评定标准》GB/T 50107—2010的相关规定时，混凝土强度应判定为合格。

（5）对于钢筋保护层厚度的检验，其抽样数量、检验方法、允许偏差和合格条件应符合相关规范的规定。

（6）当未能取得同条件养护试件强度，或同条件养护试件的强度被判为不合格，或钢筋保护层厚度不满足要求时，应委托具有相应资质等级的检测机构按国家相关标准的规定进行检测。

(二) 混凝土结构子分部工程验收

(1) 混凝土结构子分部工程施工质量验收时，应提供下列文件和记录：

①设计变更文件；

②原材料出厂合格证和进场复验报告；

③钢筋接头的试验报告；

④混凝土工程施工记录；

⑤混凝土试件的性能试验报告；

⑥装配式结构预制构件的合格证和安装验收记录；

⑦预应力筋用锚具、连接器的合格证和进场复验报告；

⑧预应力筋安装、张拉及灌浆记录；

⑨隐蔽工程验收记录；

⑩分项工程验收记录；

⑪混凝土结构实体检验记录；

⑫工程的重大质量问题的处理方案和验收记录；

⑬其他必要的文件和记录。

(2) 混凝土结构子分部工程施工质量验收合格应符合下列规定：

①相关分项工程施工质量验收合格；

②完整的质量控制资料；

③观感质量验收合格；

④结构实体检验结果满足相关规范的要求。

(3) 当混凝土结构施工质量不符合要求时，应按下列规定进行处理：

①返工、返修或更换构件、部件的检验批，应重新进行验收；

②经有资质的检测单位检测鉴定达到设计要求的检验批，应予以验收；

③经有资质的检测单位检测鉴定达不到设计要求，但经原设计单位核算并确认仍可满足结构安全和使用功能的检验批，可予以验收；

④返修或加固处理能够满足结构安全使用要求的分项工程，可予以验收。

(4) 混凝土结构工程子分部工程施工质量验收合格后，应将所有的验收文件存档备案。

附录A 质量验收记录

A.0.1 检验批质量验收可按表A.0.1记录。

检验批质量验收记录 　　　　　　　　　　　　　　　　　　表 A.0.1

工程名称			分项工程名称		验收部位	
施工单位			专业工长		项目经理	
分包单位			分包项目经理		施工班组长	
施工执行标准名称及编号						
检查项目		质量验收规范的规定	施工单位检查评定记录		监理(建设)单位验收记录	
主控项目	1					
	2					
	3					
	4					
	5					
一般项目	1					
	2					
	3					
	4					
	5					
施工单位检查评定结果		项目专业质量检查员 　　　　　　　　　　　　　　　　　年　　月　　日				
监理(建设)单位验收结论		监理工程师(建设单位项目专业技术负责人) 　　　　　　　　　　　　　年　　月　　日				

A.0.2 分项工程质量验收可按表 A.0.2 记录。

分项工程质量验收记录　　　　　　　　　　　　　　　表 A.0.2

工程名称		结构类型		检验批数	
施工单位		项目经理		项目技术负责人	
分包单位		分包单位负责人		分包项目经理	
序号	检验批部位、区段	施工单位检查评定结果	监理（建设）单位验收结论		
1					
2					
3					
4					
5					
6					
7					
8					
检查结论			监理工程师： （建设单位项目专业技术负责人） 年　月　日		
	项目专业技术负责人： 年　月　日				

A.0.3 混凝土结构子分部工程质量验收可按表A.0.3记录。

混凝土结构子分部工程质量验收记录　　　　　　　　　　表A.0.3

工程名称			结构类型		层数	
施工单位			技术部门负责人		质量部门负责人	
分包单位			分包单位负责人		分包技术负责人	
序号	分项工程名称		检验批数	施工单位检查评定	验收意见	
1	钢筋分项工程					
2	预应力分项工程					
3	混凝土分项工程					
4	现浇结构分项工程					
5	装配式结构分项工程					
质量控制资料						
结构实体检验报告						
观感质量验收						
验收单位	分包单位				项目经理　　　年　月　日	
	施工单位				项目经理　　　年　月　日	
	勘察单位				项目负责人　　　年　月　日	
	设计单位				项目负责人　　　年　月　日	
	监理（建设）单位				总监理工程师（建设单位项目专业负责人）　　　年　月　日	

附录B 纵向受力钢筋的最小搭接长度

B.0.1 当纵向受拉钢筋的绑扎搭接接头面积百分率不大于25%时，其最小搭接长度应符合表B.0.1的规定。

纵向受拉钢筋的最小搭接长度 表B.0.1

钢筋类型		混凝土强度等级			
		C15	C20～C25	C30～C35	≥C40
光圆钢筋	HPB235级	45d	35d	30d	25d
带肋钢筋	HRB335级	55d	45d	35d	30d
	HRB400级、RRB400级	—	55d	40d	35d

注：两根直径不同钢筋的搭接长度，以较细钢筋的直径计算。

B.0.2 当纵向受拉钢筋搭接接头面积百分率大于25%，但不大于50%时，其最小搭接长度应按本附录表B.0.1中的数值乘以系数1.2取用；当接头面积百分率大于50%时，应按本附录表B.0.1中的数值乘以系数1.35取用。

B.0.3 当符合下列条件时，纵向受拉钢筋的最小搭接长度应根据本附录B.0.1条至B.0.2条确定后，按下列规定进行修正：

1 当带肋钢筋的直径大于25mm时，其最小搭接长度应按相应数值乘以系数1.1取用；

2 对环氧树脂涂层的带肋钢筋，其最小搭接长度应按相应数值乘以系数1.25取用；

3 当在混凝土凝固过程中受力钢筋易受扰动时（如滑模施工），其最小搭接长度应按相应数值乘以系数1.1取用；

4 对末端采用机械锚固措施的带肋钢筋，其最小搭接长度可按相应数值乘以系数0.7取用；

5 当带肋钢筋的混凝土保护层厚度大于搭接钢筋直径的3倍且配有箍筋时，其最小搭接长度可按相应数值乘以系数0.8取用；

6 对有抗震设防要求的结构构件，其受力钢筋的最小搭接长度对一、二级抗震等级应按相应数值乘以系数1.15采用；对三级抗震等级应按相应数值乘以系数1.05采用。

在任何情况下，受拉钢筋的搭接长度不应小于300mm。

B.0.4 纵向受压钢筋搭接时，其最小搭接长度应根据本附录B.0.1条至B.0.3条的规定确定相应数值后，乘以系数0.7取用。在任何情况下，受压钢筋的搭接长度不应小于200mm。

附录C 结构实体检验用同条件养护试件强度检验

C.0.1 同条件养护试件的留置方式和取样数量，应符合下列要求：

1 同条件养护试件所对应的结构构件或结构部位，应由监理（建设）、施工等各方共同选定；

2 对混凝土结构工程中的各混凝土强度等级，均应留置同条件养护试件；

3 同一强度等级的同条件养护试件，其留置的数量应根据混凝土工程量和重要性进行确定，不宜少于10组，且不应少于3组；

4 同条件养护试件拆模后，应放置在靠近相应结构构件或结构部位的适当位置，并应采取相同的养护方法。

C.0.2 同条件养护试件应在达到等效养护龄期时进行强度试验。

等效养护龄期应根据同条件养护试件强度与在标准养护条件下28d龄期试件强度相等的原则确定。

C.0.3 同条件自然养护试件的等效养护龄期及相应的试件强度代表值，宜根据当地的气温和养护条件，按下列规定确定：

1 等效养护龄期可取按日平均温度逐日累计达到600℃·d时所对应的龄期，0℃及以下的龄期不计入；等效养护龄期不应小于14d，也不宜大于60d；

2 同条件养护试件的强度代表值应根据强度试验结果按现行国家标准《混凝土强度检验评定标准》GB/T 50107—2010的规定确定后，乘以折算系数取用；折算系数宜取为1.10，也可根据当地的试验统计结果做适当调整。

C.0.4 冬期施工、人工加热养护的结构构件，其同条件养护试件的等效养护龄期可按结构构件的实际养护条件，由监理（建设）、施工等各方根据本附录等D.0.2条的规定共同确定。

附录 D 结构实体钢筋保护层厚度检验

D.0.1 钢筋保护层厚度检验的结构部位和构件数量，应符合下列要求：

1 钢筋保护层厚度检验的结构部位，应由监理（建设）、施工等各方根据结构构件的重要性共同选定；

2 对梁类、板类构件，应各抽取构件数量的2%且不少于5个构件进行检验；当有悬挑构件时，抽取的构件中悬挑梁类、板类构件所占比例均不宜小于50%。

D.0.2 对选定的梁类构件，应对全部纵向受力钢筋的保护层厚度进行检验；对选定的板类构件，应抽取不少于6根纵向受力钢筋的保护层厚度进行检验。对每根钢筋，应在有代表性的部位测量1个点。

D.0.3 对于钢筋保护层厚度的检验，可采用非破损或局部破损的方法，也可采用非破损方法并用局部破损方法进行校准。当采用非破损方法检验时，所使用的检测仪器应经过计量检验，检测操作应符合相应规程的规定。

钢筋保护层厚度检验的检测误差不应大于1mm。

D.0.4 钢筋保护层厚度检验时，纵向受力钢筋保护层厚度的允许偏差，对梁类构件为+10mm、-7mm；对板类构件为+8mm、-5mm。

D.0.5 对梁类、板类构件纵向受力钢筋的保护层厚度应分别进行验收。

结构实体钢筋保护层厚度验收合格应符合下列规定：

1 当全部钢筋保护层厚度检验的合格点率为90%及以上时，钢筋保护层厚度的检验结果应判为合格；

2 当全部钢筋保护层厚度检验的合格点率小于90%但不小于80%，可再抽取相同数量的构件进行检验；当按两次抽样总和计算的合格点率为90%及以上时，钢筋保护层厚度的检验结果仍应判为合格；

3 每次抽样检验结果中不合格点的最大偏差均不应大于本附录E.0.4条规定允许偏差的1.5倍。

第十一章

预应力混凝土结构施工质量监理控制要点

■ 一、审查施工组织设计

（1）由于预应力施工工艺复杂，专业性较强，质量要求较高，故预应力分项工程所含检验项目较多，且规定较为具体。后张法预应力施工是一项专业性强、技术含量高、操作要求严的作业，故应由获得有关部门批准的预应力专项施工资质的施工单位承担，专业监理工程师应认真审核承担预应力专项施工的施工单位的有关资料，审查合格后经总监理工程师签认进场。

（2）预应力混凝土结构施工前，专业施工单位应根据设计图纸，编制有针对性的预应力施工方案，专业监理工程师应对预应力施工方案进行审查并提出审查意见，需要修改补充时应及时督促施工单位修改补充，现场监理人员根据批准的预应力施工方案监督其施工。

（3）当设计图纸深度不具备施工条件时，预应力施工单位应予以完善，并经设计单位审核后予以实施。

（4）施工组织设计中列出的预应力筋张拉机具设备及仪表，应适应工程要求，且应已经按时维护和校验。张拉设备应配套标定，并配套使用。张拉设备的标定期限不应超过半年。在使用过程中出现反常现象时或在千斤顶检修后，应重新进行标定。

■ 二、原材料质量控制

1.预应力筋

（1）预应力筋是预应力分项工程中最重要的原材料，预应力筋进场时，应具备产品合格证、出厂检验报告，同时应按《预应力混凝土用钢绞线》GB/T 5224—2014的规定，根据进场批次和产品的抽样检验方案确定检验批，抽取试件进行力学性能检验，进行进场复验。其质量必须符合相关标准的规定。由于各厂家提供的预应力筋产品合格证内容与格式不尽相同，为统一及明确有关内容，要求厂家除了提供产品合格证外，还应提供反映预应力筋主要性能的出厂检验报告，两者也可合并提供。

（2）预应力筋使用前还应全数进行外观检查：有粘结预应力筋展开后应平顺，不得有弯折，表面不应有裂纹、小刺、机械损伤、氧化铁皮和油污等；钢绞线表面不得有裂纹、小刺、机械损伤、氧化铁皮和油污等。

（3）作为主控项目的无粘结预应力筋的涂包质量应符合无粘结预应力钢绞线标准的规定。

检查数量：每60t为一批，每批抽取一组试件。

检验方法：观察，检查产品合格证、出厂检验报告和进场复验报告。

当监理工程师有工程经验，并经观察认为质量有保证时，可不做油脂用量和护套厚度的进场复验。

作为一般项目的无粘结预应力筋，应采用观察方法全数检查，护套应光滑、无裂缝，无明显褶皱。无粘结预应力筋护套轻微破损者应外包防水塑料胶带修补，严重破损者不得使用。

2.预应力筋用锚具、夹具和连接器

（1）作为主控项目，预应力筋用锚具、夹具和连接器应按设计要求使用，其性能应符合《预应力筋用锚具、夹具和连接器》GB/T 14370—2015的规定。

检查数量：按进场批次和产品的抽样检验方案确定。

检验方法：检查产品合格证、出厂检验报告和进场复验报告。

对于锚具用量较少的一般工程，如供货方提供有效的试验报告，可不做静载锚固性能试验。

（2）作为一般项目，预应力筋用锚具、夹具和连接器使用前应进行全数外观检查，其表面应无污物、锈蚀、机械损伤和裂纹。

3.孔道成型及灌浆用水泥

（1）灌浆用水泥应采用普通硅酸盐水泥，其质量应符合下列规定：

水泥进场时应对其品种、级别、包装或散装仓号、出厂日期等进行检查，并应对其强度、安定性及其他必要的性能指标进行复验，其质量必须符合《通用硅酸盐水泥》GB 175—2007的规定。

在使用中，若对水泥质量持有怀疑或水泥出厂超过三个月（快硬硅酸盐水泥超过一个月），应对其进行复验，并按复验结果决定是否继续使用。

钢筋混凝土结构、预应力混凝土结构中，严禁使用含氯化物的水泥。

检查数量：按同一生产厂家、同一等级、同一品种、同一批号且连续进场的水泥，袋装不超过200t为一批，散装不超过500t为一批，每批抽样不少于一次。

检验方法：检查产品合格证、出厂检验报告和进场复验报告。

（2）孔道灌浆用外加剂的质量应符合下列规定：

掺用外加剂的质量及应用技术应符合《混凝土外加剂》GB 8076—2008、《混凝土外加剂应用技术规范》GB 50119—2013和有关环境保护的规定。

预应力混凝土结构中，严禁使用含氯化物的外加剂。钢筋混凝土结构中，当使用含氯化物的外加剂时，混凝土中氯化物的总含量应符合《混凝土质量控制标准》GB 50164—2011的规定。

检查数量：按进场的批次和产品的抽样检验方案确定。

检验方法：检查产品合格证、出厂检验报告和进场复验报告。

（3）对于孔道灌浆用水泥和外加剂用量较少的一般工程，当有可靠依据时，可不做材料性能的进场复验。

（4）预应力混凝土用金属螺旋管的尺寸和性能应符合《预应力混凝土用金属波纹管》JG/T 225—2020的规定。

检查数量：按进场批次和产品的抽样检验方案确定。

检验方法：检查产品合格证、出厂检验报告和进场复验报告。

当金属波纹管的用量较少并有可靠依据时，可不做径向刚度、抗渗漏性能的进场复验。

（5）预应力混凝土用金属螺旋管在使用前应进行外观检查，其内外表面应清洁，无锈蚀，不应有油污、孔洞和不规则的褶皱，咬口不应有开裂或脱扣。

检查数量：全数检查。

三、施工过程质量控制

在预应力分项工程的施工过程中，监理人员进行质量控制的关键点分别为预应力筋制作与安装、预应力筋的张拉和放张以及灌浆及封锚。在控制过程中，各项工序的监理人员都必须认真检查并做好记录；特别是对预应力筋的张拉和放张以及灌浆及封锚，监理人员还应按旁站执行计划进行旁站监理，并记好旁站记录。

1.预应力筋制作与安装

预应力筋制作和安装时，其品种、级别、规格、数目必须符合设计要求。

（1）预应力筋下料

预应力筋下料应符合下列要求：

①预应力筋应采用砂轮锯或切断机切断，不得采用电弧切割；

②预应力筋的下料长度应由计算确定，加工尺寸要严格要求，以确保预计加应力均匀一致。

当钢丝束两端采用镦头锚具时，同一束中各根钢丝长度的极差不应大于钢丝长度的1/5000，且不应大于5mm。当成组张拉长度不大于10m的钢丝时，同组钢丝长度的极差不得大于2mm。

下料长度应进行全数观察检查，对于重要部位和通过观察难以判断的部位须进行抽样检查，每工作班应抽查预应力筋总数的3%，且不少于3束。

（2）后张法有粘结预应力筋预留孔道

①预留孔道的规格、数量、位置和形状应符合设计要求；

②预留孔道的定位应准确、牢固，浇筑混凝土时不应出现移位和变形；

③孔道应平顺通畅，端部的预埋锚垫板应垂直于孔道中心线；

④成孔用管道应密封良好，接头应严密且不得漏浆；

⑤灌浆孔的间距：对预埋金属波纹管不宜大于30m，对抽芯成形孔道不宜大于12m；

⑥在曲线孔道的曲线波峰部位应设置排气兼泌水管，必要时可在最低点设置排水孔；灌浆孔及泌水管的孔径应能保证浆液畅通。

（3）预应力筋铺设

①施工过程中应避免电火花损伤预应力筋；受损伤的预应力筋应予以更换；

②无粘结预应力筋的护套应完整，局部破损处应采用防水胶带，缠绕紧密并修补好；

③浇筑混凝土前穿入孔道的后张法有粘结预应力筋，应采取防止锈蚀的措施；

④无粘结预应力筋的定位应牢固，浇筑混凝土时不应出现移位和变形，端部的预埋垫板应垂直于预应力筋，内埋式固定端垫板不应重叠，锚具与垫板应贴紧；

⑤预应力筋的保护层厚度应符合设计及相关规范规定，无粘结预应力筋成束布置时应保证混凝土密实并裹住预应力筋。

2.预应力筋的张拉和放张

（1）端部锚具的制作质量应符合下列要求：

①挤压锚具制作时压力表油压应符合操作说明书的规定，挤压后预应力筋外端应露出挤压套筒1～5mm；

②钢绞线压花锚成形时，表面应清洁、无油污，梨形头尺寸和直线段长度应符合设计要求；

③钢丝镦头的强度不得低于钢丝强度标准值的98%。

检查数量：对挤压锚，每工作班抽查5%，且不应少于5件；对压花锚，每工作班抽查3件；对钢丝镦头强度，每批钢丝检查6个镦头试件。

检验方法：观察、钢尺检查、检查镦头强度试验报告。

（2）预应力筋张拉或放张时，混凝土强度应符合设计要求；当设计无具体要求时，不应低于设计混凝土立方体抗压强度标准值的75%。

（3）预应力筋的张拉力、张拉或放张顺序及张拉工艺应符合设计及施工技术方案的要求，并应符合下列规定：

①当施工需要超张拉时，最大张拉应力不应大于《混凝土结构设计规范》GB 50010—2010的规定；

②张拉工艺应能保证同一束中各根预应力筋的应力均匀一致；

③在后张法施工中，当预应力筋是逐根或逐束张拉时，应保证各阶段不出现对结构不利的应力状态；同时宜考虑后批张拉预应力筋所产生的结构构件的弹性压缩对先批张拉预应力筋的影响，再确定张拉力；

④先张法预应力筋放张时，宜缓慢放松锚固装置，使各根预应力筋同时缓慢放松；

⑤当采用应力控制方法张拉时，应校核预应力筋的伸长值。实际伸长值与设计计算理论伸长值的相对允许偏差为±6%。

检查数量：全数检查。

检验方法：检查张拉记录。

（4）张拉工艺应能保证同一束中各根预应力筋的应力均匀一致；后张法施工中，当预应力筋是逐根或逐束张拉时，应保证各阶段不出现对结构不利的应力状态；同时，宜考虑后批张拉预应力筋所产生的结构构件的弹性压缩对先批张拉预应力筋的影响，再确定张拉力。

（5）预应力筋张拉锚固后实际建立的预应力值与工程设计规定检验值的相对允许偏差为±5%。

检查数量：在同一检验批内，抽查预应力筋总数的3%，且不少于5束。

检验方法：检查张拉记录。

（6）张拉过程中应避免预应力筋断裂或滑脱；当发生断裂或滑脱时，必须符合下列规定：

对于后张法预应力结构构件，其断裂或滑脱的数量严禁超过同一截面预应力筋总根数的3%，且每束钢丝不得超过一根；对多跨双向连续板，其同一截面应按每跨计算；

检查数量：全数检查。

检验方法：观察、检查张拉记录。

（7）锚固阶段张拉端预应力筋的内缩量应符合设计要求。

（8）检查数量：每工作班抽查预应力筋总数的3%，且不少于3束。

检验方法：钢尺检查。

3. 灌浆及封锚

（1）灌浆

预应力筋张拉后处于高应力状态，对腐蚀非常敏感，所以应尽早进行孔道灌浆。灌浆是对预应力筋的永久性保护措施，故而要求水泥浆饱满、密实，完全裹住预应力筋。后张法有粘结预应力筋张拉后应尽早进行孔道灌浆，孔道内水泥浆应饱满、密实。灌浆质量的检验应着重于现场观察检查，必要时采用无损检查或凿孔检查。

① 灌浆用水泥浆要求：

孔道灌浆前应进行水泥浆配合比设计；灌浆用水泥浆的水灰比不应大于0.45，搅拌后3h的泌水率不宜大于2%，且不应大于3%。泌水应能在24h内全部重新被水泥浆吸收。

检查数量：同一配合比检查一次。

检验方法：检查水泥浆性能试验报告。

② 灌浆施工工序：

灌浆前孔道应湿润、洁净。灌浆顺序宜先下后上。

灌浆应缓慢均匀地进行，不能中断，直至出浆口排出的浆体稠度与进浆口一致，灌满孔道后，应再继续加压至$0.5 \sim 0.6$MPa，稍后封闭灌浆孔。不掺外加剂的水泥浆，可采用二次灌浆法。封闭顺序是沿灌注方向依次封闭。

灌浆工作应在水泥浆初凝前完成。灌浆用水泥浆的抗压强度不应小于30N/mm^2。每工作班留置一组边长为70.7mm的立方体试件，试件应进行标准养护28天，并做抗压强度试验，一抗压强度为一组试件，由6个试件组成，当一组试件中抗压强度最大值或最小值与平均值相差超过20%时，应取中间4个试件强度的平均值。

（2）张拉端锚具及外露预应力筋的封闭保护

封闭保护应符合设计要求；当设计无具体要求时，应符合下列规定：

① 预应力筋锚固后的外露部分宜采用机械方法切割，其外露长度不宜小于预应力筋直径的1.5倍，且不宜小于30mm。

② 预应力筋的外露锚具应有严格的密封保护措施，并应采取防止锚具腐蚀和遭受机械损伤的有效措施。

③凸出式锚固端锚具的保护层厚度不应小于50mm。

④外露预应力筋的保护层厚度：处于正常环境时，不应小于20mm；处于易受腐蚀的环境时，不应小于50mm。

⑤针对后张法预应力钢筋混凝土施工，监理质量控制的工作方法有：

a.审查工程预应力混凝土工程施工专项方案；

b.预应力工艺用原材料；

c.施工过程质量控制；

d.参加预应力分项工程质量评定和验收。

根据具体情况，预应力分项工程可与混凝土结构一同验收，也可单独验收。预应力隐蔽工程反映预应力分项工程施工的综合质量，在浇筑混凝土之前验收是为了确保预应力筋等的安装符合设计要求并在混凝土结构中发挥其应有的作用，其内容包括：

（a）预应力筋的品种、规格、数量、位置等；

（b）预应力筋锚具和连接器的品种、规格、数量、位置等；

（c）预留孔道的规格、数量、位置、形状及灌浆孔、排气兼泌水管等；

（d）锚固区局部加强构造等。

第十二章

清水混凝土施工质量监理控制要点

一、施工方案的审查

（1）认真审核施工方提交的施工方案。施工方案应对施工过程中所用的劳动力、原材料、机械以及工期安排应有详细的说明，同时对施工的难点和关键点应制定切实可行的质量保证措施。

（2）根据已审批的清水混凝土施工方案，监理部应编制详细的监理实施细则，组织监理人员进行监理内部交底，明确清水混凝土施工时各工序的监理控制要点。

（3）为确保清水混凝土的施工质量，监理人员应督促施工单位做好以下几个方面的工作：

①成立清水混凝土质量管理的领导小组和工作小组。

②施工单位应有完备的质量职能机构——质量部，主要应负责清水混凝土的施工质量、施工资料与施工试验、检测的策划、管理、监控、检查、处置、改进、提高的具体事务。

③各分包单位质量组织机构应健全。

④建立、健全以操作工人为基础的质量保证机制。

⑤明确各方质量分工、职责、责任。

⑥协调各方单位，做出清水混凝土样板墙，保证后期所有混凝土配比、颜色、模板拼缝与样板墙相同，监理应严把此关。

二、原材料质量控制

（1）原材料质量是保证清水混凝土达到设计要求的关键。现场监理项目部应在施工单位选择商品混凝土搅拌站厂家时，对其进行施工资质及经营质量的考察，确保所选砂石水泥产地统一、进场砂石水泥、外加剂等材料质量及配合比与设计要求一致。在混凝土浇筑前应要求施工方及时报送开盘鉴定资料。

（2）水泥。根据不同的区域环境选择合适的水泥品种，国内一般的混凝土施工常采用普通硅酸盐水泥，在现场混凝土提料前监理应督促施工单位要求商品混凝土搅拌站在确保质量的前提下尽量降低单方混凝土中的水泥用量，以利于降低混凝土单位体积的温升，提高混凝土硬化后的体积稳定性。

（3）砂石。应采用优质的中砂，连续级配的碎石，严格控制含泥量；骨料的合理选用不仅能减少混凝土收缩量，也提高了混凝土的抗拉强度，对混凝土抵抗温度裂缝能起到较好作用。

（4）外加剂。混凝土中加入高效缓凝减水剂，不仅可以减少水泥用量和用水量，以达到降低混凝土水化热的目的，又可以延缓混凝土的凝结时间，避免施工过程中冷缝的产生，不过减水剂的性能应符合施工规范和《混凝土泵送技术规程》的要求。施工实例中也有按设计要求掺加抗裂纤维的，这对混凝土抵抗早期的表面收缩有所帮助，同时对一定量的膨胀剂也能减少混凝土后期强度上升时产生的收缩裂纹。

（5）清水混凝土施工质量控制管理重点主要是控制模板拼接质量和混凝土浇筑质量。

三、模板工程质量控制管理

1.模板拼缝

（1）模板安装之前要按照模板拼缝设计详图进行配板、试拼装，保证模板平整之后再进行组装。墙体模板尽量使用整板，减少切割，避免小板条的出现，使拼缝规则、整洁、自然。

（2）模板拼缝位置处要使用手工刨进行刨平，试拼完成后使用玻璃胶进行接缝封闭，并将多余的胶清理干净，确保模板拼缝平整、不漏浆。模板体系龙骨横向接缝均要将次龙骨进行压缝，次龙骨在模板的背面使用3号角钢通过自攻螺丝进行固定，模板的竖向接缝均要使用3mm厚的钢板通过自攻螺丝进行固定。

（3）模板拼装后经监理人员验收合格后方可使用。

2.墙体穿墙螺栓孔

拉螺杆不仅是墙、柱、梁体模板体系的重要受力构件，其成型后的孔眼还是清水混凝土的重要装饰表现方法。拉螺杆除了应满足模板的受力要求外，还要满足排布要求。模板的穿墙螺栓要使用专用电钻根据穿墙螺栓设计详图在模板试拼阶段进行开孔，保证孔的位置及孔径大小正确。确定螺栓孔的位置时须将两侧模板核实无误后方可施工。此外，为保证清水混凝土的外观效果，须取消顶模板、取消混凝土保护层垫块。

3.模板体系的龙骨及节点连接

为保证清水混凝土模板板面的平整度，避免出现任何模板不平整等问题，模板与木枋的连接应采取以下措施：通过在40mm×3mm号角钢上打孔，分别使用螺丝与钉子将模板与角钢、木方与角钢进行连接（其中螺丝长度不大于模板厚度）。

4.倒角部位

墙体、栏板等倒角部位的压条由高级木工仔细刨成45°的倒角，倒角棱线要顺直，角度要保证，倒角要经过项目部验收方可进行安装。

5.脱模剂

模板表面涂刷脱模剂要均匀，脱模剂涂刷完成后注意面板的保护，不得污染面板。脱模剂应优先选用乳化石蜡脱模剂。

四、清水混凝土效果的质量控制

（1）清水混凝土结构底部不烂根：模板底部人工刨平，墙体根部设砂浆找平层，并使用玻璃胶进行封闭。

（2）墙体混凝土表面不能露出顶模棍、梯子筋：取消顶模棍、梯子筋，采用穿墙螺栓进行代替，保证墙体截面尺寸。

（3）模板内侧不准有钉痕：采用背面入钉的方式。

（4）阴阳角成型：将木条刨成45°角，规格10mm×10mm，外刷清漆封边。

（5）保证模板拼缝处平整、不漏浆，缝隙规则整体：做好模板拼缝设计，模板拼缝处人工刨平，使用玻璃胶进行封闭，模板背侧压次龙骨或采用扁铁进行固定。

五、清水混凝土施工质量控制

（1）督促施工单位合理调度搅拌输送车的送料时间，逐车测量混凝土的坍落度和和易性。

（2）严格控制每次下料的高度和厚度，防止混凝土离析。严格控制振捣时间和振捣棒插入下一层混凝土的深度，保证深度在50～100mm，振捣时间以混凝土翻浆不再下沉和表面无气泡泛起为止。振捣方法要求正确，不得漏振和过振。可采用二次振捣法，以减少表面气泡，即第一次在混凝土浇筑时振捣，第二次待混凝土静置一段时间再振捣，而顶层一般在0.5h后进行第二次振捣。

（3）混凝土浇筑完毕后，在初凝前对混凝土表面进行压平、初次收面。在混凝土终凝前对混凝土表面进行二次收面、压光，混凝土终凝后及时对其洒水养护，养护时间不少于7天。

（4）平面清水混凝土待达到初凝临界状态时，建议使用特殊加工的平面式压光机进行大面压光，对局部平面式压光机覆盖不到的边角位置以及压光机效果不佳的位置使用铁抹子进行人工收光，对板面上出现的收缩裂缝，使用铁抹子拍打混凝土表面直至泛浆，用力搓压平整，使其闭合。

（5）成品保护监理的控制措施：柱、墙体、栏板侧模拆除后，设专人喷水保湿养护，经常检查养护情况，养护时间不少于7天。清水混凝土拆模后，要注意对清水混凝土的保护，不得碰撞及污染清水混凝土结构，对墙体清水混凝土应用塑料薄膜进行保护，以防混凝土表面被污染。对人员可以接触到的柱、墙板等清水混凝土，拆除模板后应钉薄木条或粘贴硬塑料条进行保护，另外要加强人员教育，避免人为污染或损坏。

（6）由主管监理工程师组织各专业监理工程师，依据有关法律、法规、工程建设强制性标准、设计文件及施工合同，对施工单位报送的相关资料和清水混凝土的实体质量进行检查验收，对于所存在的影响一般观感的质量问题应及时要求施工单位按既定的处理措施整改，整改完毕后由监理工程师复查并签署验收意见，清水混凝土工程质量的总体验收应由总监签字后生效。

（7）对于严重影响清水混凝土施工质量的需返工处理的部位，总监理工程师应责令施工单位报送质量问题的调查报告和经设计单位等相关单位认可的处理方案，监理单位应对相关部位质量的处理过程和处理结果进行跟踪检查和验收。由总监理工程师及时向建设单位提交有关质量问题整改的书面报告，并将完整的质量问题处理记录整理归档。

（8）清水混凝土施工质量的影响因素较多，施工质量要求高，一旦出现质量问题对其整体观感影响也较大，修补也极为困难，因此事前要求各参建方应充分做好准备工作；对于监理则应树立质量第一，预防为主的方针。结合工程的具体特点，采取全方面、全过程、注重标准化的实施与监督过程的控制。

第十三章

防治混凝土裂缝的监理控制要点

混凝土结构工程的裂缝控制属于开环控制。控制裂缝是一个系统工程，需要各参与方的共同努力，项目监理应该从以下三个阶段着手做好事前控制。

一、设计阶段的裂缝控制

设计阶段的控制是有效控制混凝土裂缝的基础。设计人员应在遵照现行设计规范的基础上，结合工程实际采取更加符合工程实际的技术保证措施。

针对不均匀沉降的因素，采取"放"与"抗"相结合的控制措施，确保不同承载能力土体变形的一致性。建议设计时采用地基加固和设置后浇带的方法。

控制荷载裂缝和荷载次应力裂缝。设计人员除了应考虑结构的整体性外，还应根据各个结构构件的使用环境、使用部位和重要性等因素确定相应的裂缝控制等级。

温度是影响混凝土裂缝的重要因素，在此建议屋面板采取双层双向配筋，周围处还需设置加强筋。屋面裂缝控制还应采取"避"的措施，如屋面使用反光材料或做出绿色屋面等。

二、混凝土施工阶段的裂缝控制

混凝土施工阶段导致裂缝产生的因素很多，这些因素不仅会诱发裂缝的产生，还影响结构或者施工等其他方面，在工程监理过程中，监理人员将从以下方面采取控制措施：

（1）督促施工单位对商品混凝土的生产实行动态管理，控制原材料质量，选择合适的水泥、外加剂品种，控制配合比。加强对原材料的控制：清理石子表面的粉尘，控制砂子的含泥量、杂质及其他有害物质含量；同时，在选择商品混凝土供应商前，应协同业主、设计院和施工单位共同对其进行综合考察，在满足混凝土设计强度要求的前提下，优化配合比，控制混凝土的含碱量，选择合适的水泥、外加剂品种，优化外加剂的用量，以减少内因产生的裂缝。

（2）模板对混凝土裂缝的影响和控制

模板是保证混凝土构件尺寸及形状的工具，但是，如果模板本身没有足够的强度、刚度和稳定性，势必产生混凝土构件的"先天变形"，从而改变构件的受力情况，尤其对水平构件和压杆构件产生的影响更大。如混凝土板、梁等构件会因模板变形而产生局部向下的弯曲变形，在后期使用荷载的作用下，构件会产生较大的拉应力，而混凝土本身的抗拉强度就很低，结果容易产生裂缝。因此，施工过程中，监理将加强对模板的检查，避免不必要的构件变形。

（3）钢筋对混凝土裂缝控制的影响

钢筋布置是否符合设计图纸要求，将影响结构构件受力时的应力分布，这种情况产生的裂缝在混凝土板中最为常见：一般设计时，板筋直径小、易变形，在进行混凝土浇筑时，易出现板底筋和面筋间距减少的现象，从而降低板的有效承载力，这也是楼板出现裂缝的一个主要原因。因此，监理将督促施工单位严格控制钢筋绑扎和节点部位的钢筋布置，同时浇筑期间监理将加强旁站力量，要求施工单位加强对钢筋的成品保护，并派专人看护板筋以便于及时调整变形或走位的钢筋。

（4）在混凝土浇筑前，要求施工单位上报浇筑方案，监理将重点审查浇筑方案的可行性并旁站监督实施，保证浇筑的连续性、振捣的密实性和有组织施工。现场浇筑时，往往由于组织不到位、混凝土供应跟不上，从而造成隐形的施工缝，而且这些施工缝不是事先确定的，大都带有随机性，如果发生在构件剪力较大的部位，就会降低结构构件的有效承载力进而产生裂缝。此外，还要确保振捣的密实性，防止漏振、过振。加强混凝土终凝前的收光找平工作，避免水分散发所产生的网状裂缝。对于大体积混凝土，应采取合理的浇筑方案，分层浇筑时应保证分层处混凝土的整体性（如分层处设加钢筋），并做好温控措施。

■ 三、混凝土强度形成阶段的裂缝控制

督促施工单位采取针对性的养护措施，确保混凝土强度的正常增长。养护工作不仅有利于保证混凝土强度达到设计强度要求，还有利于减少水分不足产生的微裂缝。采取针对性的养护措施，应该根据水泥品种、外加剂的品种和用量、配合比及施工环境等因素进行综合考虑，尽量减少不利于混凝土强度增长的因素，

以降低强度增长期间所产生的微裂缝。

　　建立合理的拆模申请制度，确保拆模时，混凝土构件强度达到规范规定的施工强度要求。拆模过早易引起混凝土构件的变形，改变构件的受力情况。此外，由于这时混凝土强度还没有达到规范要求的强度，容易因过早承受荷载而出现裂缝。针对这种情况，在监理过程中，要求施工单位做好混凝土同条件养护试块，作为拆模的依据。

　　防止混凝土构件，尤其是楼板过载。由于此阶段混凝土强度还没有完全形成，承载能力有限，过量的堆载会产生同"过早拆模"一样的结果，造成结构上的隐患，因此该阶段应该控制新浇混凝土楼面上的堆载，尤其是集中荷载，使之既能保证正常施工，又避免产生不良影响。

第十四章

隔震结构质量监理控制要点

■ 一、隔震支座安装流程

隔震支座下支墩（梁）钢筋施工完成，钢筋水平位置固定完毕→下预埋件安装位置中心线放线、标高测量标注→安装下预埋件，预埋件（套筒）与下支墩（梁）钢筋焊接，拆下安装模板→校核预埋件的规格，安装水平位置、平整度、标高等是否满足设计要求→下预埋件螺栓孔安装螺栓（防止浇筑下支墩混凝土时混凝土进入螺栓套筒）→浇筑下支墩（梁）混凝土→待混凝土标号满足设计强度后，清理下支墩顶面混凝土渣等杂物，退出螺栓→安装隔震支座及下部套筒螺栓（要求仔细核对有铅芯与无铅芯支座，切勿放错）→安装上部预埋件→制作安装上支墩的钢筋、模板，浇筑上支墩混凝土。

■ 二、隔震支座安装质量控制措施

1.隔震支座安装质量控制措施

隔震支座安装质量控制措施   表 14-1

序号	隔震橡胶支座安装要求	施工措施
1	支承隔震支座的支墩（或柱），其顶面水平度误差不宜大于3‰；在隔震支座安装后隔震支座顶面的水平度误差不宜大于8‰。	下支墩施工时进行二次混凝土浇筑，用水平仪测试支墩平面的水平度；安装支座时将支墩表面清理干净，确保无杂物，使其水平
2	隔震支座中心的平面位置与设计位置的偏差不应大于5.0mm	下预埋件安装时，将预埋定位板的中心与支墩的中心同心，轴线准确
3	隔震支座中心的标高与设计标高的偏差不应大于5.0mm	下支墩预埋件安装时，根据图纸设计要求，确定好下支墩顶面的标高
4	同一支墩上多个隔震支座之间的顶面高差不宜大于5.0mm	在下支墩施工时，保证支墩平面平整水平，确保在安装每一个隔震支座时，标高要与设计图纸一致

2.隔震结构施工测量控制

（1）在工程施工阶段，监理人员应要求施工单位对隔震支座的竖向变形做观测并记录。

（2）要求对上部结构、隔震层部件与周围固定物的脱开距离进行检查。

3.隔震结构施工质量验收

隔震结构的验收除应符合相关施工及验收规范的规定外，尚应提交下列文件：

①供货企业的合法性证明；

②出厂合格证书；

③第三方检测报告；

④预埋件及隔震支座的施工安装记录；

⑤上部结构与周围固定物脱开距离的检查记录。

4.隔震层维护

①监理人员应要求施工单位制订和执行对隔震支座进行检查和维护的计划。

②应定期观察隔震支座的变形及外观。

③应经常检查是否存在可能限制上部结构位移的障碍物。

④隔震层部件的改装、更换或加固，应在有经验的工程技术人员的指导下进行。

第十五章

地下防水工程质量监理控制要点

■ 一、施工前的准备工作

（1）项目监理人员应要求施工单位结合现行标准规范以及施工图纸的具体要求，编制地下防水工程施工专项方案，并上报监理机构审核；杜绝无方案或虽有方案但未批准就施工的现象。

（2）监理人员应按如下要求审核地下防水工程施工专项方案：

1）施工工艺（模板支撑体系、钢筋工程绑扎、防水混凝土浇捣、防水层施工等）能否满足规范及设计图纸有关工程质量方面的系列要求；

2）各不同工作内容中工艺过程的质量检查标准是否清楚，关键质量点的保证措施是否到位并具可操作性；

3）场地布置（包括场内交通组织、场地排水、安全围护）及标准化建设等，是否满足国家、陕西省及西安市的相关规定以及正常工期的要求等；

4）人、材、机的配置能否满足施工质量、进度及安全施工的要求；工程施工所用工具、机械、设备应配备齐全，并经过检修试验后备用；

5）施工组织（包括工作段划分）及工期计划能否满足总工期的要求；

6）应急预案是否全面到位，应急措施是否具有可操作性。

（3）监理人员（包括安装专业）应在地下防水工程施工前做好下列各项工作：

1）熟悉图纸、把握设计意图，明确施工重点及难点（可能采取的相应的质量保证措施）；

2）熟悉相关标准规范图集，了解地下防水工程施工的主要施工工艺、方法和主要施工要求（包括验收标准）；熟悉材料验收标准（包括取样试验要求等）、把好材料验收关；

3）熟悉地下防水工程施工期间，常见的安全问题及防范措施等；

4）分析讨论地下防水工程施工期间，潜在的质量及安全危险因素，把握关键环节及主要因素的防范措施（尤其常见的安全预案应急措施等）。

（4）核查施工单位，确定其相应资质的专业防水施工队伍和支模架搭设架子工主要施工人员的有效执业资格证书。

（5）核查工程所选防水材料的出厂合格证书和性能检测报告，是否符合设计要求及国家规定的相应标准。进场的防水材料应予以规范，要求进行见证抽样复验，不合格的防水材料严禁用于工程。合格的进场材料应按品种、规格妥善放置，并安排专人保管。

（6）监督检查施工单位是否采取措施防止地面水流入基坑；是否做好基坑的降排水工作，要稳定保持地下水位在基底最低标高0.5m以下，直至施工完毕。

（7）监督做好施工现场消防、环保、文明工地等准备工作。

■ 二、硬性防水结构工程施工质量控制

1.施工工艺流程

施工准备→绑扎钢筋、支模→混凝土搅拌→混凝土运输→混凝土浇筑→养护→拆模→质量验收。

2.模板工程施工的控制

（1）地下室工程模板采用木模板，模板拼缝应严密，不漏浆、不变形，吸水性小，支撑牢固，应在浇筑前用水充分湿润其表面。

（2）模板构造应牢固稳定，可承受混凝土拌合物的侧压力和施工荷载，且应装拆方便。

（3）地下外墙模板对拉螺栓采用止水螺栓，止水环规格为50mm×50mm×3mm。止水环与螺栓必须满焊。

3.钢筋工程施工的控制

（1）做好钢筋绑扎前的除污、除锈工作。

（2）绑扎钢筋时，应按设计规定留足保护层，且迎水面钢筋保护层厚度不应小于50mm。应以相同配合比的细石混凝土或水泥砂浆制成垫块，将钢筋垫起，以保证保护层厚度，严禁以垫铁或钢筋头垫钢筋或将钢筋用铁钉及钢丝直接固定在模板上。

（3）钢筋应绑扎牢固，避免因碰撞、振动使绑扣松散、钢筋移位，造成露筋。

（4）钢筋及绑扎钢丝均不得接触模板。采用铁马凳架设钢筋时，在不便取掉铁马凳的情况下，应在铁马凳上加焊止水环。

（5）地下室外墙局部钢筋绑扎完成后，若发现保护层偏大时，应加调整以满

足规范要求，并按图纸要求加设构造网片。

4.防水混凝土浇捣的控制

（1）混凝土运输

混凝土采用预拌混凝土，混凝土运输过程中，尽量减少运输中转环节，尽快到达浇筑现场，以防止混凝土拌合物产生分层、离析现象。同时要防止漏浆。

混凝土拌合物运至浇筑地点以后，先要进行混凝土和易性及坍落度检查，工程抗渗混凝土坍落度要求控制在140～160mm。如果出现分层、离析现象或坍落度损失后不能满足施工要求时，应将预拌混凝土退回搅拌站重新进行搅拌，严禁直接加水搅拌。

注意坍落度损失，浇筑前坍落度每小时损失值不应大于30mm，坍落度总损失值不应大于60mm。

（2）混凝土浇筑

浇捣混凝土前，必须对模板做一次全面检查，模板内杂物和建筑垃圾必须清理干净，模板缝隙超过2mm的应使用发泡剂堵塞，模板及老混凝土必须浇水湿润，施工缝处须套浆。底板及梁混凝土的浇捣，由一端开始，使用"赶浆法"推进，先将梁分层浇捣成阶梯形，第一层下料慢些，使梁底充分振实后再下第二层料，用"赶浆法"使水泥浆沿梁底包裹石子向前推进，振捣时避免触动钢筋及埋件。振捣完毕后采用二次抹面减少混凝土收缩裂缝。

分层浇筑时，相邻两层的浇筑时间间隔不应超过2h，且不能形成冷缝，第二层防水混凝土浇筑时间应在第一层初凝前，将振捣器垂直插入下层混凝土中，且不小于50mm，插入要迅速，拔出要缓慢。

地下室剪力墙浇筑要采用溜槽或串筒，防止混凝土拌合物分层离析。

防水混凝土必须采用高频插入式振捣器振捣，振捣时间宜为10～30s，以混凝土泛浆和不冒气泡为准。要依次振捣密实，应避免漏振、欠振和超振。

在混凝土初凝时间内，对已浇捣的混凝土进行一次复振，排除混凝土因泌水在粗骨料、水平筋下部生成的水分和空隙，可提高混凝土与钢筋之间的握裹力。增强密实度，按标高用刮尺刮平，在初凝前用木抹抹平、压实，以闭合收水裂缝。

浇捣混凝土时让钢筋工和木工观察钢筋和模板，预留孔洞、预埋件、插筋等有无位移变形或堵塞情况，发现问题及时校正。

（3）拆模

防水混凝土不宜过早拆除模板，具体的拆模时间要由现场施工员严格控制，必须按规范规定设置与构件混凝土相同条件养护的混凝土试块，待试块强度达到设计和规范规定的强度要求后再拆底模。

炎热季节的拆模时间以早、晚间为宜，应避开中午或温度最高的时段。

5.混凝土养护

（1）混凝土养护应在浇筑完毕后12h内进行，监理人员应要求施工单位派专人看护浇水湿润，视气温情况，按施工规范进行养护。一般在混凝土进入终凝时（浇筑后4～6h）即应覆盖，并浇水养护。夏天加盖湿草包或塑料薄膜养护；冬季做好防冻保暖工作，防止结冰以避免混凝土在初凝时因受冻而使结构存在隐患。

（2）防水混凝土的养护对其抗渗性能影响极大，特别是早期湿润养护更为重要，浇水湿润养护不少于14天。因为在湿润条件下，混凝土内部水分蒸发缓慢，不致形成早期失水，有利于水泥水化，特别是浇筑后的前14天，水泥硬化速度快，强度增长几乎可以达到28天标准强度的80%，由于水泥充分水化，其生成物将毛细孔堵塞，切断毛细通路，并使水泥石结晶致密，混凝土强度和抗渗性均能很快提高；14天后，水泥水化速度逐渐变慢，强度增长亦趋缓慢，虽然继续养护依然有益，但对质量的影响不如早期大，所以应注意前14天的养护。

（3）对于大体积防水混凝土应采取保温保湿养护并控制内外的温差，混凝土中心温度与表面温度的差值不应大于25℃，混凝土表面温度与大气温度的差值不应大于25℃。控制升温和降温速度。升温速度：对表面系数小于6的结构，不宜超过60℃/h；对表面系数等于和大于6的结构，不宜超过8℃/h，恒温温度不得高于50℃。降温速度：不宜超过5℃/h。

6.特殊部位的质量控制

（1）穿墙套管、预埋件的预埋：

穿墙套管必须设止水环，安装套管式以不破坏墙柱受力钢筋为原则，因套管过大而必须切断受力筋时，必须按规范要求在套管四周加设附加筋。套管及预埋件应与钢筋骨架焊接牢固，并应经防腐处理。

（2）止水带安装：

按照图纸设计要求，后浇带施工缝部位安装时橡胶止水带必须做好保护，防止破损。钢板止水带要注意接缝必须四周严密，焊缝饱满防止接缝漏水。止水带安装必须牢固、位置正确，防止混凝土浇捣过程中移位变形，影响止水效果。

（3）施工缝的处理：

①底板混凝土以后浇带为分界线，分段施工，每段内连续浇筑，不留置施工缝。

②剪力墙外墙施工缝留置。

导墙处水平施工缝留置于距基础梁顶面500m处，防水节点采用钢板止水带。具体做法按设计图纸中的地下室施工图防水节点构造要求。

剪力墙外墙后浇带位置按设计图纸的要求，防水构造采用橡胶止水带及钢板止水带，具体做法按设计图纸要求。

剪力墙外墙竖向施工缝以后浇带位置留置，防水构造采用钢板止水带，具体做法按地下室防水节点构造要求。

（4）后浇带处理

混凝土底板未达到龄期之前，产生大量水化热，引起收缩，如果底板较长，在收缩过程中会发生中间部位断裂。所以，应预先在底板中间部位留出80cm宽的缝。40天左右，浇带两侧的混凝土达到了龄期，停止了收缩后，再做后浇带，或按图纸设计要求时间经行封闭。

（5）止水螺杆的处理

模板拆除后应及时将止水螺杆切割，凿除固定墙厚的保护木片或塑料片，及时用1:2的膨胀水泥砂浆封堵，封堵要分层修补，以免出现收缩裂纹，修补完成后应进行洒水养护，持续3日以上。

7.抗渗混凝土试块的留置

①用于检验结构构件混凝土质量的试件，应在混凝土的浇筑地点随机取样制作。

②抗渗混凝土的试件组数除按常规留置以外还应按下列规定留置：连续浇筑混凝土每500m³留置一组抗渗试件（一组为6个抗渗试件），且每项工程不得少于两组。

③按规范要求留置足够的标准养护和同条件的养护抗压强度构件，一般按每100m³取样一次，当一次连续浇捣超过1000m³时，同一配合比的混凝土每200m³取样一次。

8.质量要求

①防水混凝土的原材料、配合比及坍落度必须符合设计要求。

②防水混凝土的抗压强度和抗渗压力必须符合设计要求。

③防水混凝土的变形缝、施工缝、后浇带、穿墙管道、埋设件等设置和构造，均必须符合设计要求，严禁有渗漏。

④混凝土在浇筑地点的坍落度，每工作班至少检查两次。

⑤防水混凝土的抗渗性能采用标准条件下养护混凝土抗渗试件的试验结果评定。试件在浇筑地点制作。

⑥防水混凝土的施工质量检验数量应按混凝土外露面积每100m³抽查1处，每处10m³，且不得少于3处；细部构造应按全数检查。

⑦防水混凝土结构表面应坚实、平整，不得有露筋、蜂窝等缺陷，埋件的

设置位置应正确。

⑧防水混凝土结构表面的裂缝宽度不应大于0.2mm，且不得贯通。

⑨采用防水混凝土的构件，其迎水面受力钢筋保护层厚度不应小于50mm。

9.成品保护

①保护钢筋、模板的位置应正确，不得踩踏钢筋和改动模板。

②在拆模或吊运物件时，不得碰坏施工缝及撞坏止水带。

③在支模、绑扎钢筋、浇筑混凝土等整个施工过程中应注意保护后浇带部位的清洁，不得任意将建筑垃圾抛在后浇带内。

④保护好穿墙管、电线管、电门盒及预埋件的位置，防止振捣时挤偏或将预埋件凹进混凝土内。

三、柔性防水层施工质量控制

1.底板双面自粘防水卷材施工

（1）施工工艺流程

基层清理→涂刷基层处理剂→节点加强处理→确定铺贴卷材基准线→铺设自粘防水卷材→节点密封→50mm厚C20细石混凝土浇筑→工作面移交。

（2）施工操作要点

①清理基层

防水基层表面应平整，其强度等级应达到设计要求，不得有空鼓、裂缝、起砂、脱皮等缺陷；且管子根、阴阳角等部位应做成圆弧，圆弧半径不小于50mm，以便卷材粘贴。

防水基层、穿墙管件、变形缝、后浇带等部位必须符合设计和规范的规定，并验收合格。

在垫层混凝土上砌好保护墙，涂刷防水基层并等待其干燥。

高聚物改性沥青防水卷材，进入施工现场应按规定进行抽样复验。不合格的材料绝对不能用在地下防水工程上。

在涂刷基层处理剂之前，必须将防水基层彻底打扫干净，清除一切杂物，棱角处的灰尘用吹尘器吹净，并随时保持干净。

②涂刷基层处理剂

基层清理干净后，用自粘防水卷材配套基层处理剂涂刷于基层上，晾放至指触不粘（不粘脚）；用滚刷蘸基层处理剂认真滚刷，阴阳角处用油漆毛刷涂刷，要求涂刷均匀、薄厚一致，切勿反复滚刷或漏刷，不得有麻点、露底现象。

③铺贴附加层

地下室底板的积水坑、电梯井等阴阳角、穿墙管、变形缝等薄弱部位要铺贴附加层，宽度不小于500mm，两边均匀搭接250mm。一些角落，诸如由三个面组成的阴角、底板外侧与平面交接处的阴角以及容易从外侧损坏的防水处，还需在原有防水层上加第二层附加保护层。附加层必须经项目质检员验收合格后方可进入下道工序。附加层可根据不同的部位选用满粘、点粘或空铺；阴阳角附加层剪裁成型图如图15-1、图15-2所示。

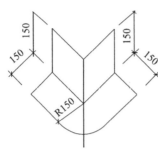

图15-1　阳角成型图

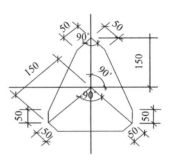

图15-2　阴角成型图

④铺贴大面积卷材

根据现场的实际情况，安排好铺贴顺序及方向，宜在基层上弹线，以便第一幅卷材定位准确。

将卷材粘结面对准基准线平铺在基面上，从一端将隔离纸从背面揭起，两人拉住揭下的隔离纸均匀用力向后（或由上而下）拉，慢慢将整幅隔离纸全部拉出，同时揭掉部分粘贴在基层上的隔离纸。在拉铺卷材时，应随时注意与基准线对齐，速度不宜过快，以免出现偏差难以纠正。卷材粘贴时，不得用力拉伸。卷材粘贴后，随即用胶辊（或刮板）用力向前、向外侧滚（赶）压，排出空气，使之牢固粘贴在基层上。

搭接铺贴下一幅卷材时，将位于下层的卷材搭接部位的透明隔离膜揭起，将上层卷材平贴在下层卷材上，卷材搭接宽度不应小于60mm。

⑤封边处理

相对薄弱的部位（即卷材收头部位、卷材剪裁较多的异形部位等）应采用专用密封膏密封。

⑥防水卷材的搭接

防水卷材长边及短边搭接均不小于100mm。同一层相邻两幅卷材的横向接缝，应彼此错开1.5m以上，避免接缝部位集中。

上层卷材纵横接缝与下层卷材接缝宜相互错开1/3～1/2幅宽。且两层卷材不得相互垂直铺贴。地下室立面与底板面的交接处，其卷材的接缝应留在底板平面上，距离立面应不小于600mm。

防水卷材在临时保护墙处，应先铺立面，再铺底板卷材。

（3）施工注意事项

①基层质量直接影响卷材防水层的铺贴质量。基层面一定要坚实、平整、清洁、干燥，无疏松麻面、无浮杂污物；阴阳角应做成顺直的圆弧形。

②涂刷基层处理剂时要薄涂，厚薄均匀，不漏底，不堆积。基层处理剂干燥后要及时铺贴卷材，否则落上过多的灰尘则须重新涂刷。

③同层相邻两幅卷材的短边接缝及上下两层卷材之间的所有搭接缝应相互错开1/3～1/2幅宽，以免多层接头重叠从而导致卷材粘贴不平。

④粘贴大面卷材时，不要将卷材背面搭接部位的透明隔离膜过早揭掉，以免污染粘结层或误粘。若卷材需要粘结的HDPE膜面有污染，可用专用基层处理剂清洗。

⑤施工应避开雨雪、高温及五级以上大风等恶劣天气。

⑥施工完毕并通过验收后应及时隐蔽，若因特殊情况无法及时隐蔽，应采取有效的临时保护措施。

⑦地下室底板卷材防水层与桩头涂膜防水层交接处的处理必须满足规范和图纸设计要求。防止因涂刷防水不到位而存在渗水隐患。

（4）质量标准

①所用材料及主要配套材料必须符合设计要求和规范的规定。

②卷材防水层及其变形缝、预埋管件等细部做法必须符合设计要求和规范规定。

③防水层严禁有渗漏现象。

④基层坚固、平整，表面光滑、洁净，不得有空鼓、松动、起砂和脱皮现象。

⑤铺设方法和搭接、收头应符合设计要求、规范和防水构造图。

⑥卷材的铺贴方向正确，搭接宽度允许偏差为±10mm.

底板防水卷材层施工完成并经验收合格后，应立即进行细石混凝土保护层施工。细石混凝土保护层应用平板振捣器振捣，初凝前用铁抹子随打随抹实，并进行浇水养护。

2.地下室外墙双面自粘防水卷材施工

（1）施工流程

清理基面→湿润基层（若基层湿润则无须此项工序）→定位、弹线→搅拌并铺抹水泥浆→铺贴卷材→提浆、排气、晾放→搭接边密封→卷材收头、密封→检

查验收

（2）基层要求

地下室外墙止水螺栓突出墙面的部分应使用气焊割除，并用平口錾子修整周围混凝土后，用1:2的膨胀水泥砂浆修补平整。

模板拼缝处混凝土错台用磨光机打磨平整，麻面、气孔用1:2的水泥砂浆抹实压光，将外墙墙面上附着的砂浆疙瘩等杂物清除干净，保持外墙墙面的牢固、平整、清洁、干燥，无空鼓、无裂缝。

外墙阳角用磨光机打磨出圆弧角，半径不小于50mm。

出墙面的管根用1:2的水泥砂浆抹出半径不小于50mm的圆弧角，注意管道连续集中处、管与管之间的管根也要处理到位，防止遗漏。

墙面顶部防水收头处的凹槽清理干净后用1:2的水泥砂浆抹出凹槽槽口，阴阳角部位抹成圆弧角。

各种预埋构、配件已安装完毕，将其固定牢固。

（3）施工方法

① 清除基层表面的灰尘、杂物，干燥的基面则须预先洒水润湿；

② 根据施工场地内基层的平整度情况，确定水泥浆的铺抹厚度，厚度通常为3～5mm，在卷材铺贴范围内铺抹水泥浆（范围不宜过大、边抹边铺）；

③ 揭掉自粘防水卷材下表面的隔离膜，将自粘防水卷材平铺在刚刚铺抹的砂浆上；

④ 第一幅卷材铺贴完毕后，再抹水泥浆，然后铺设第二幅卷材，以此类推；

⑤ 用抹子或橡胶板拍打、赶压卷材上表面，提浆、排出卷材下表面的空气，使卷材与砂浆紧密贴合；

⑥ 根据现场情况，可选择铺贴卷材时进行搭接或在水泥浆具有足够强度时再进行搭接。搭接时，将位于下层的卷材搭接部位的透明隔离膜揭起，将上层卷材平整服贴地粘贴在下层卷材上，卷材搭接宽度不小于60mm；

⑦ 卷材铺贴完毕后，将卷材收头、管道包裹等部位用密封膏密封严密。

（4）施工注意事项

① 防水层进行施工之前，须将各种管道及预埋件安装固定好，以免在防水层施工完毕后安装预埋件，此时若打洞凿孔会破坏防水层，留下渗漏隐患。

② 铺贴方向。外墙双面自粘防水卷材，应沿着外墙垂直方向由下至上铺贴。满粘法施工，应粘贴密实，严禁空鼓。

相邻两排卷材的短边接头应相互错开1/3幅宽以上，以免多层接头重叠导致卷材粘贴不平服。

③滚铺卷材时，水泥浆不要污染卷材边缘的自粘胶面，若不慎污染应及时清理干净。

④在侧墙上自粘防水卷材铺贴时，铺抹水泥浆应上下多人配合加快速度，并于水泥浆表面失水前粘贴卷材，施工中若铺抹好的水泥浆失水过快，可在表面重新用宽幅软刷子刷上适量清水使其表面恢复黏性和流动性。

⑤施工应避开雨雪、高温、五级以上大风等恶劣天气。

⑥施工完毕并通过验收后应及时隐蔽，若因特殊情况无法及时隐蔽，应采取有效的临时保护措施。

⑦搭接要求

外墙双面自粘防水卷材搭接要求与底板防水卷材和搭接要求基本相同，但同一层卷材长边搭接应不小于100mm，短边搭接应不小于150mm。

⑧封边处理，检查验收

外墙每层防水卷材铺贴完毕后，应进行封边处理，封边要求与底板防水卷材相同的做法。

防水卷材铺贴完成后，经自检合格，报监理验收。

经监理验收合格后，将聚苯板紧贴防水卷材，之后立即进行土方回填。保护层及灰土回填过程中，应注意对防水卷材的成品保护。

（5）质量标准

①所用材料及主要配套材料必须符合设计要求和相关规范的规定。

②卷材防水层及其变形缝、预埋管件等细部做法必须符合设计要求和相关规范的规定。

③防水层严禁出现渗漏现象。

④基层应坚固，不得出现空鼓、松动、起砂和脱皮等现象。

⑤铺设方法和搭接、收头应符合设计要求、规范和防水构造图。

⑥卷材的铺贴方向应正确，搭接宽度的允许偏差为±10mm.

（6）成品保护及注意事项

1）地下室做完防水层后应及时采取保护措施，禁止穿硬底鞋的人员在防水层上行走或堆放物品，以免造成渗漏隐患。

2）外防外贴的立墙防水层甩槎部分一定要保护好，防止碰伤或损坏，以便立墙防水层的搭接。

3）底板上绑扎钢筋，或浇筑细石混凝土保护层时，施工现场应有防水工看护，如有碰破防水层时，必须立即修复，以免留下渗漏隐患。

4）高聚物改性沥青防水卷材采取热熔法施工，现场严禁吸烟，提前办理现

171

第十五章　地下防水工程质量监理控制要点

场动火证，并配备适量的干粉灭火器等消防器材。

5）地下室防水工程若发生渗漏，多在阴阳角、穿墙管处、变形缝、后浇带或桩头等防水薄弱的部位，这些部位一定要处理好附加层，规范操作，确保防水质量合格。

6）进行防水层施工之前，须将穿墙或穿板管道及预埋件等提前安装固定好，以避免在防水层施工完毕后因打洞凿孔而破坏防水层，留下渗漏隐患。

（7）监督施工单位做好地下防霉防潮措施，在涂饰作业时，监理人员应要求施工单位使用符合设计要求的防霉防潮涂料。

四、成品保护的控制

（1）地下防水施工工序应组织得当，防水施工完成验收后及时进行保护层施工。底板防水卷材施工完毕验收后，及时进行保护层施工，使防水层及时得到隐蔽和保护。地下室外墙防水保护层施工完毕后，要及时进行回填土施工，使卷材防水及其保护层及时得到隐蔽和保护。

（2）冷底子油未干透之前，禁止任何闲杂人员进入现场，由项目的楼栋号施工员负责看护。

（3）防水保护层未进行施工前，严禁任何穿戴钉子鞋的人员进入施工现场，以免破坏防水层。

（4）浇筑混凝土保护层时，若所用手推车等会直接接触防水层的铁件，则必须用橡胶垫将其包扎牢固，避免破坏防水层。一旦发现破损，应立即进行返修，否则不得进行保护层施工。

（5）安装施工入户管线时，注意不得破坏卷材防水及其保护层，施工管理人员及时提醒注意防水保护。

（6）必须打洞破坏防水层时，应有补救方案，须经批准后施工，施工时注意检查各道工序质量。

（7）卷材平面防水层进行施工时，不得在防水层上放置材料或作为施工运输车道。底板防水细石混凝土保护层未施工前和施工后强度未达标前，严禁在防水层上堆放各种材料。

（8）严禁在卷材防水附近或防水层上使用电焊、火焊，若在高空处对卷材防水部位使用电焊，应设防护措施和设置接火盆。

（9）监督施工班组和操作人员，做好成品保护和隐蔽前的检查工作。

第十六章

屋面防水工程质量控制

■ 一、施工准备阶段的控制

1. 图纸审核控制要点

屋面工程施工前，监理人员应组织建设单位、施工单位的技术管理人员会审屋面工程施工图纸，掌握施工图中的细部构造及相关技术要求，了解屋面防水设计的内容，审核包括防水等级和设防等防水的相关要求是否与屋面施工及验收规范和质量标准相冲突。对于设计中出现的遗漏、差错或不明确的内容，要以书面形式向设计院提出问询，并要求书面回复。

2. 施工方案的审查

监理人员应督促施工单位编制完善的屋面卷材防水施工方案，内容包括不同部位的防水施工方法、工艺及质量标准，质量保证措施。对于重点和关键部位应具备可行的防水施工技术措施及质量保证措施，还应具备防渗漏质量通病的措施和应急预案等。监理审查意见要以书面形式及时反馈给施工单位，并要求施工单位按要求修改和调整屋面卷材防水专项施工方案。

3. 人员准备

屋面工程的防水必须由专业防水队伍和持有上岗证的防水工人施工，不得由没有资质等级的单位承包，严禁无上岗证的防水工人进行屋面工程的防水施工。在确定施工队伍前，监理应对分包队伍进行认真考察、严格审查，主要审查其资质、业绩、主要作业人员的上岗证持证情况。

4. 现场准备

防水材料进场前，监理人员应认真审查屋面工程所采用的防水材料的质量证明文件（出厂合格证和出厂检验报告单），并记录生产日期、批号、规格、名称，确保其各项技术指标符合要求；产品必须有国家有关部门颁发的使用证书，认证资料齐全。防水材料进场后，要求施工单位严格按照见证取样送样制度取样复检，在监理人员的见证下，由施工单位取样员在现场进行抽样，共同送到具有国家认可的相应资质的试验室进行试验。经复试合格后，提交复试报告方可在工程中使用。严禁在工程中使用不合格的防水材料，若施工单位使用不合格的材料，一经发现，即刻要求全部退场。

二、防水卷材施工程序的控制

施工中要求施工单位按施工工序、层次进行质量的三检制度，做好施工记录并向监理单位报验，监理人员按照设计图纸和施工规范做好每步工序的验收工作，验收合格后方可进行下道工序、层次的作业。

卷材防水施工工艺流程：

基层处理→砂浆找平层→喷涂界面处理剂→节点增强处理→放线定位→试铺→铺贴卷材→收口处理→节点密封→清理→检查→保护层施工。

三、施工过程质量控制

1.施工环境要求

为保证施工操作及卷材铺贴的质量，高聚物改性沥青及高分子防水卷材不宜在负温下施工，冷粘法要求不得低于5℃；热熔法和热风焊接法铺贴卷材可在-10℃以上的气温条件下施工，这种卷材耐低温，在负温环境下不易被冻坏。雨、雪、霜、雾或大气湿度过大，以及大风天气不宜露天作业，否则要采取相应的技术措施。

2.屋面找平层的要求

找平层是铺贴卷材防水层的基层，要坚实，不得有突出的尖角和凹坑或表面起砂、起皮现象，当用2m长的直尺检查时，直尺与找平层表面的空隙不得超过5mm，空隙只允许平缓变化，且每米长度内不得超过一处。找平层相邻表面构成的转角处，要做成圆弧或钝角。找平层的排水坡度应符合设计要求。平屋面采用结构找坡不应小于3%，采用材料找坡宜为2%；天沟、檐沟纵向找坡不应小于1%，沟底水的落差不得超过200mm。

3.基层处理剂的要求

为了加强防水卷材与基层之间的粘结力，保证整体性，在防水层施工前，预先在基层上涂刷基层处理剂。常用的基层处理剂有冷底子油及与各种高聚物改性沥青卷材和合成高分子卷材配套的底胶（基层处理剂），应选用与卷材材质相容的材料，以免卷材受到腐蚀或不相容导致粘结不良，造成脱离。

冷底子油、基层处理剂喷涂前均要确保找平层干燥、清扫干净，然后用毛刷对屋面的节点、周边、拐角等部位预先进行处理，之后才能大面积喷、刷。喷、刷要薄而均匀，不能漏白或过厚起皮。冷底子油在铺贴前1～2天内涂刷，基层处理剂涂刷干燥后才可铺贴卷材。

4.卷材铺贴的要求

（1）卷材的铺贴方向

卷材铺贴方向主要是针对沥青防水卷材规定的（考虑到沥青软化点较低，防水层较厚，屋面坡度较大时须垂直于屋脊方向进行铺贴，以免发生流淌。高聚物改性沥青防水卷材和合成高分子防水卷材的耐温性较好，厚度较薄，不存在流淌问题，故对铺贴方向不予限制），同时结合屋面坡度和屋面是否有振动来确定。

（2）铺贴卷材的顺序

防水层施工时，先做好节点、附加层和屋面排水比较集中部位（如屋面与水落口连接处，檐口、天沟、檐沟、屋面转角处、板端缝等）的处理，然后由屋面最低标高处向上施工。铺贴天沟、檐沟卷材时，宜顺天沟、檐口方向，减少搭接。

铺贴多跨和有高低跨的屋面时，按先低后高、先远后近的顺序进行。

（3）卷材搭接方法及宽度

铺贴卷材采用搭接法，上下层及相邻两幅卷材的搭接接缝要错开。平行于屋脊的搭接缝要顺水流方向搭接，垂直于屋脊的搭接缝要顺当地的主导风向搭接。叠层铺设的各层卷材在天沟与屋面的连接处要采用交叉塔接法进行搭接，搭接缝要错开；接缝要留在屋面或天沟侧面，不要留在沟底。

坡度超过25%的拱型屋面和天窗下的坡面，尽量避免短边搭接，必须短边搭接的，在搭接处采取防止卷材下滑的措施。

（4）防水卷材细部做法要求

泛水与屋面相交处基层做成钝角（大于135°）或圆弧（$R=50～100mm$），防水层向垂直面的上卷高度不小于250mm，常为300mm；卷材的收口要严实，卷材搭接部位应溢出热融改性沥青，并随即刮封接口，以防收口处渗水。

（5）对屋面防水卷材保护的要求

防水卷材铺贴完成后，必须做好保护，以免影响防水效果。在防水层的表面铺300mm×300mm膨胀珍珠岩隔热块，再在其上面加设一层3cm厚的水泥砂浆保护层，该层内布钢丝网，分格面积不宜大于100m²，保护层设分格缝，分格缝宽度不宜小于20mm，缝内用密封材料填充，可更好地保护防水层。

■ 四、重点节点部位的施工质量控制

　　防水施工前屋面混凝土基层要干燥，表面要清理干净，清除表面浮尘和浮渣，经监理人员验收合格后方可进入下道工序施工。找平层表面要压实、平整，基层与突出屋面结构的连接处以及基层的转角处均要做成圆弧形；找平层要预留分割缝并嵌填柔性防水材料。基层处理剂应喷涂均匀；卷材铺贴要按"先低后高、先远后近"的原则进行；做好节点和排水比较集中部位的防水处理。严格控制细部构造防水做法：山墙女儿墙、泛水部位、落水口、檐沟、屋面天沟、穿过屋面管道、变形缝等处是造成屋面渗漏的主要部位，应要求施工单位严格按设计图纸和规范进行施工；严格监督施工单位卷材防水附加层的施工。

第十七章

卫生间防水工程质量控制

■ 一、工艺流程控制

（1）管边封堵（管边吊洞）：管道安装前预留洞侧壁提前凿毛→楼面管壁清理、表面毛化→安装模板→（下水管）防水圈调整到位→第一次浇捣微膨胀细石混凝土→养护→第二次浇捣微膨胀细石混凝土→养护→闭水试验。

（2）卫生间聚氨酯防水层：基层清理→结构闭水试验→结构漏水点处理→找坡、找平层与养护（排水立管及排气道根部做防水台）→墙根倒圆角→细部处理与基层干燥→聚氨酯防水层施工→闭水试验→聚氨酯表面毛化和保护层→地砖粘贴（若交房标准有要求）→闭水试验（交房前20天）。

■ 二、施工操作控制要点

（1）所有卫生间穿楼板管道必须在做主体结构时定位、预留预埋到位，严禁后期开凿，破坏结构。

（2）卫生间结构板施工时，宜使用平板振动器振捣密实，必须采用人工二次抹压收面，以清除粉煤灰、浮浆的影响，减少结构板混凝土沉缩裂缝。

（3）止水带施工。进行卫生间施工时，填充墙根部必须按要求设置混凝土止水带，在浇筑施工前混凝土板面基层必须凿毛、冲洗干净并做刷浆处理，做到与基层结构面结合紧密；浇筑时须仔细振捣，保证混凝土浇捣密实。

（4）楼板预留洞侧壁及穿过楼板面管壁处理：达到穿过楼板面各衔接构件与二次吊洞混凝土紧密结合。混凝土板预留洞口模板安装前，洞口侧壁应提前剔凿成毛糙面；PVC管壁表面进行毛化处理；钢管及钢套管需刷掉表面锈迹或油污杂质，钢套管高度应高出装饰完成面标高20mm；主管安装完成后，主管与钢套管间的缝隙采用沥青油膏嵌缝饱满。

（5）预留洞混凝土浇筑与养护：混凝土浇筑要求采用高于楼板标号一个强度等级的微膨胀细石混凝土（掺入抗裂防渗剂），混凝土配合比应由实验室试配。预留洞混凝土浇筑必须采用两次浇捣堵塞工艺。

①第一道混凝土高度要求：浇筑至结构板厚度的2/3处，浇筑的同时将PUV下水管止水圈埋入。养护要求：混凝土终凝后蓄水养护三天，达到不漏水，若出现漏水现象必须返工重做，直至再次蓄水时不发生漏水现象。

②第二道混凝土浇捣：混凝土浇筑前，应先将固定模板用的固定条拆除并将固定铁丝剪断，混凝土浇筑至结构楼面上。两道混凝土浇筑前均应冲水湿润、刷水泥浆，浇筑过程中均须细心浇捣，保证混凝土浇捣密实。养护要求：施工完成后，周边围堵蓄水养护七天。蓄水试验要求：预留洞封堵处达到不漏不渗。

③卫生间管线暗敷施工：卫生间给水、采暖等管线不宜直接从卫生间门口或墙体根部穿过卫生间埋地引入，立管不宜在卫生间内墙面暗敷设，同时杜绝由于管线暗敷设破坏填充墙下部混凝土止水带现象。各种管线应沿卫生间墙体外墙面留（切）槽暗敷设并在较高处（如自来水管应离地面40～50cm，暖气片应离地面1m）穿墙进入卫生间。

④卫生间结构板漏点处理：出现结构板露点时，首先应将基层进行清理，达到板面平整、无遗撒混凝土、砂浆及外露钢筋，然后进行结构闭水试验，注水高度应高于地面最高点30mm以上；闭水试验的时间为24小时。发现结构板面存在渗漏点时，应使用水泥基渗透结晶防水材料处理。水泥基渗透结晶防水材料施工厚度为2mm，宽度为漏水点（线）中心每边各施工300mm。

⑤卫生间找坡、找平层与边角细部的处理：

a.找坡、找平层混凝土（砂浆）应压实，坡度、厚度应满足设计要求，表面不得局部积水；表面收边后的平整度误差应控制在5mm以内，且不得有凹凸不平、空鼓、起砂、起皮、裂缝等缺陷；细石混凝土原浆面的卫生间地坪，必须采用二次抹压技术，以清除粉煤灰、浮浆对防水施工的质量影响，第二遍抹压后，木抹子挫平交活。混凝土终凝后须及时浇水养护，一般养护期为7天，且不得少于4天。

b.找坡、找平层混凝土终凝后进行的养护过程中可进行阴角与管根的细部处理，细部处理顶的标高应控制在二次装修饰面以下。靠墙排气道与墙的交接缝隙应采用细石混凝土或砂浆密实填充；与墙交接阴角部位采用1:3水泥砂浆抹成半径30～50mm圆弧角，圆弧角要求表面平整光滑；管道（上下水管、烟道）底部应做20mm高，50mm宽的1:2的水泥砂浆台面，台面边角钝化处理，防水做到台面以上。所有细部处理的砂浆应与找平层结合牢固，做到不脱落，边角接触自然、圆滑、无毛刺。

⑥聚氨酯防水层：聚氨酯防水层须在基层清理干燥、防水材料进场试验合格后进行。阴阳角和管道穿过楼板面的根部应先涂刷一道附加防水层再开始大面施工；大面施工采用先墙后地、先内后外、三次分层垂直涂布工艺：第一道聚氨酯厚度为0.6mm，第二道为0.6mm，最终厚度达到1.5mm。上翻高度：毛坯房的卫生间聚氨酯防水层上翻高度为300mm。精装修（卫生间有墙砖）聚氨酯防水层上翻高度为1800mm。聚氨酯防水层观感：达到不起泡、不流淌，平整无凹凸，颜色亮度一致，与管件、洁具、地脚螺丝、地漏、排水口等接缝严密，收头圆滑、不漏水。

⑦闭水试验：注水高度应高于地面最高点30mm以上，闭水试验的时间为24小时。验收标准为卫生间墙、顶板不渗不漏。交房前，至少提前20天须再次进行闭水试验，对卫生间整体防水效果做最终检验，应达到卫生间墙根部及地面不渗不漏。

⑧卫生间做完防水后，严禁凿洞、开孔或暗敷设水管、线管等。

第十八章

屋面工程施工质量监理控制要点

▓ 一、旧屋面的修复质量控制

（1）屋面修缮前，监理工程师应对屋面现有结构及损坏情况进行详细检查、抽检，并做好记录。对其重点部位的损坏应进行的检查为：

①坡屋面的屋板、桁条、屋架等结构及瓦片、天斜沟泛水和防水层的损坏情况；

②平屋面的结构层、隔气层、保温层、防水层及保护层的损坏程度。

（2）屋面的建筑样式，建筑细部的用料、材质、规格、色彩，应按原样修复，保持建筑的原有风貌。

（3）应改善或消除因用料或构造不当存在的固有缺陷。包括如下内容：

①坡屋面没有面板及卷材防水层的，应增设屋面面板和防水层，改善隔热、防水构造层；

②平屋面上的增搭建设，应进行清除处理，增添或改善隔热层、防水层。

（4）坡屋面的修缮，应符合下列要求：

①不同规格、色泽的瓦片不得在同一坡面上混用，瓦片有缺角、裂缝、砂眼、翘曲缺陷的不得使用。修缮后屋面应坡度平顺，瓦头平整落榫，屋脊平直牢固；

②屋面坡度大于30°时，瓦片应与屋面构件连接牢固；

③小青瓦其他特殊材料的屋面修缮，应编制专门的修缮工艺方案。

（5）平屋面的修缮，应符合下列要求：

①屋面结构层损坏的应进行修复，屋面要有足够的泛水坡度，并应加隔气层，屋面的保温层、防水层宜采用功能质量高的材料，上人屋面宜增设表面保护层。

②层面的防水、保温层、变形缝，凡涉及流水或出水口等构造的施工标准均应严格按相关规定予以执行。

二、新建混凝土平屋面施工质量控制

（1）平屋面施工分为上人平屋面和不上人坡瓦屋面。上人平屋面钢筋混凝土结构屋面板构造做法：20mm厚1:3水泥砂浆找平层，1.2mm厚聚氨酯防水涂料隔汽层，最薄30mm厚LC轻集料混凝土2%找坡层，50mm厚挤塑聚苯板，20mm厚1:3水泥砂浆找平层，高聚物改性沥青防水涂料、两层2mm厚复合双面自粘橡胶沥青防水卷材，10mm厚低标号砂浆隔离层，12mm厚浅灰色防滑地砖。

（2）不上人屋面构造做法：在防水层上做涂料粒料保护层，其余同上人屋面。

（3）找平层施工：砂浆配比要称量准确，搅拌均匀，砂浆铺设按由远到近、由低到高的程序进行，严格掌握坡度，用2m左右的直尺找平。待砂浆收水后，用抹子抹平压光；完工后表面少踩踏。砂浆表面不允许撒干水泥或水泥浆压光。注意气候变化，如气温在0℃以下或终凝前可能下雨时，不宜施工。铺设找平层12h后，需洒水养护或喷冷底子油养护。

（4）防水涂料施工：

1）基层必须干燥。

2）在干燥的基层上涂刷基层处理剂：基层处理剂涂刷时应使用刷子用力薄涂，使涂料尽量刷进基层表面的毛细孔内，并将基层可能留下来的少量灰尘等无机杂质像填充料一样混入基层处理剂中，使之与基层牢固结合。

3）防水涂料涂布：刮涂涂料时，先将涂料直接分散倒在屋面基层上，用刮板来回刮涂，使其厚薄均匀，不露底、无气泡、表面平整，然后待其干燥。抹压时间应适当，过早抹灰，起不到作用；过晚抹压，会使涂料粘住抹子，出现月牙形抹痕。涂料涂布应分条或按顺序进行，装饰立面部位的涂层应在平面涂布前进行，涂刷致密是保证质量的关键。涂刷基层处理剂时要用力薄涂，涂刷后续涂料应按设计厚度。

（5）屋面防水及保温层

1）基层处理

基层处理必须清理干净，无浮浆及杂物，找平层施工前一天用清水冲洗，并保持湿润且无积水。

2）砂浆找平层施工

①砂浆找平层先按厚1500mm左右顺着排水方向塌饼、冲筋，在女儿墙内弹墨线。

②砂浆内宜掺3%的防水粉，刮压平整，施工完毕后用泼水检验有无积水现象。

3）保温层施工

①铺设聚苯乙烯泡沫塑料板保温层的基层应平整、干净、干燥。

②保温板不应破碎、缺棱吊角，铺设时遇有缺棱吊角、破碎不齐的，应锯平拼接使用。

③保温材料应紧靠基层表面，铺平、垫稳，分层铺设时，上下接缝应互相错开，接缝处应用同类材料碎屑填嵌饱满。

④粘贴的保温块材，应铺砌平整、严实，分层铺设的接缝应错开，胶粘剂可选用热沥青、冷沥青、有机材料或水泥砂浆。板缝间或缺角处应使用碎屑加胶拌匀并填封严密。

4）防水层施工

①基层处理：应用水泥砂浆找平，并按设计要求找好坡度，做到平整、坚实、清洁，无凹凸形、尖锐颗粒，用2m直尺检查，最大空隙不应超过5mm，表面处理成细麻面。

②涂刷基层处理剂：在基层上用喷枪（或长柄棕刷）喷涂（或刷涂）基层处理剂，要求厚薄均匀，不允许露底见白，喷（刷）后干燥4～12h，具体视温度、湿度而定。

③局部增强处理：对阴阳角、水落口、管子根部等形状复杂的局部，按设计要求预先进行增强处理。

④涂刷胶粘剂：先在基层上弹线，排出铺贴顺序，然后在基层及卷材的底面，均匀涂布基层胶粘剂，要求厚薄均匀，不允许出现露底和凝胶堆积现象，但卷材接头部位100mm处不能涂布胶粘剂。

（6）卷材铺设的施工技术和方法

1）卷材铺贴方向应符合下列规定：

①屋面坡度小于3%时，卷材宜平行屋脊铺贴。

②屋面坡度在3%～15%时，卷材可平行或垂直屋脊铺贴。

③屋面坡度大于15%或屋面受震动时，沥青防水卷材应垂直屋脊铺贴。

④平行于屋脊的搭接缝应顺流水方向搭接。垂直于屋脊的搭接缝应顺年最大频率风向搭接。

⑤上下层卷材不得相互垂直铺贴。

⑥铺贴卷材采用搭接法时，上下层及相邻两幅卷材的搭接缝应错开。

⑦对于同一坡面，应预先铺好水落口、天沟、女儿墙部位，特别是泛水，应优先做好，然后顺序铺设大屋面的防水层。

⑧卷材防水层上的撒布材料和浅色涂料保护层应铺撒或涂刷均匀，粘结牢固；水泥砂浆、块材或细石混凝土保护层与卷材防水层间应设隔离层。

2）防水检查

①防水材料要有出厂合格证，并做性能试验，不合格的材料坚决退场。

②屋面防水层每做好一层，都要做好隐蔽验收记录，且注意保护。防水层做好后须进行试水检验。

■ 三、新建瓦屋面施工质量控制

（1）监理单位应审查施工单位是否按已审核通过的屋面工程专项施工方案进行施工。

（2）监理单位应要求施工单位按照经建设单位确认的屋面瓦件样品确定生产厂家，并实地考察生产能力，按计划分批制作、运输。

（3）材料进场验收。材料进场后，监理人员应进行严格验收（按施工单位提供瓦件样品规格、形状）。

（4）所有材料应有出厂检验报告和合格证，每批材料进场后由施工单位进行检查验收，自检合格后报监理人员检查验收，并取样复试，对于不合格的材料不得用于工程，并限期退场。

（5）屋面正式铺瓦前必须先做样板，待各方确认后方可进行大面积施工。

①铺设瓦片前，基层（包括防水层、找平层、保温层以及卧瓦层）与突出屋面结构的连接处、屋面转角处等应经监理验收（监理人员检查验收记录）。上道工序未经监理验收，不得进入下道工序（监理人员在挂瓦施工前，应检查、确认基层、防水层、找平层以及卧瓦层的施工验收情况）。

②挂瓦条间距应根据瓦的规格和屋面坡的长度确定，挂瓦条应铺钉平整、牢固，上棱应成一直线。注意检查檐口挂瓦条应满足檐瓦伸出檐口50～70mm的要求），监理人员应及时巡视检查，并记录。

③铺设瓦片时，瓦片不得集中堆放，应均匀分散放置（监理巡视检查）。对于双坡屋面，铺设瓦片时应注意对称铺设。

④瓦与瓦之间应落槽、挤紧，不能空搁；瓦爪必须勾住挂瓦条。脊瓦搭盖间距应均匀，脊瓦在两坡面瓦上的搭盖宽度，每边不应小于40mm，靠近屋脊处的第一排瓦应使用砂浆铺贴牢固。瓦的固定必须符合设计要求，特别是屋脊瓦和檐口处的瓦必须按设计要求固定牢固。

⑤屋面在铺设过程中，发现有破损的瓦时应及时更换。

⑥瓦屋面完工后，应避免屋面受物体冲击，严禁上人或堆物。

（6）瓦面铺设须符合要求，且按设计要求采取良好的固定，屋面结合部位（突出屋面部分，泛水等）施工须符合要求。

（7）施工报验资料应齐全（材料报验、各分项隐蔽工程报验、蓄水、淋水试验记录等）。

第十九章

铝合金门窗工程质量监理控制要点

■ 一、施工方案的审查

监理人员应督促施工单位编制专项施工方案，并要求施工单位按要求修改调整后的专项方案施工。

■ 二、进场材料的质量控制

（1）进场的主要型材在具备出厂合格证和质保书（型材质保书、加工成品质保书）的前提下，必须现场或厂家取样送检复试；进行门窗的三性试验。

（2）三性检测包括：水密性、气密性、抗风压性。其中，气密性试验可以现场做；其余送样检测为强制性检测、抗冲击性检测（非强制性监理根据现场施工质量可以提出检测要求），中空玻璃检测为强制性检测（包括紫外线及光线投射反射性、吸热等），发泡剂、密封胶为强制性检测；其余辅材必须具备合格证质保书或检验报告，现场根据设计及规范要求进行辅材材质和尺寸验收。

■ 三、施工过程的质量控制

（1）要求铝合金门窗施工单位进场后逐个检查门窗洞口尺寸、位置、标高，由监理单位、总包单位、铝合金分包单位共同进行洞口交接检查，合格的办理书面的工序交接表，不合格者须进行土建班组整改，整改完成后重新办理工序交接手续。明确双方责任，避免日后发生扯皮，也确保门窗安装质量合格（工程签证范例，施工追求扩大利润的办法只有两个：材料、签证）。

（2）要求铝合金门窗施工单位先做样板间，样板的内容按工序可以分为：框的安装样板、防雷接地样板、玻璃安装样板、扇的安装样板、打胶的质量样板、成品保护的样板。每道工序在样板完成后必须经监理、业主、总包共同点评才能大面积展开（最好进行拍照，对日后取证提供依据）。

（3）门窗框的安装属于隐蔽工程的验收范围，将被下一道工序掩盖，其质量无法再次进行复查，关系结构性能和使用功能的部位和工序。因此，铝合金门窗框安装固定片、防雷接地、填充弹性材料应作为质量控制的重点。

1）固定片装好之后，框与墙体固定之前应进行隐蔽验收。固定片的厚度应不小于1.5mm，宽度不小于15mm，其材质采用冷轧钢板，表面进行镀锌处理。固定片的位置距窗角、中竖框、中横框150～200mm，固定片之间的间距不大于600mm，不得将固定片直接安装在中横框、中竖框的挡头上。固定时混凝土墙的洞口应采用射钉或塑料膨胀螺钉；砖墙洞口应采用塑料膨胀螺钉或水泥钉，且不得固定在砖缝处。

2）铝合金门窗的防雷接地应有专用的防雷连接件与窗框可靠连接，连接片的质量满足设计图纸要求；门窗外框与防雷连接件连接，必须先除去非导电的型材表面处理层，另外连接方式采用螺丝连接，为保证效果最好使用两颗螺丝；防雷连接导体应与建筑物防雷装置和窗框防雷连接件进行可靠焊接，焊缝长度应满足单面焊12d，双面焊6d；施工完成后每个门窗必须用接地电阻仪进行检查，电阻值满足设计要求。

3）门窗框与洞口之间的伸缩缝应采用弹性闭孔材料填充，通常采用塑料发泡剂填塞，发泡剂应连续施打、一次成型、填充饱满，填塞后，撤掉临时固定用的木楔或垫块，其空隙也必须填塞饱满。填充弹性材料隐蔽验收应在洞口抹灰前进行。外窗框外侧宜留5～8mm深的打胶口，用密封胶挤入抹灰层与窗框的缝隙内。

4）铝合金门窗框安装就位后，应按检验批对隐蔽和安装质量进行检查。其安装精度应符合下述要求：

①铝合金门窗框进出方向位置相对于理论正确位置的偏差不大于2mm。

②铝合金门窗框安装标高相对于设计标高的偏差值不大于2mm。

③铝合金门窗框左右方向安装位置应符合下述要求：（a）当上下层门窗无对线要求时，处于同一位置的上下层门窗间左右位置相对偏差不大于10mm；（b）当上下层铝合金门窗有对线要求时，处于同一位置的相邻楼层的铝合金门窗左右位置偏差不大于2mm；全楼高度内，所有处于同一位置的各楼层的铝合金门窗左右位置最大偏差不大于10mm。

④铝合金门窗竖边框及竖梃自身的进出方向和左右方向的垂直度不大于1.5mm。

⑤铝合金门窗横向边框及横梃自身水平度偏差不大于1.5mm；相临两横边框及横梃的高度偏差不大于1mm。

⑥铝合金门窗框的边框由于连接固定等因素而引起的局部变形不大于1mm。任意位置处，边框的内口尺寸与理论正确尺寸的偏差值不大于1mm。

5）铝合金门、窗框的安装经监理验收合格后，由铝合金分包单位向总包单位进行工序移交，总包单位进行内外窗框收口。收口完成后在玻璃（或门窗扇）安装前待基层干净、干燥后施打密封胶，此密封处理控制要求如下：

①密封施工前，应先将待粘接的表面进行清洁处理，不应粘有油污、灰尘等，且表面应干燥，墙体部位应平整洁净。

②密封材料应采用与基材相容并且粘接性能良好的硅酮耐候密封胶。

③密封胶的有效施工宽度不小于5mm，有效施工厚度不小于3mm。密封胶施工应平整密实，胶缝宽度均匀一致，表面光滑，整洁美观。

（4）铝合金门窗扇及五金件的安装质量控制

①铝合金门窗开启扇的安装应在门窗框安装完成并牢固固定后进行。

②铝合金门窗扇应在工厂内组装完成，包括开启五金件和玻璃的装配，玻璃装配时应在其四周加装垫块。五金件装配完成后应调整动作至灵活可靠、准确无误，方可出厂。

③铝合金门窗扇相对于门窗框的安装，其位置应准确，保证周边缝隙均匀，保证密封带全面接触良好。

④对于平开铝合金门窗，安装后应采取可靠措施防止门窗扇坠角。

⑤铝合金门窗扇安装后应保证启闭灵活可靠，无卡滞现象及开启噪声。

⑥开启五金件安装位置正确。采用多点锁紧五金件时，应使各锁点锁闭和开启动作协调一致。锁闭状态下，锁头和挡块中心位置对正，偏差不超过±2mm。

⑦开启限位装置安装位置正确，开启量应符合设计要求。

⑧铝合金门窗开启五金件安装应牢固可靠。采用紧固螺钉连接固定的部位，应采取可靠的防松措施。

（5）铝合金门窗施工中的成品保护的控制。

①铝合金门窗框在入场安装前必须全部贴保护膜，门框在安装完成后须做木副框进行保护，保护膜在施工过程中不能随意拆除。铝合金门窗玻璃安装完成后必须在玻璃表面粘贴防撞标识。

②加强作业班组的成品保护意识，要求施工方对已安装完成的工作面必须派专人不定期进行巡查，防止成品被破坏，对于执行不力的单位应进行教育或按合同规定进行处罚。

幕墙工程施工质量监理控制要点

■ 一、专项施工方案的审查

（1）监理人员应督促施工单位编制幕墙工程专项施工方案，属于危大工程范围内的幕墙工程，监理单位应要求施工单位组织专家进行论证。

（2）监理人员应要求施工单位按照审核通过的幕墙工程专项方案进行施工，并监督其实施情况。

■ 二、进场材料的质量控制

（1）进场的主要型材、结构密封胶等在具备出厂合格证和质保书（型材质保书、加工成品质保书）的前提下，必须现场或厂家取样送检复试，进行玻璃幕墙工程的"四性"试验。

（2）其余辅材必须具备合格证质保书或检验报告，现场根据设计及规范要求进行辅材材质和尺寸验收。

■ 三、明、暗框玻璃幕墙质量控制

（1）检验、分类堆放幕墙部件→测量放线→横梁、立柱装配→楼层紧固件安装→安装立柱并抄平、调整→安装横梁→安装保温镀锌钢板→在镀锌钢板上焊铆螺钉→安装层间保温矿棉→安装楼层封闭镀锌板→安装单层玻璃窗密封条、卡→安装双层中空玻璃→安装侧压力板→镶嵌密封条→安装玻璃幕墙铝盖条→清扫→验收、交工。

（2）测量放线→固定支座的安装→立柱、横杆的安装→外围护结构组件的安装→外围护结构组件间的密封及周边收口处理→防火隔层的处理→清洁及其他。

（3）玻璃幕墙安装施工主控项目

①玻璃幕墙工程所用的各种材料、构件和组件的质量应符合设计要求及国家现行产品标准和工程技术规范的规定。

②玻璃幕墙的造型和立面分格应符合设计要求。

③幕墙使用的玻璃品种、规格、颜色、光学性能及安装方向等应符合设计及规范要求。

④幕墙与主体结构连接的各种预埋件、连接件、紧固件必须安装牢固，其数量、规格、位置、连接方法和防腐处理应符合设计要求。

⑤各种连接件、紧固件的螺栓应具备防松动措施，焊接连接应符合设计要求和焊接规范的规定。

⑥隐框和半隐框玻璃幕墙，每块玻璃下端应设置两个铝合金或不锈钢托条，其长度不应小于100mm，厚度不应小于2mm，托条外端应低于玻璃外表面2mm。

⑦高度超过4m的全玻璃幕墙应吊挂在主体结构上，吊夹夹具应符合设计要求，玻璃与玻璃、玻璃与玻璃肋之间的缝隙应采用硅酮结构密封胶填嵌严密。

⑧玻璃幕墙四周、内表面与主体结构之间的连接节点、各种变形缝、墙角的连接节点应符合设计要求和技术标准的规定。

⑨玻璃幕墙的结构胶和密封胶的打注应饱满、密实、连续、均匀、无气泡，宽度和厚度应符合设计要求和技术标准的规定。

⑩玻璃幕墙开启窗的配件应齐全，安装应牢固，安装位置和开启方向、角度应正确，开启应灵活，关闭应严密。

四、单元式玻璃幕墙施工质量控制

（一）设置质量控制点

1.测量放线

在施工过程中，监理人员对垂直度、平整度、轴线和标高都要进行仔细的复核。

2.单元板块的加工精度控制

单元板块制作加工时的下料（数控机床切割）、铣头、钻孔、组装等工艺、工序必须保证精度。为避免工艺、工序加工组装偏差，确保偏差值最小，且不产生板块扭拧安装任何附加应力，因此，监理人员应驻厂监督加工。

3.单元板块结构密封胶注入

为保证单元式玻璃幕墙的防水性能，注胶和板块密封构造是确保单元式玻璃幕墙雨水渗漏性能测试、空气渗透性能测试的关键因素,因此在整个加工和施工现场单元板块的拼装环节中,监理人员应重点进行质量控制。要求施工单位对单元式玻璃幕墙需委托第三方检测单位进行性能检测。

4.单元板块的安装精度控制

提高每层安装精度、减少累计误差是监理过程控制的重点。重点把控转角单元、屋面层单元的安装精度。

5.单元板块的收边收口

单元板块边口的质量直接影响工程的整体质量。在单元式玻璃幕墙施工中,如何针对细部收口工作(其一,系统自身的收口处理;其二,与其他相关专业交接处收口处理;其三,与泛光照明安装配合)完善设计工作,也是设计方案和施工深化设计中监理工作应该关注的问题。

(二)质量控制措施

1.测量放线

施工单位根据总承包单位统一提供的基准点及基准线建立幕墙内控制网,采用激光铅锤仪将幕墙内控点投射到每一楼层,利用经纬仪弹设幕墙分格线、出入控制线,利用水平仪进行标高测量。监理人员应对测量成果进行复核,施工单位在每层单元体安装完成后按程序进行报验后,监理人员应对其测量精度进行复查,对于存在的问题应要求施工单位及时进行校正,减少累计误差。

2.单元体安装精度控制是工程的难点

单元体幕墙通过三维空间定位安装,通过转接件和型材连接件实现进出位、标高、左右位置的三维调节。监理人员应重点把控累计误差的消减,从预埋件埋设定位、每块单元体安装质量及每个楼层均应进行检查复核,特别是转角部位单元体的安装位置,监理人员应要求施工单位重点把控以下几点:

(1)单个转接件的中心位置必须精确,且转接件要横平竖直。

(2)左右相邻的转接件要共面,支撑面标高应控制在可调节的范围内。

(3)上下相邻的转接件要共面,中心线要在一条直线上。

(4)以柱间距为控制量,该间距中的转接件累计误差不超过1mm。

3.幕墙防水性能的检查

检查检验密封胶性能和板块之间的密封构造,注胶和板块密封构造是确保幕墙雨水渗漏性能测试、空气渗透性能测试的关键因素,因此在整个加工和拼装环节,监理人员应重点进行质量控制,具体措施如下:

(1)加工环境:加工车间无粉尘污染、无火种,备有良好的通风设备,温度控制在 15～27℃，湿度控制在 50% 左右（一般都单独设定注胶间）。固化养护场地应保持同样的环境条件。

（2）在注胶前须先检查机具设备工作是否正常，正常后开始双组分胶的混合工作，并做混合性试验。打胶前必须进行蝴蝶结测试、拉断试验、剥离测试。

（3）结构胶施打要饱满、连续、不能有空洞，施打后要用胶板刮平、压实。面胶施打要光滑平整、无气泡。

（4）单元体组装完成后，除了型材上的胶，还应彻底清洁单元体。

（5）注胶完成后必须养护 72 小时，待结构胶完全固化后，方可进行转运和挂装（养护环境同加工环境）。

（6）在单元板块安装过程中，监理人员应进行旁站，检查板块之间的密封构造是否满足设计及规范要求。

（7）在单元板块安装过程中，注入密封胶的基底部位必须干燥、干净，严禁在潮湿或有水及有灰尘的环境下施打密封胶。对此，监理人员必须严格进行控制。

五、石材幕墙施工质量控制

1.施工顺序

外架整改→测量、放线→排样→挑选大理石板→加工、编号→钢架制作、钢架验收→外墙面基层处理→墙面分格放线→钢架固定→检查平整度和牢固性→大理石固定→清理表面及嵌缝→填嵌密封条及密封胶→清理→验收。

2.骨架安装

（1）熟悉图纸做好技术交底。

（2）石材安装的钢骨架主要是采用槽钢作竖向主龙骨，安装时，先从主体结构表面开始，水平间距根据花岗石的大小规格确定，弹纵向垂直线。然后将槽钢沿纵向垂线进行布置。布置完毕后，在槽钢两侧按竖向间距 1500mm，确定固定点（膨胀螺栓）位置，并用电锤钻 $\phi16$ 圆孔（固定角钢），切成 100mm 左右作为角码连接件使用。在角码连接的一侧用台钻钻 $\phi12.5$ 圆孔与固定点（膨胀螺栓）安装进行固定，同时将连接件与主龙骨进行连接安装并焊接。待主龙骨安装完毕后，按石材竖向分格尺寸在主龙骨表面弹出水平次龙骨定位线，再将角钢与主龙骨连接安装并焊接。

3.骨架焊接

（1）电焊操作工须持证上岗，作业时要配备灭火器、水桶等防火措施，并指定专人进行监督。

（2）熟悉图纸并做好技术交底。

（3）电焊工在操作过程中，焊缝长度不得小于焊接点周长的一半，焊缝厚度 H 为5mm，焊缝宽度要均匀一致，不得有夹碴等现象，焊接完毕后，表面焊碴要清理干净，并补刷防腐漆两遍。

4.石材安装

（1）为了达到外立面的整体效果，对板材加工精度的要求会比较高，花岗石石材板的安装要精心挑选板材的色差，并要求板材的误差移到分缝之内。在板材安装前，根据结构轴线核定结构外表面与干挂石材外露面之间的尺寸后，在建筑物大角外做出上下生根的金属丝垂线，并以此为依据，根据建筑物的宽度设置足以符合要求的垂线、水平线，确保钢骨架安装后处于同一平面上（误差不大于2mm）。

（2）同时，通过室内的50cm的板材水平线和纵垂线进行验证，以此控制拟将安装的板缝水平程度。通过水平线及垂线形成的标准平面标测出结构平面，垂直平整的凹凸程度，为结构修补及安装龙骨提供可靠的依据。

（3）工程花岗石石材厚度必须符合设计要求，横纵通缝为6mm，采用硅酮密封胶、封缝勾勒。板钻孔位置应用标定工具自板材露明面返置板中或图中注明的位置。板材开槽深度与宽度依据不锈钢挂件长度厚度予以控制。为防止硅酮密封胶塑化前的挥发老化时间，结合6mm缝宽的情况，嵌缝做到内凹5mm，背后后衬胶条。分缝之间按拆架的要求进行分层嵌胶，石材加工按《天然花岗石建筑板材》GB/T 18601—2009标准执行。

（4）清理大理石表面，并涂刷罩面剂。把大理石表面的防污条掀掉，用棉丝将石板擦净，若有胶或其他粘接牢固的杂物，可将其轻轻铲除，用棉丝沾丙酮擦至干净。在涂刷罩面剂施工前，应掌握和了解天气趋势，阴雨天和4级风以上的天气不得施工，以防污染漆膜；冬、雨季可在避风条件好的室内操作，在板块面上进行涂刷。罩面剂按配合比在刷前半小时调制好，注意区别底漆和面漆，最好分阶段操作。配制罩面剂要搅匀，防止成膜时不均。涂刷时要使用羊毛刷，沾漆不宜过多，防止流挂，尽量少回刷，以免有刷痕，要求无气泡、不漏刷，刷得平整、有光泽。

第二十一章

给水排水及采暖工程质量监理控制要点

■ 一、基本要求

（1）施工单位应制定高于国标的施工技术标准、健全的质量管理体系和工程质量检测制度，实现施工全过程质量控制，修改设计应由设计单位出具的设计变更通知单。

（2）按系统、区域、施工段（楼层）划分分项工程，并再次划分成若干检验批进行验收。

（3）材料设备。

一些主要材料、设备、器具进场验收应有记录，确认符合规定才能在施工中应用；有安装使用说明书、出厂合格证、有效的检验检测报告、建设主管部门出具的许可使用证等。

（4）质量控制：

1）隐蔽工程在隐蔽前经验收各方检验合格后，才能隐蔽并形成记录；

2）地下室或地下构筑物外墙有管道穿过的，应采取防水措施。有严格防水要求的建筑物必须采用柔性防水套管；

3）管道穿过结构伸缩缝、抗震缝及沉降缝敷设时应采用保护措施；

4）同一房间内同类型的采暖设备、卫生器具及管道配件，除有特殊要求外，应安装在同一高度上；

5）明装管道成排安装时，直线部分应互相平行。曲线部分：当管道水平或垂直并行时应与直线部分保护等距；管道水平上下并行时，弯管部分的曲率半径应一致；

6）管道支、吊、托架的安装应做到：

①位置正确，埋设平整牢固。

②固定支架应牢固，与管道接触紧密。

③钢管水平安装，塑料管及复合管垂直或水平安装的支、吊架均应符合规范要求。

④金属管道立管管卡的安装：当楼层高度不大于5m时，每层必须安装一个；当楼层高度大于5m时，每层不得少于2个。管卡安装高度，距地面应为1.5～1.8m，两个以上管卡应匀称安装，同一房间管卡安装高度应一致。滑动支架应灵活，滑托与滑槽两侧应留有3～5mm的间隙，纵向移动量符合设计要求。

⑤无垫伸长管道的吊架、吊杆应垂直安装；有垫伸长管道的吊架、吊杆应向有热膨胀的反方向偏移。

⑥固定在建筑结构上的管道支吊架不得影响结构的安全。

⑦管道及管道支墩（座），严禁铺设在冻土和未经处理的松土上。

⑧管道穿过墙壁和楼板，应设置金属或塑料套管，安装在楼板内的套管，顶部高出装饰地面20mm；安装在卫生间及厨房内的套管，其顶部应高出装饰地面50mm，底部与楼板地面相平。穿过楼板的套管与管道之间的缝隙应使用阻燃密实材料和防水油膏填实，且端面光滑；穿过墙的套管与管道之间的缝隙，宜用阻燃密实材料填实，且端面平滑。管道接口不得设在套管内。

⑨管道接口应符合下列规定：

a.采用粘接接口时，管端插承口的深度不小于如表21-1所示的规定：

管端插承口深度表 表21-1

公称直径（mm）	20	25	32	40	50	75	100	125	150
插入深度（mm）	16	19	22	26	31	44	61	69	80

b.熔接连接管道的结合面应有一圈均匀的熔接，不得出现熔瘤或熔接圈凹凸不匀的现象；

c.采用橡胶圈接口的管道，允许沿曲线敷设，每个接口的最大偏转角度不得超过2°；

d.法兰连接衬垫不得凸入管内，其外边缘接近螺栓孔为宜，不得安放双垫或偏垫。连接法兰的螺栓直径和长度应符合标准，拧紧后，突出螺母的长度不应大于螺杆直径的1/2；

e.螺纹连接管道安装后的管螺纹棍都应有2～3扣的外露螺纹，应将多余的麻丝清理干净并做防腐处理；

f.承插口采用水泥捻口时，周围必须被清洁干净，油麻堵塞密实，水泥应被捻入并密实饱满，其接口面凹入承口边缘的深度不得大于2mm；

g.长箍（套）式连接两管口端应平整、无缝隙，沟槽应均匀，卡紧螺栓后管道应平直，卡箍（套）安装方向应一致。

⑩各种承压管道系统和设备应做水压试验和通球试验，非承压管道系统和设备应做灌水试验。

二、室内给水系统安装

（1）给水管道必须采用同一生产厂家的管材和管件。生活给水系统所涉及的材料必须达到饮用水的卫生标准。

（2）镀锌钢管管径小于或等于100mm时应采用螺纹连接，大于100mm时用法兰连接或用卡套式专用管件连接，当采用法兰连接为焊接时，焊接处进行二次镀锌；

（3）铝塑管、塑料管连接按设计规定。塑料管上不得套丝。

（4）给水立管和装有3个或3个以上配水点的支管始端均应安装可拆卸的连接件。

（5）给水管道使用的阀门进场安装前应单独做强度和严密性试验，强度试验应为公称压力的1.5倍，严密性试验应为公称压力的1.1倍。试验压力在试验持续的时间内应保持不变，不渗、不漏为合格。

（6）给水管道的水压试验符合设计要求，当设计未注明时，按规范的相关规定进行。

（7）室内直埋管道除塑料和复合管道外应做防腐处理。

（8）给水引入管与排水排出管的水平净距不得小于1m。平行铺设时净距不得小于0.15m，给水管应铺在排水管上面，若给水管必须铺在排水管的下面时，给水管应加套管，套管长度不小于排水管管径的3倍。

（9）管道焊接前应打磨坡口，坡口倾斜角度为35°左右，焊接件应找正中心，偏差不得大于0.5mm，焊接高度不低于母材表面，且圆滑过渡。焊缝及热影响区表面应无裂纹、未熔合、未焊透、无夹渣、无弧坑和无气孔等缺陷。

（10）管道和阀门的安装允许偏差符合规范的相关规定，给水水平管道应有2‰～5‰的坡度坡向排水装置。

三、室内消火栓系统安装

（1）室内消火栓、水龙带。水龙带与水枪和快速接头绑扎好后，应根据箱内构造将水龙带挂在箱内的挂钉、托盘或支架上；

（2）箱式消火栓的安装应符合下列规定：

①栓口应朝外，且不应安装在门轴的侧面；

②栓口中心距地面为1.1m，允许偏差±20mm；

③阀门中心距箱侧面为140mm，距箱后的内表面为100mm，允许偏差±5mm；

④消火栓箱体安装的垂直度允许偏差为3mm。

（3）室内消火栓系统安装完成后，应取屋顶层（或水箱间）试验消火栓和首层取两处消火栓做试射试验，达到设计要求即为合格。

（4）给水设备安装（水箱、水泵）管道及设备保温，按相关规范执行。

■ 四、室内排水系统的安装

（1）隐蔽或埋地的排水管道在隐蔽前必须做灌水试验，灌水高度应不低于底层卫生器具的上边缘或底层地面高度。满水15min水面下降后，再灌满观察5min，液面不降，管道及接口无渗漏为合格。

（2）生活污水管道坡度必须符合设计或规范要求。排水塑料管必须按设计要求及位置装设伸缩节，如设计无要求时其间距不大于4m。排水主立管及水平干管的管道均应做通球试验，通球直径为排水管道直径的2/3，通球率必须达到100%。

（3）在生活污水管道上设置的检查口或清扫口，当设计无要求时应符合下列规定：

（4）立管上应每隔一层设置一层检查口，但在最底层和有卫生器具的最高层必须进行设置。若为两层建筑，可仅在底层设置立管检查口；若有乙字弯管，则在该层乙字弯管的上部设置检查口。检查中心高度距操作地面为1m，允许偏差为±20mm，检查口的朝向应便于检修。对于暗装立管，应在检查口处设置检修门。

（5）连接2个及2个以上的大便器或3个及3个以上卫生器具的污水横管时，应在其上清扫口。当污水管在楼板下悬吊铺设时，清扫口与管道相垂直的墙面距离不得小于200mm；污水管起点用堵头代替清扫口时，与墙面距离不得小于400mm。

（6）在转角小于135°的污水横管上，应设置检查口或清扫口；污水横管的直线管端，应按设计要求的距离设置检查口或清扫口；埋在地下或地板下的排水管道检查口应设在检查井内。井底表面标高与检查口法兰平齐，设5%的坡度坡向检查口。

（7）排水塑料管支、吊架应符合如表21-2所示的规定。

管径（mm）	50	75	110	125	160
立管	1.2	1.5	2.0	2.0	2.0
横管	0.5	0.75	1.1	1.3	1.6

（8）排水通气管不得与风道或烟道连接且应符合下列规定：

①通气管应高出屋面300mm；通气管出口4m以内有门、窗时应高出门、窗顶600mm或引向无门、窗一侧。

②在经常有人停留的平屋顶上，通气管应高出屋面2m，并根据防雷要求设置防雷装置。

③通向室外的排水管穿过墙壁或基础下返时，应采用45°三通和45°弯头连接，并应在垂直段顶部设置清扫口；通向室外排水检查井的排水管，其井内的引入管应高出排出管或两管顶相平，如跌落差小于300mm时应有不小于90°的水流转角。

④用于室内排水的水平管道与水平管道、水平管道与立管的连接，应采用45°三通和45°弯头和90°斜三通或斜四通，其立管与排出管端部的连接处应采用两个45°弯头或曲率半径不小于4倍管径的90°弯头。

⑤室内排水管道安装的偏差应符合规范的相关规定。

■ 五、卫生器具的安装

（1）卫生器具的安装应采用预埋螺栓或膨胀螺栓固定；卫生器具及给水配件的安装高度和允许偏差应符合设计要求，若设计无要求时应符合规范的相关规定。

（2）排水栓和地漏的安装应平正、牢固，低于排水表面，周边无渗漏，地漏水封高度不得小于50mm。卫生器具交工前应做满水和通水试验，满水后各连接件不渗不漏，通水试验给水、排水均应畅通。

（3）小便槽冲洗管，应用镀锌钢管或塑料管。冲洗孔应斜向下方安装，冲洗水流与墙面呈45°角，镀锌管钻孔后二次镀锌。

（4）卫生器具的支、托架必须防腐良好，安装平整、牢固，与器具接触紧密、平稳。

（5）卫生器具排水管道安装

①与排水横管连接的各卫生器具的受水口和立管均应采取妥善可靠的固定措施，管道与楼板的结合部位应采取牢固可靠的防渗、防漏措施。

②连接卫生器具的排水管道接口应紧密不漏。固定支架、管卡等支撑位置

应正确、牢固，与管道接触平稳。

（6）卫生器具排水管管道安装、管径、最小坡度若无设计要求时应符合规范的相关规定。

六、室内采暖系统的安装

（1）对于管道的安装坡度，若设计未注明应符合下列规定：

①气、水同向流动的热水采暖管管道、气、水同向流动的蒸汽管管道及凝结水管管道，其坡度应为3‰，不得小于2‰；

②气、水逆向流动的热水采暖管管道和气、水逆向流动的气、水管管道，其坡度不应小于5‰，对于上供下回式系统的热水干管变径应进行顶平偏心连接；

③散热器支管的坡度应为1%，坡向应利于排气和泄水；

④管道安装的允许偏差应符合规范的相关规定。

（2）对照图纸查验平衡阀、调节阀、蒸汽减压阀等应符合设计规定，安装正确。

（3）采暖系统入口装置及分户热计量入户装置应符合设计要求，安装位置便于检修、维护和观察。

（4）散热器支管长度超过1.5m时应安装管卡。

（5）上供下回式系统的热水干管变径应进行顶平偏心连接，蒸汽干管变径应进行底平偏心连接。

（6）管道、金属支架、铸铁、钢制散热器和设备的防腐和涂漆应附着良好，不应有脱皮、起泡、流淌和漏涂等缺陷。

（7）散热器的安装

①整组出厂的散热器在安装之前应做水压试验。试验压力设计无要求时应为工作压力的1.5倍，不小于0.6MPa。试验时间2～3min，压力不降且不渗不漏。

②散热器支架、托架安装的数量应符合设计要求或产品说明书的要求，位置准确，埋设牢固；散热器背面与装饰后墙内表面安装距离应符合设计或产品说明书的要求，若设计未注明应为30mm。

③散热器安装允许偏差符合如表21-3所示。

散热器安装允许偏差表 表21-3

序号	项　目	允许偏差（mm）	检验方法
1	背面与墙内表面距离	3	尺量
2	与窗户中心线或设计的定位尺寸	20	尺量
3	垂直度	3	尺量和吊线

（8）系统水压试验

采暖系统安装完毕后，管道保温之前应进行水压试验，水压试验的压力应符合设计要求，若设计未注明则应符合规范的相关规定。

（9）系统水压试验合格后，应对系统进行冲洗并清扫过滤器及除污器。冲洗时以排出水不含泥沙、铁屑等多种杂质且水色不浑浊为合格。

（10）系统冲洗合格应加水、加热进行试运行和调试，测量室温应满足设计要求。

第二十二章

通风与空调工程质量监理控制要点

■ 一、暖通空调施工质量控制

（1）严把暖通空调设备选型关，暖通空调设备的型号、规格，主要性能参数必须符合设计要求，但生产厂家的资质、产品的质量、价格通过考察、咨询、论证比较后择优选择。

（2）严把暖通空调设备开箱检验关，进场的设备特别是大型设备应由建设单位、供货商、施工、监理等各方参与开箱检验，核对型号、性能参数，进行外观检查，清点附件和随机资料，办理进场验收手续，进口设备必须提供商检报告。

（3）风管系统须严格控制材料进场、加工制作、拼组安装、防腐保温等各环节的施工质量，对设计图中设置的90°直角弯头宜要求制作成弧形弯头。

（4）各种管道支、吊架制作安装时应严格按设计图纸进行，若设计无明确规定，应在国家标准图集选定符合工程要求的支、吊架类型，并严格按标准图集制作安装或在审批施工方案时要求施工单位出具详图。

（5）风机盘管安装之前必须先进行严密性试验和电机通电试验，还须进行噪声测试，合格后方能安装。

（6）空调供回水管按照管道施工验收规范，重点注意冷凝水管的标高坡度控制。

（7）对于风冷热泵、循环水泵等大型设备，监理应协调好设备生产厂家与土建安装单位之间的配合关系，需要在土建施工阶段配合预留预埋的，应要求厂家提出有关技术资料。大型设备到场时，应由建设单位、供货、施工、监理等各方进行外观检查，清点附件和随机资料，办理进场验收手续，进口设备必须提供商检报告。

（8）机房专用空调器的安装应严格按设计图纸进行，设备基础应与土建密切配合，做好构件预埋。

（9）机房专用空调器制冷剂管道系统应严格控制管材管件等材料进场加工制

作、防腐保温等各环节的施工质量。

（10）制冷剂管道系统的吹扫排污试压保压必须符合设计要求，严格控制施工质量。

（11）分系统做好验收和试验工作。各风口的风速、风量、各区域的温度、湿度、新风等指标必须严格符合设计及规范要求。验收调试步骤为：部件→组件→单机→系统。不符合要求的须从严整改。

（12）安装施工过程中，应严格控制安装质量，安装结束后按安装质量外观检查→局部试压→系统试压→单机空载调试→系统调试的顺序进行验收。

（13）空调设备机组的系统应采取有效的隔声、减振、消声、吸声等措施。空调风管的消声器、消声弯头和静压箱应由专业厂家特制，在使用前还应进行消声效果测试。空调机组的减振基座、管道的柔性接头和弹性吊钩等应严格按设计要求安装，杜绝刚性连接，以便有效地控制噪声与振动的传递。若采用隔声屏控制冷却塔的噪声，隔声屏的安装要同时满足隔声和通风的要求。

（14）热泵机组、冷却塔的安装、循环水泵等安装工作要事先考虑基础位置和吊装方案，设备、管道的相互位置尺寸及吊装方案必须合理、安全。

二、通风空调设备的安装质量控制

1.组合式空调器

若采用组合式空调器进行现场组装，各功能段的顺序必须符合设计要求，各功能段之间的连接必须采取有效措施保证连接的严密，机组整体必须保证平直。机组组装完毕应检查机组内空气过滤器和空气热交换器翅片是否清洁完好。监理措施（或对策）是严格审查施工单位的施工方案，在核实其正确合理性后，监督检查施工单位按方案进行安装，监督检查方法采用旁站监督。

2.材料、设备检查验收

通风空调系统的所有板材、管材、管件和紧固件等材料、制品必须有出厂合格证、质保书。其规格和性能必须符合设计及现行国家标准。

对于有防火要求的材料、设备、配件等，其除了应该有出厂合格证、质保书外，还必须具备相关部门的生产许可证或消防部门的年检证明，设备和配件的品种、型号、规格和形式等须符合设计要求。除了应检查其出厂合格证外，还须查验其外表面有无碰撞痕迹。

3.风管制作质量控制

（1）风管的规格尺寸符合设计要求或规范要求。

（2）风管配件、钢板厚度和允许漏风量等均符合规范中低压系统风管的规定。

（3）尺寸、壁厚符合设计要求或规范要求。

（4）风管的平整度应符合设计及规范要求，外表面应整齐美观。

（5）成品保护：

1）风管和部件应按不同的材质、品种、规格分类进行存放。

2）风管应紧靠在木支架上，搬运时不准抛扔，防止表面损坏。

3）部件在运输和搬运安装过程中应防止可能的碰撞和变形，库房存放时严禁重压。

4. 常见的质量问题

（1）风管在法兰处翻边不到位、宽窄不一；矩形风管四角在法兰处翻边有豁口，贴合不平整。

（2）三通和四通接管的夹角处；圆形弯管的接缝处出现孔洞。

（3）焊接有烧穿或断裂现象。

（4）配件制作关闭不严密，活动件有碰擦现象，开启不灵活，启闭不到位。

▣ 三、风管及部件安装质量控制

1. 质量控制要点

（1）风管部件安装位置及标高。

（2）支、吊、托架形式、规格、间距。

（3）法兰垫料及紧固件。

2. 常见的质量问题

（1）风管扭曲、安装后高度不在同一水平面。

（2）风帽在下雨刮风天气时，雨水从风帽上部飘入。

（3）吊顶下安装的散流器与平顶之间存在缝隙。

▣ 四、空气处理设备的制作、安装质量控制

1. 质量控制

（1）空气处理室板壁拼接、挡水板的安装及间距、喷淋段严密性、表面式热交换器外表及安装。

（2）空气过滤器规格、尺寸及滤料。

（3）消声器型号、尺寸、消声材料安装和充填、安装方向。

（4）除尘器形式、规格、尺寸及安装。

2.成品保护

（1）成品要排放整齐，下部没有垫托，放置的地方要干燥，并有防止受潮的措施。

（2）搬运装卸应轻拿轻放，防止损坏。

3.常见的质量问题

（1）空气处理设备各功能段连接处有空隙。

（2）空气处理设备安装位置及标高不正确，安装不平整。

（3）消声材料凸起或下沉。

（4）消声器安装变形或未单独设支架。

（5）除尘器异形排出管与筒体连接不平。

（6）除尘器活动和转动不灵活，螺旋导流板螺距不均匀，螺旋叶片角度不正确。

五、风机盘管、诱导器及空调器（箱）安装质量控制

1.设备检查验收

检查风机盘管、诱导器及空调器（箱）的型式。规格、接口位置、技术参数和安装尺寸应符合设计要求，接口封盖、附件齐全。

2.安装质量控制要点

（1）水管、风管连接处的严密性符合要求。

（2）排水坡度符合要求。

3.成品保护

（1）设备运至现场要有保护措施，防止外壳、管子、散热片等受损、受污。

（2）冬季风机盘管进行水压试验后必须随时将水排放干净以防冻裂。

4.常见质量问题

（1）水管接口漏水、冷凝水盘溢水。

（2）风管接口不到位，连接不严密，漏风。

六、通风机安装质量控制

1.设备检查验收

（1）检查通风机的合格证和质保书。

（2）开箱检查通风机的型号、规格、进出风口位置应符合设计要求，按装箱

清单清点随机所带的附件，配件及其他供应物，风口应有封盖。

2.安装质量控制要点

（1）通风机基础平面的标高、水平平整度。

（2）地脚螺栓的位置、尺寸和深度。

（3）通风机叶轮转向及壳体间间隙。

（4）通风机进出口风管的支撑。

3.成品保护

（1）整体安装的通风机搬运和吊出时，其绳索不得捆绑在转子和机壳或轴承盖的吊环上。

（2）现场组装的通风机，其绳索的捆绑不得损伤机件表面，转子、轴颈和轴封等处不得作为捆绑部位。

（3）文件资料、专用工具、备件清点后妥善保管，交付使用时应完整移交。

4.常见的质量问题

（1）通风机压头偏高、偏低。

（2）通风机运转时振动偏大。

（3）轴承温度过热。

七、制冷设备安装质量控制

1.制冷设备开箱检验

（1）根据设备装箱清单、说明书、试验验收记录、出厂合格证和其他技术文件核查设备的型号，规格以及部件、附属材料，专用工具、备件、完工图纸、文件等数量。

（2）检验制冷设备主体和各配套设备、部件、仪器、仪表等表面有无缺损和锈蚀等情况。

（3）检查设备充填保护气体有无泄漏、油封是否完好。

（4）开箱检验后设备应采取保护措施，不宜过早或任意拆除包装箱以免设备受损。

2.安装质量控制

（1）制冷设备基础的位置坐标、标高及水平平整度。

（2）地脚螺栓的位置、尺寸和深度。

（3）制冷机的找平、找正。

（4）连接接头紧密性。

（5）管子内壁清洁。

3.成品保护

（1）制冷设备在搬运和吊装时捆绑应稳固，抓物承力点应高于设备重心。

（2）放置设备应用衬垫将设备垫垫妥，防止设备变形和受潮。

（3）制冷设备安装后应妥善保护，部件配件及文件资料等应保管好。

4.常见的质量问题

（1）搬运和吊装时损坏设备机体、管路、仪表等部件、油漆拉痕。

（2）设备拆洗后的装配间隙达不到设备设计文件规定的要求。

八、通风与空调系统的防腐和保温

1.防腐和保温材料检验

（1）检查防腐材料：油漆的牌号、品种、规格和出厂合格证书，其中品种、规格必须符合设计要求。

（2）油漆若有下列情况不准使用：①油漆成胶冻状；②油漆沉淀、底部结硬块、干硬无油状；③慢干与返粘的油漆。

（3）检查保温材料的牌号名称、品种、规格、材料性能和出厂合格证，选用材料符合设计要求、有防火要求的保温材料，其必须具有消防部门鉴定的许用证明。

（4）保温材料的厚薄疏密应均匀，配料应正确，不得有裂缝和空隙的缺陷。

（5）检查胶粘剂的出厂合格证，粘结性能符合设计要求。

（6）保护层用材应符合设计要求，玻璃布、塑料布、油毡、薄金属板等有出厂合格证，材料性能达到现行标准要求。

2.质量检验要点

（1）风管、管道表面清理符合要求。

（2）喷涂油漆遍数和漆面层厚薄符合要求。

（3）隔热层、防潮层粘贴、保护层包扎符合要求。

3.成品保护

（1）油漆存放处严禁烟火。

（2）保温材料应存放在干燥的地方并进行妥善保管，防止受潮和受压变形。

（3）施工使用时严禁撕拉，不得脚踏或重压。

4.常见的质量问题

（1）风管、管道表面清理不到位。

（2）漆膜剥落、起泡、露锈、皱皮。

（3）防热层张裂脱落。

（4）保护层松散。

（5）石棉水泥抹面裂缝。

九、通风与空调系统调试

1.通风与空调系统调试工作开展前的必备条件

（1）通风与空调系统的全部设备、管道、配件应安装完整，符合设计要求并经各级检验验收。

（2）通风与空调系统所在场地的土建及其他工种施工应基本完成，场地应清理干净。

（3）调试试运转所需的水、电、蒸汽及压缩空气等能源供应均能满足使用要求。

（4）组成调试小组，明确小组成员及负责人以及各运转、测试检查记录等的岗位和职责。

（5）熟悉通风与空调系统的图纸资料和试验文件资料以及各项设备和系统的操作，维护条例或使用手册。

（6）编制通风与空调系统调试、试运转的方案及工作进度表。

（7）按照调试试运转的测试检验项目，做好数据记录的相应表格。

（8）备齐调试、试运转所需的仪器、仪表和工具，其中仪器、仪表应有出厂合格证和检定合格证。

2.通风与空调系统联合调试试运转前，应完成各项设备的单机调试试运转工作，并做好各项设备单机调试试运转的记录和调整内容，单机试运转经检验认可后方能进入设备系统联动调试。单机或系统的试验之前必须按各设备操作规程全面检查各设备进入运转前的状态。

3.调试过程质量控制要点

（1）通风机转数、风量、风压的测定。

（2）系统和风口风量的测定和调整。

（3）制冷系统的压力、温度等各项技术参数的测定。

（4）空调器、风机盘管的性能测试。

（5）室内空气温度、相对湿度、洁净度和正压的测试。

（6）室内气流组织的测定。

（7）室内噪声的测定。

（8）通风除尘车间内，空气中含尘浓度与排放浓度的测定。

（9）自动调节系统的参数整定和联动调试。

4.成品保护

（1）系统风量测试调整时，不应损坏风管保护层，调试完成后应将测点截面处的保温修复好，测孔堵好，调节阀门固定好并做出标记，防止变动。

（2）自动调节系统的自控仪表元件、控制盘箱等应做特殊保护措施以防损坏和丢失。

（3）通风与空调系统全部测定调整后及时办理交接手续并移交完整的竣工文件、专用工具、备件等附件，使用单位启用后负责该系统的成品保护。

5.调试常见的问题

调试常见问题如表22-1所示。

系统调试常见的问题和解决办法　　　　　　　　　　　　表22-1

序号	常见的问题	原因分析	解决办法
1	实际风量过大	系统阻力偏小	调节风机的阀门，增加阻力降低
		风机有问题	风机转速或更换风机
		系统阻力偏大	放大部分管段尺寸，改进部分部件，检查风道后设备有无堵塞
2	实际风量过小	风机有问题	调节传动皮带，提高风机转速或改换风机
		漏风	堵严法兰接缝、人孔，检查门或其他存在的空隙
3	气流速度过大	风口风速过大，送风量过大，气流组织不合理	加大送风口面积，减少送风量，改变风口形式或加挡板使用气流组织合理
4	噪声超过规定	风机、水泵噪声传入，风道风速偏大，个别部件引起消声质量不好	

第二十三章

建筑电气工程施工质量监理控制要点

一、供配电系统

一般房屋建筑工程应采用二路供电。

1.电力变压器

（1）核查安装前土建配合条件是否满足电力变压器的施工要求，协调土建施工进度。

（2）检查设备及器材的运输、保管方式和期限；清点附件、备件及技术资料；检查所有紧固件、铁芯、绕组、引出线、调压切换装置等。

（3）检查变压器及其附件外壳和其他非带电金属部件接地支线的敷设是否满足标准；安全防护装置是否齐全；通风、冷却设备的运行状况。

（4）平行检查调试过程，如绕组直流电阻、变比、相位、绝缘电阻、吸收比、交流耐压、直流泄漏电流、额定电压下的冲击合闸试验；验证调试数据、结果并予签认。

2.高压开关

（1）平行检查试验调整结果必须符合验收标准，尤其是满足同时率。

（2）检查导电接触面、开关与母线连接必须接触紧密，用0.05mm×10mm的塞尺检查，接触面宽50mm及其以下时，塞入深度不大于4mm；接触面宽60mm及其以上时，塞入深度不大于6mm。

（3）要求通过调整使操作部分方便省力，空行程少，分合闸振动小。

3.成套配电柜

（1）检查柜（盘）与基础型钢之间的连接是否紧密，固定是否牢固，接地可靠与否，尺量检查柜（盘）安装平直度、平整度、盘间接缝。

（2）要求柜（盘）面标志牌齐全、清晰、正确，便于维修时利用。

（3）柜体抽出部件推拉灵活，动、静触头接触紧密，机械、电气连锁装置动作正确可靠。

（4）电容补偿柜采用无触点可控硅形式；低压开关选用高分断力、耐冲击型。

（5）柜（盘）内母线色标均匀完整；二次接线准确，回路编号齐全、清晰，排列整齐。检查柜（盘）的试验调整数据、结果准确。

（6）配电柜（盘）与信息接口的处理，关系着自动化功能最终能否实现。所以，订购各种柜（盘）时要充分协调各有关单位的意见，保证配电系统与智能控制构成一体，与消防系统有效联动。

4.电缆线路

（1）检查并协调电缆线路安装前土建配合条件应满足施工要求，包括：预埋件、沟、竖井及人孔地坪抹面、清理杂物和盖板预制、电缆沟排水、电缆排管内清理。

（2）控制电缆沟、电缆保护管、电缆支架、电缆桥架的施工质量，使之满足验收标准。

（3）敷设电缆前核查线路走向，满足标准中电缆与各类管路水平、垂直间距要求。

（4）督促电缆运输、保管方式的落实；敷设过程中严禁绞拧、压扁铠装、护层断裂和表面的严重划伤；塑料绝缘电力电缆最小允许弯曲半径不小于10D。保证工程施工方便，交联电缆和单芯电缆应大量采用。

（5）控制电缆终端头、中间接头施工工艺，保证封闭严密，半导体带、屏蔽带包缠不超过应力锥中间的最大处。热塑工艺制作电缆头较好。

（6）平行检查电缆耐压、泄漏电流和绝缘电阻试验结果并签认；检查回路编号。

5.母线装置（封闭式母线槽）

（1）督促成套供应厂商实地测绘母线图纸，确保安装几何尺寸满足现场要求。封闭式母线槽采用空气绝缘形式最佳。

（2）检查母线槽支承架的安装以及伸缩、补偿节安装位置是否合理规范。

（3）平行检查母线槽连接螺栓的扭矩是否满足标准要求，签认绝缘试验数据。

（4）检查插接箱与母线槽相序是否正确，要求标志清晰，外壳间接地可靠，PE线截面满足设计。

（5）督促施工过程的成品防潮保护，避免绝缘强度下降。

二、接地、防雷系统

1.防雷接地系统

（1）保证所有弱电设备都有专门的接地引下线直接连接专门的接地网格上

（接地体），其他接地体系统（如交直流供电系统）的接地体应分开设置。

（2）雷电流磁场强度与防雷接地电阻成反比，而接地电阻与接地引下线的直径相关，因此在确保接地电阻满足要求的前提下，不要过分加大接地引下线的直径，以免增大雷电流磁场。

（3）为了保证雷电流磁场分布的均匀性，在可能的情况下，避雷针要尽量放置于建筑物顶部的中心位置，防雷引下线尽量设置于四周，避雷针下面的柱子最好不要作引下线。

2.设备接线、试运行

（1）设备接线

1）设备接线正确与否关系安装工程的成败，监理人员要及早消化各型设备的安装说明书，对于进口设备更需吃透电气控制原理，便于督促施工单位层层检查校核，正确完成接线施工。

2）设备电机安装接线前，检查绝缘电阻应大于0.5MΩ。

3）设备电缆进线接线盒往往几何尺寸紧凑，尤其是进口设备，严禁施加粗暴手段强行连接，可考虑采用过渡盒的方式。

（2）设备试运行

1）督促施工单位充分了解工艺原理和设备性能，制定针对性的试车方案，对管路、电源、控制等分工艺层面逐项检查后方可试运行。

2）监理还应协调好设备制造、销售、售后服务单位，检查安全应急处理措施、人员落实情况，确保单体试运行成功。启动设备需测量启动电流，记录运行电压。

三、路灯、灯饰施工质量控制

（1）同一条路、广场的路灯安装高度（从光源到地面）、仰角、装灯方向宜保持一致。

（2）基础坑开挖尺寸应符合设计规定，基础混凝土强度等级不应低于C20，基础内电缆护管从基础中心穿过基础并应超出基础平面30～50mm。浇筑钢筋混凝土基础前必须排净坑内积水。

（3）灯具安装纵向中心线和灯臂纵向中心线应一致，灯具横向水平线应与地面平行，紧固后目测应无歪斜。

（4）灯头固定牢靠，可调灯头应按设计调整至正确位置。

（5）在灯臂、灯盘、灯杆内穿线不得有接头，穿线孔口或管口应光滑、无毛刺，并应采用绝缘套管或包扎，包扎长度不得小于200mm。

（6）路灯安装使用的灯杆、灯臂、抱箍、螺栓、压板等金属构件应进行热镀锌处理，防腐质量应符合《金属覆盖及其他有关覆盖层维氏和努氏显微硬度试验》GB/T 9790—1988、《热喷涂 金属件表面的预处理》GB/T 11373—2017、《金属覆盖层 钢铁制品热浸镀铝 技术条件》GB/T 18592—2001的有关规定。

（7）各种螺母紧固宜加垫片和弹簧垫，紧固后螺母不得少于两个螺距。

（8）设备安装（路灯控制箱安装）：

1）材料到场后进行开箱检验，经建设单位同意后方可进行安装使用；

2）动触头与静触头的中心线应一致，触头应接触紧密；

3）二次回路辅助开关的切换接点应动作准确，接触可靠；

4）箱内照明应齐全；

5）配电柜（箱、盘）的漆层（镀层）应完整无损伤，固定电器的支架应刷漆；

6）机械闭锁、电气闭锁的动作应准确、可靠。

（9）若有隐蔽工程应提前通知监理及建设单位，经检查验收合格后方可进行下道工序。

（10）调试设备、仪表、仪器必须经国家认可、有计量资格的相关单位的检验合格，并由专人使用、保管。调试时应有详细记录。

（11）施工前做好技术交底，吃透图纸，领会设计意图，配合其他专业工作，要做好成品保护及各专业协调。

（12）电缆敷设前应进行电气性能试验，合格后方可施工。电缆敷设应根据其走向、规格合理安排顺序，一般不应有交叉。

（13）需开孔的配电箱（柜）必须用开孔机开孔，严禁气焊等切割开孔。电线进入配电箱、接线盒等应有护管帽，穿线前应制定防止外物落入措施。

（14）线在管内或经过槽内不允许有接头和缠绕。导线在出口处应装有护线套，且500V的绝缘电阻应大于1MΩ，同时做好记录。

（15）有配电箱（柜）接地及各系统的保护接地、工作接地应接入原大楼接地网，完善整个接地系统。

（16）安装完成后进行检查，确认无误后方可进行分项调试，并做好调试记录。

（17）各分项调试完成后，可进行系统调试、联动调试、试运行并做好记录。

第二十四章

智能化工程质量监理控制要点

■ 一、房屋建筑工程智能化系统的特点

房屋建筑工程智能化系统主要有以下几个方面的特点：

（1）智能化子系统数量众多，主要有以下子系统：

1）结构化综合布线系统（GCS）。

2）通信网络系统（CNS）。

3）计算机网络系统（OAS）。

4）有线电视系统。

5）安全防范系统（SA）。

6）一卡通管理系统。

7）车库出入口管理系统。

8）公共及应急广播系统（PA&EP）。

9）公共及业务信息显示系统。

10）视频会议系统。

以上各个子系统既相互独立，又协调一致，这样才能真正做到安全、有效，实现建筑智能化。

（2）系统功能先进。要使系统具有适当的先进性、超前性和易扩展性，并能够完全适应目前工作的需要，并有适当的超前性，且适可而止，应尽量避免不必要的浪费；而在需要时则可以很容易地进行扩展，以适合未来购物发展的需要。

（3）系统可靠性要求高，对建筑智能化系统的可靠性提出了很高的要求。例如，网络系统、应急广播系统、火灾自动报警系统、安全防范系统必须保证可靠的运行，故而要尽量提高设备的安全使用周期。要保证这一点，系统防雷、接地系统、电源供应系统，设备的安全可靠就显得至关重要了。系统的方案设计、施工管理质量、运行维护的技术要求等都必须进行认真考虑。

（4）各工种交叉施工，相互影响。由于智能化系统是一门多专业、多学科工程，需要与强电、土建、装潢、水暖等专业配合，系统内各子系统之间也需要配合。动力、通信和控制缆线的施工需充分考虑，各分包商需要深化图纸设计，与业主、设计院、监理之间需要配合，因此对监理的协调能力也提出了许多要求。

（5）验收规范更新很快。目前建筑的智能化系统技术发展很快，而现行的施工验收规范与质量检验评定标准更新也很快，因此现场监理必须十分熟悉现行建筑智能化系统的施工验收规范、质量检验评定标准与设计规范；同时，要具备丰富的现场管理经验和技术处理能力。

监理机构主要依靠现行智能建筑施工、设计、验收规范和相关的技术标准及监理机构的弱电工程监理实施细则进行监理。

二、智能化系统监理工作要点

针对房屋建筑工程特点，监理除了做好一般监理应做的工作，如对施工单位的资质审查、进场材料设备报验、施工方案审查、图纸二次设计的讨论、工序报验和调试验收等，为了保证智能化系统的顺利实施，监理还应着重做好如下几点：

（1）监理应尽早介入该智能化系统工程，特别是智能化的规划设计阶段，加强监理十分重要。因为相对于施工，这一阶段的可塑性最强。如何规划、如何设计，涉及整个智能化系统的技术先进性、可靠性，造价的合理性，系统功能的科学性、实用性，今后施工的难易性等。如果忽略这个阶段的论证和监督，一旦进入实施阶段，必将影响整个工程的造价、工期和质量。

（2）强调"预控"原则。监理对工程的控制分为事前控制、事中控制、事后控制，要特别重视事前控制。在规划设计阶段，要抓紧定方案、选队伍；在施工阶段，要抓住审核施工组织设计。对工程中的薄弱环节、可能出现的质量通病，要做到心中有数。在事前，要用书面形式的通知承包商加以避免。

（3）强调主动监理原则。在智能化系统工程的整个建设过程中，监理都应保持主动，一是要站在业主的立场上，主动为业主考虑，为业主提供主动的、尽可能全面的服务；二是监理人员在技术上要钻进去，要专业化。这样才能在监理中有更多的发言权，才能进一步发挥主动作用。

（4）监理必须配备齐全的智能化系统检测仪器。智能化系统在检测时光凭肉眼看是不行的，必须要有专业的检测仪表，如UTP电缆测试仪等。

（5）弱电监理应以工程的安全性为首要任务，必须确保建筑物和弱电系统不受直击雷与侧雷的袭击、防火灾与触电事故的发生。第二任务是保证弱电系统的使用功能与运行的可靠性。为此弱电监理人员应根据工程进展的各个阶段确定质量控制的重点。

（6）在弱电监理过程中，要严格控制工程变更。对于工程变更（包括设计变更和业主变更），监理要从技术可行性和经济合理性两个方面进行分析，及时提出监理意见供设计或业主参考。

（7）旁站监理：

1）严格遵守住房城乡建设部《房屋建筑工程施工旁站监理管理办法（试行）》的相关规定。

2）需要旁站监理的部位为：接地、绝缘电阻测试；火灾自动报警系统中感烟、感温探测器测试；公共及应急广播系统的切换测试；综合布线的测试等工序。

3）旁站监理人员应履行如下主要职责：

检查施工企业现场质检人员到岗，特殊工种人员持证上岗，施工机械、建筑材料的准备情况。

现场跟班监督关键部位、关键工序的施工执行施工方案以及工程建设强制性标准情况。

核查进场建筑材料、设备的质量检验报告等，并可在现场监督施工企业进行检验或委托具有资格的第三方进行复验。

做好旁站监理记录和监理日记，保存旁站监理的原始资料。

4）旁站监理人员发现施工方有违反工程建设强制性标准行为的，有权责令其整改；发现其施工活动已经或有可能危及工程质量的，应及时向领导汇报，由总监下达暂停施工指令或其他应急措施。

（8）贯彻贯标体系文件措施：

1）按照"质量体系程序文件"的要求，注意对业主提交的文件进行登记、标识。

2）全面做好工程项目质量控制工作，对承包单位的质保体系和申报的开工报告、施工组织设计、技术方案等重点进行审查。

3）按"质量体系文件"的要求，认真做好质量记录和整理归类。重点是材料报审单、工序报审单、会议纪要、通知单、联系单、日志、日报等质量记录的质量。按照贯标文件《项目质量控制程序》的要求进行质量控制。

4）做好分部工程、单位工程的竣工验收工作。

5）按"质量文件"的要求做好监理工作总结和工程监理总结报告；做好文件和资料归档工作。

三、智能化系统质量监理控制难点及对策

1.结构化综合布线系统

（1）通常认为强电线路是大楼的"血管"，而综合布线是"神经"，监理在规划设计时要审查设计是否做到"总体规划、分步实施、水平布线尽量预留"的原则。选择产品的档次和系统规模时，建议业主从装潢的档次考虑，尽量选用高档产品，安装位置既要考虑实用，也要考虑与装潢的配合。

（2）房屋建筑工程对网络传输速度和安全性要求较高，因此对综合布线系统中光缆、非屏蔽六类UTP线等各类线材和设备的质量要求也很高。监理将加强对进场材料设备的验收，以确保其性能满足相应等级的技术要求。

（3）系统在实施布线时要敦促施工单位及时做到线路的验证测试，随放随测，并出具合格的报告；配线架和插头都跳完线后，施工单位要做好论证测试。测试时，监理将进行旁站监督检查。工程竣工时，应请有资质的检测单位进行综合布线系统工程的电缆系统电气性能测试及光纤系统性能进行测试，测试符合要求后方可进行交接。

（4）对于户外进线电缆，在进入室内时应加设电气保护设备，这样可以避免电缆因发生雷击、感应电势给电缆连接用户设备带来损害。加强对线路路由保护器的品牌选择，尽量选择市场一流品牌，最好是国际知名产品。

2.计算机网络系统

（1）对计算机网络技术和产品，监理将从安全性、可靠性、稳定性、先进性、易扩展性和高性价比几个方面协助业主选择，例如：华为、FOUNDRY、CISCO等国际著名公司的产品，以确保本系统可靠稳定地运行。

（2）计算机网络系统的检测将按要求进行连通性检测、路由检测、容错功能检测、网络管理功能检测。

（3）计算机网络信息系统安全专用产品必须具有公安部计算机管理监察部门审批颁发的"计算机信息系统安全专用产品销售许可证"，计算机网络安全系统必须安装防火墙和防病毒系统。

（4）竣工验收时要求施工单位按设计和规范要求提供相关资料，如设备的进场验收报告、操作系统和应用软件系统的正版光盘、产品检测报告、设备的配置方案和配置文档、计算机网络系统的检测记录和检测报告、应用软件的检测记录和用户使用报告、安全系统的检测记录和检测报告以及系统试运行记录等。

3.通信网络系统

监理将从以下几个方面抓好通信网络系统的监理。

（1）安装前的检查：

1）进场材料、设备器材的检验；所有材料必须提供质保书、检测报告；设备器材还需提供安装、使用、维护说明书等文件资料；进口产品需提供原产地证明和商检证明；实行电信入网许可证管理的产品必须提供上网许可证。

2）安装机房土建工程完成，机房具备安装条件。

3）接地引入线及接地装置完成，接地电阻符合设计要求。

4）机房内防火及其他安全管理措施符合要求。

（2）安装时的检查：

1）电缆桥架、线槽的安装。

2）3类大对数电缆布线的检查；缆线导通检查。

3）电源及电力线布放的检查，绝缘电阻测试符合设计与规范要求，设备供电正常。

（3）系统检测：

1）对通信网络系统检测的测试，监理将严格按系统检查测试、初验测试和试运行验收测试三个阶段进行。

2）测试内容和方法按相关标准和规范、工程设计文件和产品技术要求进行。

（4）对于语音通道，是采用虚拟网还是采用用户程控交换机形式，需做好性价比分析工作。

4.有线电视系统

（1）注意线路入户、前端设备的防雷保护，确保所有电视设备的安全。

（2）综合考虑公众电视信号、卫星电视信号、内部电视信号以及市有线电视台引入的电视信号的双向传输；对于自办节目设备、线路放大器的选择，要考虑系统的一致性和稳定性。

（3）卫星接收装置可以只预留管线，需要时再考虑。

（4）专业电视光缆的选择应满足衰减、带宽、温度特性、物理特性、防潮等要求；敷设光缆前应对光纤进行检查，光纤应无断点且衰耗值符合设计要求。

（5）当光缆在室内敷设时宜采用聚氯乙烯外护套或其他的塑料阻燃护套；出入建筑物的电（光）缆在出入口处应加装防水罩。

（6）专业电视电缆应单独敷设在为其设置的线槽内，电视电缆不得与电力线同线槽、同出线盒、同连接箱安装；敷设完成后，监理将对其敷设进行仔细检查与验收，要求电缆走向布线和敷设合理美观，电缆弯曲盘接符合要求，电缆离地高度及与其他管线间距符合要求，架设敷设的安装附件选用符合要求，接插部件牢固、防水、防腐蚀。

（7）电缆的敷设在两端应留有余量并标示明显，应进行永久性标记。

（8）光端机机房中端机上的光缆应留有余量，余缆应盘成圈妥善放置。

（9）对演播控制室、前端机房及有条件房间内的专业电视电缆敷设，建议采用地槽形式。

（10）有线电视系统竣工验收时，要求施工单位提供基础资料、系统图、布线图、主观评价打分记录、客观测试记录、施工质量与安全检查记录（包括防雷、接地）、设备器材明细表等文件资料，并经上级主管部门验收通过后方可进行竣工交付。

5.安全防范系统、一卡通管理系统、车库出入口管理系统

（1）监理对公共安全技术防范系统的图纸审查要点：

①摄像机、探测器、读卡器等输入设备的规格、型号与使用场所、使用功能、系统结构是否配套。

②摄像点、探测点的布置是否满足实用美观的要求。

③监视器的选用是否满足线数等要求。

（2）考虑到这几个子系统（安全防范系统、一卡通管理系统《门禁、考勤、巡更部分》、车库出入口管理系统）的集成，系统的硬、软件应充分考虑其兼容性，选择时慎重配置。

（3）线路预埋时要尽量一次到位。

（4）防盗报警器的选择要与场所相符。

（5）检查安全防范系统的防范范围、重点防范部位和要害部门的设防情况、防范功能，以及安全防范系统设备的运行是否达到设计要求，特别要注意消除安全防范盲区。

（6）车库出入口管理系统必须采用计算机图像比对系统。

（7）安全防范系统中相应的视频安防监控（录像、录音）系统、门禁系统、停车场（库）管理系统统筹对火灾报警的响应及火灾模式操作等功能的检测，在现场采用模拟发出火灾报警信号的方式进行。

（8）安全防范系统竣工时，必须经有资质的检测机构检测合格（检测报告合格）后方可交付使用。

6.公共及应急广播系统（PA&EP）

该系统在发生紧急情况时，要按消防规范的要求切换进行应急广播，这对于本楼及其内部工作人员的人身安全具有举足轻重的作用。因此，监理在加强一般

性控制的同时，要强调以下内容：

弱电监理工程师进场后，首先要熟悉图纸，了解设计意图，在施工前协助业主召开图纸会审会议。图纸会审会议应由建设单位、监理、设计院、施工单位、弱电系统成套供应商会同参加，并对图纸进行会审。

（1）具体解决以下问题：

1）检查图纸是否符合国家规定的深度要求和设计规范。

2）分析设计和施工的可行性和经济性。

3）图纸中是否给出一个详细的联动动作表。

4）消防设备是否采用专用的供电回路。

5）报警回路是否有相应的余量。

6）若与其他系统联动，是否有适当的接口，以及对其他系统的要求等。

（2）保证公共广播与应急广播系统间的切换和信号的可靠传递。

公共广播系统的扬声器布置需考虑有效空间体积、功率和数量，设计时还需考虑满足消防系统的需要。消防信号和背景音乐信号之间的切换要在分区继电器模块前，保证发生火灾时消防广播信号的可靠传递。

（3）加强强弱电之间的配合。发生火灾时要切断非消防负荷，而非消防负荷的断路器的脱扣器一般为交流220V，而消防联动控制电源一般为直流24V，在订购配电箱箱内必要时要预留直流中间继电器，有条件时可直接采用直流24V脱扣器。

（4）对消火栓按钮的重视。不能简单地将手动报警代替消火栓按钮，消火栓按钮的信号要能传到控制中心，也能直接启动消火栓泵，并有相应的返回信号。通信模块最好采用通用模块，包括监视模块和控制模块。

（5）加强与土建、其他安装专业的配合。消防安全包括土建、水、电、风等各个专业，应加强它们之间的配合。特别是营业分割等处的要求不尽相同，应根据设计要求，采用不同的报警和消防联动方式。

（6）注意与其他系统的接口。设计时，系统要留有一定的余量。由于装潢等不确定因素，设计时要留20%～30%的余量。

7.公共及业务信息显示系统

（1）对于LED电子显示屏和触摸查询屏，监理将对土建预埋件的牢固性和预埋、预留管线的准确性进行检查。

（2）LED电子显示屏的控制线路应简单可靠；显示屏的功耗要低；对二基色单面显示屏、单面全彩色显示屏应进行全亮、全暗、灰度、色彩变化及发光均匀性的全面检查，确保每个LED及其控制线路工作正常。

（3）要对触摸查询屏进行查询，对其程序改变的简单易用性、错误操作时的容错功能进行检查；在临时断电后再通电，查询程序应能自动启动运行。

（4）对显示面积在60寸及以下的LED电子显示屏，建议可采用等离子显示屏或液晶背投显示屏等，以满足计算机联网控制、单位面积显示容量大等要求。

8.视频会议系统

（1）对需要承受负荷的连接件，要及时将实际荷载通知设计单位，由设计单位出预埋件大样图，在施工时严格按设计图纸施工，以确保安全。

（2）预埋、预留管道和线路，要留有充分余量。

（3）要注意系统保护地线和信号屏蔽线的敷设，防止由此产生噪声或对图像信号产生干扰。

（4）现场施工时，要注意防火。

（5）安装完成后，要对显示系统、音响系统、灯光系统、视频和辅助系统逐一进行单系统调试；在各个子系统调试正常后，再进行集中控制系统的调试。

（6）所有系统调试正常后，必须对所有设备进行满负荷、长时间的试运行，并对所有设备的发热情况进行仔细检查和记录，以确保今后实际使用时的工作稳定性。

9.弱电系统验收控制

系统验收除规范标准的要求外，还应注意是否包含如下内容：

（1）竣工图纸中有无施工管线平面图（包括接线端子图）。

（2）监控点表及平面布置图。

（3）软件参数设定表（包括逻辑图）。

（4）监控点测试数据表。

（5）单体设备测试报告。

（6）传输通道的性能测试。

（7）软件功能测试报告。

（8）终端感官评价报告。

四、监理在质量控制中应特别注意的几个要点

1.防雷接地系统

（1）智能化设备的接地电阻对于雷电流磁场的均匀分布都有很高的要求。为此，监理要做到如下几点：

1）保证所有的智能化设备如卫星天线接收装置、消防控制室、交换机房、

BA控制室中设备都有专门的接地引下线直接连接接地网格上，且设备之间不能再连接上其他任何接地体；其他的一些系统和有关的金属体要做好等电位连接。

2）电流磁场强度与防雷接地电阻成反比，而接地电阻与接地引下线的直径成正比，因此在确保接地电阻满足要求的前提下，不要无谓地加大接地引下线的直径，以免增大雷电流磁场。

（2）不间断电源（UPS）。

许多重要设备对UPS的要求很高，监理要确保以下几点：

1）重要设备要保证两路市电（通过总降可视为四路市电）和蓄电池直流屏供电。

2）尽量采用免维护蓄电池，降低故障维修率。

3）系统供电质量应满足电压传输损耗小、电压稳定、谐波分量小等要求，另外也要尽量减少逆变对电网的二次"污染"。

2.消防自动化系统

消防自动化系统对于人身安全具有举足轻重的作用，这一点是不言而喻的。监理在加强一般性控制的同时，要强调以下一些方面：

（1）强弱电之间的配合

发生火灾时要切断非消防负荷，而非消防负荷断路器的脱扣器一般为交流220V，消防联动控制电源一般为直流24V，订购的配电箱箱内必要时应预留直流中间继电器，有条件时可直接采用直流24V脱扣器。

（2）加强对消火栓按钮的重视

不能简单地将手动报警代替消火栓按钮，消火栓按钮的信号应能传到控制中心，也能直接启动消火栓泵，并有相应的返回信号。通信模块也最好采用通用模块，包括监视模块和控制模块。

（3）加强与土建、其他安装专业的配合

消防安全包括土建、水、电、风等各个专业，应加强它们之间的配合。如消防自动化系统，其对防火分区有着很高的要求。

（4）注意与其他系统的接口

为了使IBMS平台对消防自动化系统进行有效监视，或者与BAS联网，报警主机应具备必要的通信接口模块与软件支持。

（5）设计时，系统要留有一定的余量

由于装潢等不确定因素，设计时要留20%～30%的余量。

3.综合布线系统（PDS）

（1）通常认为强电线路是工程的"血管"，综合布线是"神经"，可见PDS的重要作用。监理在规划设计时要审查设计是否做到"总体规划、分步实施、水平布线尽量到位"的原则。在选择产品档次和系统规模时，监理要建议建设单位从实际的需求出发，合理设计，防止竣工后实际不够使用或设计过高以至于若干年内还用不完其功能。

（2）系统在实施布线时要敦促施工单位及时做到链路的验证测试，随放随测，并出具合格的报告；待配线架和插头都跳完线后，施工单位要做好论证测试。

（3）户外进线电缆进入室内时应加设电气保护设备，这样可以避免电缆因发生雷击、感应电势或电力电缆接触而给用户设备带来损害。

4.闭路电视监控系统

闭路电视监控系统的技术成熟、产品众多、施工单位也非常多，如何选择好的产品和施工单位成为工程好坏的关键。控制主机和摄像机最好选用同一品牌，这样，系统的兼容性较好，维护也方便。施工单位要选择具有一定社会信誉、技术力量强的品牌。

第二十五章

电梯工程安装质量监理控制要点

■ 一、电梯工程质量控制流程

电梯工程质量控制流程如图25-1所示。

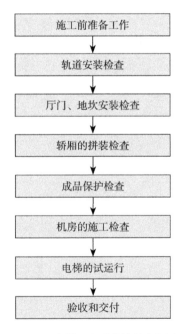

图25-1 电梯工程质量控制流程图

■ 二、电梯质量控制管理

1.事前控制

（1）组织审核土建施工图、电梯安装配线图、电梯运行控制图和其他各工种施工图，核查井道尺寸、井底坑桩的桩顶标高、井底坑坑底标高、消防电梯井井底排水设施、井道顶层标高、机房内设备布置、机房出入口形式、机房防雨和降温措施等技术要求，并形成纪要。

（2）工程技术人员对各建筑单体楼层数、电梯停站数、电梯开站数和电梯总台数进行列表统计，提前三个月上报采购计划（进口电梯提前六个月）。

（3）对于设有刷卡（或一卡通）等特殊控制的电梯、轿厢内安装摄像头的电梯以及需要与消防联动的电梯，工程技术人员应组织协调相关弱电施工单位和电梯安装单位的施工配合工作。

（4）召集电梯安装单位与土建总包单位协调配合工作，在安装开工前明确配合工作费用（包括电费等），并签订书面协议。

（5）协调提供电梯部件的安放场地、临时工具房、临时施工用电、施工用水、装饰楼地面标高线，复核井道相关尺寸，督促土建单位做好井道清理，井道防水等相关配合工作，并要求电梯安装单位对土建清理准备工作进行验收后的书面确认。

（6）根据合同提供的供货清单，到场部件进行开箱验收，若发现与合同规定的型号不符、部件缺损、无质保书等情况，应及时与供货商取得联系，要求其在限定日期内进行整改。

（7）审查安装单位人员资格证明文件并进行登记，填写《施工单位管理人员及特殊专业人员资格证明文件统计表》，重点控制安装单位管理者及专业工种人员的资格，对于不符合要求的，要求安装单位进行撤换。

（8）要求安装单位上报所用规范清单，审查其时效性，并在《施工方案审批表》上注明审查结果。

（9）电梯施工单位进场后，监理单位应组织总包施工单位、电梯安装单位对电梯井道的土建条件和机房电源到位情况进行验收，对于不到位的地方，督促总包施工单位按期整改到位，验收合格后进行会签。

2. 事中控制

（1）安装进度控制。

（2）监理单位应每半个月对工程量完成情况及下一阶段的进度计划进行审核，并将审核意见填写在《工程施工进度计划审批表》上；当进度发生滞后时，应分析其原因，并督促安装单位根据实际情况对下一阶段的进度计划进行调整；当安装进度影响工程总的进度时，应根据情况对总计划进行调整，并将审批意见填写在《工程施工进度（调整）计划审批表》上，经项目经理审核批准后方能执行。

（3）工程技术人员须加强与设计的联系，督促设计单位做好施工现场的配合工作，在工程施工的过程中需要设计参与确认的，工程技术人员应及时通知设计单位参加，以保证工程的顺利实施。

（4）安装质量控制。

1）土建交接质量检查。

2）井道必须符合的规定：当底坑底面存在可以使人员到达的空间，且对重（或平衡重）上未设有安全钳装置，对重缓冲器必须能安装在（或平衡重运行区域的下边必须）一直延伸到坚固地面上的实心桩墩上。

3）电梯安装之前，所有层的门的预留孔必须设有高度不小于1.2m的安全保护围封，并应保证足够的强度。

4）当相邻两层门的地坎间距大于11m时，其地坎间必须设置井道安全门，井道安全门严禁向井道内开启，且安全门必须装有处于关闭时电梯才能运行的电气安全装置。

（5）曳引式或强制式电梯质量控制。

1）导轨的安装：导轨安装位置必须符合土建布置图的要求，无论是轿厢导轨还是对重导轨均应根据规范严格控制其垂直度、顺直度及导轨间的间距，保证电梯在运行过程中保持平稳通畅；用于支撑导轨的撑架应固定牢靠，撑架安装处应注意混凝土墙内是否有管线通过，防止破坏管线及撑架固定不牢；检查后做记录。

检查要点：每根导轨至少有两个导轨架，其间距不应大于2.5m；导轨架的水平误差不应大于5mm；直埋式导轨架的埋入深度不应小于120mm，地角螺栓的埋入深度亦不应小于120mm；导轨架与墙面间允许增加等于导轨宽度的方形金属垫板以调整高度；垫板厚度超过10mm时，应与导轨架焊接，焊接导轨架时应双面焊；导轨应使用压板固定在导轨架上，不应使用焊接或螺栓进行连接；电梯撞顶及蹲底时，各导轨均不应越出导轨；每列导轨工作面（包括侧面与顶面）与安装基准线每隔5m的偏差均不应大于的数值：轿厢导轨和设有安全钳的对重（平衡重）导轨为0.6mm；不设安全钳的对重（平衡重）导轨为1.0mm；轿厢导轨和设有安全钳的对重（平衡重）导轨工作面接头处不应有连续缝隙，导轨接头处台阶不应大于0.05mm；不设安全钳的对重（平衡重）导轨接头处缝隙不应大于1.0mm，导轨工作面接头处台阶不应大于0.15mm。

2）厅门、地坎的安装：地坎的安装应平整、顺直，控制地坎面与室内地坪面的高差，严防室内流水进入电梯井道；厅门的安装应控制门的安装位置是否准确、厅门的门套立杆是否垂直、与墙面的拉结是否安全可靠；在电梯外观上，对厅门的成品保护极其重要，厅门安装完毕后应对门套采取成品保护措施，并应及时安装好装饰性门套，为电梯调试提供条件。

检查要点：厅门地坎至轿厢地坎之间的水平距离偏差为0～+3mm，且最大距离严禁超过35mm。门扇与门扇、门扇与门套、门扇与地坎的间隙均不应大于6mm，厅门垂直度不应大于2mm，厅门地坎应高于装修地面2.5mm。逐层检查厅门，其强迫关门结构的动作应完好灵活，正常测量锁紧元件的最小齿合深度应大于7mm。门刀与厅门地坎、门锁滚轮与轿厢地坎的间隙不应小于5mm。厅门强迫关门装置必须动作正常。

3）轿厢的拼装：轿厢的拼装主要是控制拼装完成后的调试。在调试阶段，注意轿厢及对重装置在运行中与导轨的接触是否通畅；厢门的启闭是否灵活；平层是否准确；钢丝绳是否干净、有无死弯、有关松股及断丝现象；电梯的随行电缆是否绑扎牢固、排列整齐。当距轿底面在1.1m以下使用玻璃轿壁时，必须在距轿底面0.9～1.1m的高度处安装扶手，且扶手必须独立进行固定，不得与玻璃有关。

4）曳引机的安装：曳引机、限速器所选用的钢绳型号、规格应符合产品的设计要求，严禁气焊断绳，绳头装置的安全应符合规范要求，每个绳头组合必须安装防螺母松动和脱落装置。

检查要点：蜗轮减速器的油位及油质应符合要求；各部轴承油位及油质应符合要求；油标齐全，油量充足；凡机房内通往井道的孔，要防止漏油、漏水，在孔四周筑高为75mm以上宽度适当的台阶；钢丝绳与机房楼板孔洞每边的间隙均应为25～50mm；限速器绳索至导轨距离（两个方面）的偏差均应不超过±5mm；绳索在电梯正常运行时不应触及夹绳钳。

5）机房的施工：机房内的各种装置应布局合理，电梯的供电电源须单独敷设，消防电梯必须采用双路供电；各电气装置的保护系统良好，接地可靠；必须对各电气装置的功能进行严密的测试，保证电梯的运行安全可靠。

检查要点：电线槽内敷设导线的总面积（包括绝缘层）不应超过槽内净面积的60%；电线管内敷设导线总面积（包括绝缘层）不应超过管内净面积的40%；导线要进行标号，两端要注明接线编号；机房控制柜（屏）的安装位置应距墙不小于600mm，且远离门或窗，防雨水侵入；电源总开关应装在机房内的入口处，距地面高1.3～1.5m的墙上；检查控制柜（屏）上元器件的安装及标志，包括标志名称或代号；检查各种保险、接触器、继电器使其符合电梯工作要求；检查选型和工作状态；机组、控制柜、井道、轿厢、厅门等应接地；所有电气设备及导管、线槽外露可导电部分均必须可靠接地（PE）；接地支线应分别直接接至接地干线的接线柱上，不得互相连接后再接地，接地电阻小于4Ω；轿顶和底坑或轿底需设电源插座和检视用灯，还应有220V电线插座供检修测使用。消防电梯必须在基站或撤离层设置消防开关，消防开关安装于召唤盒的上方，其底边距地面的高度为1.6～1.7m。

（6）自动扶梯的安装质量控制。

1）自动扶梯的梯级或自动人行道的踏板或胶带上空的垂直净高度严禁小于2.3m。在安装之前，井道周围必须设有保证安全的栏杆或屏障，其高度严禁小于1.2m。

2）自动扶梯安装检查要点：

①梯级、踏板、胶带的楞齿及梳齿板应完整、光滑；

②在自动扶梯、自动人行道入口处应设置使用须知的标牌；

③内盖板、外盖板、围裙板、扶手支架、扶手导轨、护壁板接缝应平整。接缝处的凸台不应大于0.5mm；

④梳齿板梳齿与踏板面齿槽的啮合深度不应小于6mm；

⑤梳齿板梳齿与踏板面齿槽的间隙不应小于4mm；

⑥围裙板与梯级、踏板或胶带任何一侧的水平间隙不应大于4mm，两边的间隙之和不应大于7mm。当自动人行道的围裙板设置在踏板或胶带之上时，踏板表面与围裙板下端之间的垂直间隙不应大于4mm。当踏板或胶带有横向摆动时，踏板或胶带的侧边与围裙板垂直投影之间不得产生间隙；

⑦梯级间或踏板间的间隙在工作区段内的任何位置，从踏面测得的两个相邻梯级或两个相邻踏板之间的间隙不应大于6mm。在自动人行道过渡曲线区段，踏板的前缘和相邻踏板的后缘啮合，其间隙不应大于8mm；

⑧护壁板之间的空隙不应大于4mm。

（7）电梯的试运行：在电梯试运行之前，必须检查机房内主机墩子浇筑的质量，若主机安装牢靠，检查合格后方可进行试运行。在试运行阶段，除上述几点必须严格把关外，特别应注意对电梯安全钳的测试，保证电梯出现故障时能够及时安全可靠地停止。

3.事后控制

（1）电梯安装完成后应及时做好成品保护工作（包括电梯门套、门厅、地面等）。

（2）电梯调试完成后，应及时组织验收。

（3）组织电梯安装单位和物业公司对特殊设备的使用和日常养护进行培训交底。

（4）督促电梯安装单位收集整理资料，做好移交准备工作。

4.质量控制相关记录

（1）电梯安装计划。

（2）分部工程现场检查记录表。

（3）电梯调试记录。

（4）电梯工程验收记录。

第二十六章

建筑节能工程施工质量监理控制要点

■ 一、基本要求

（1）承担建筑节能工程的施工企业应具备相应的资质，施工现场应建立有效的质量管理体系、施工质量控制和检验制度，具有相应的施工技术标准。

（2）参与工程建设的各方不得任意变更建筑节能施工图设计。当确实需要变更时，应与设计单位洽商，办理设计变更手续。当变更可能影响节能效果时，设计变更应获得原审查机构的审查同意；并应获得监理或建设单位的确认。

（3）建筑节能工程采用的新技术、新设备、新材料、新工艺应按照有关规定进行鉴定或备案。施工前应对新的或首次采用的施工工艺进行评价，并制定专门的施工技术方案。

（4）单位工程的施工组织设计应包括建筑节能工程施工内容。建筑节能工程施工前，施工企业应编制建筑节能工程施工专项方案并经监理单位（建设单位）审批。施工现场应对从事建筑节能工程施工作业的专业人员进行技术交底和必要的实际操作培训。

（5）既有建筑节能改造工程必须确保建筑物的结构安全和主要使用功能。当涉及主体和承重结构改动或增加荷载时，必须由原设计单位或具备相应资质的设计单位对既有建筑结构的安全性进行核验、确认。

（6）承担建筑节能工程检测试验的检测机构应具备相应的资质。

■ 二、材料与设备质量控制

（1）建筑节能工程使用的材料、设备应符合施工图设计要求及相关标准的规定。严禁使用国家明令禁止和淘汰使用的材料、设备。

（2）材料和设备进场时应对其品种、规格、包装、外观和尺寸进行验收并应经监理工程师（建设单位代表）检查认可，并形成相应的质量记录。材料和设备应有质量合格证明文件、中文说明书及相关性能检测报告；进口材料和设备应按规定进行出入境商品检验。

（3）建筑节能工程所使用材料的燃烧性能等级和阻燃处理，应符合设计要求和国家现行标准《建筑内部装修设计防火规范》GB 50222—2017和《建筑设计防火规范》GB 50016—2014的规定。

（4）建筑节能工程使用的材料应符合相关材料有害物质限量标准的规定，不得对室内外环境造成污染。

（5）建筑节能工程进场材料和设备的复验项目应符合相关规范的规定。复验项目中应有30%为见证取样送检。

（6）建筑节能性能现场检验应由建设单位委托具有相应资质的检测机构对围护结构节能性能和系统功能进行检验。

（7）现场配制的材料如保温浆料、聚合物砂浆等，应按设计要求或试验室给出的配合比进行配制。当无上述要求时，应按照施工方案和产品说明书进行配制。

（8）采暖与空调系统及其他建筑机电设备的技术性能参数应符合相关标准的规定。严禁使用技术性能不符合国家标准的机电设备。

三、施工与验收质量控制

（1）建筑节能工程施工应当按照经审查合格的设计文件和经审批的节能施工技术方案的要求进行施工。

（2）建筑节能工程施工前，重复采用建筑节能设计的房间和构造做法应在现场采用相同材料和工艺制作样板间或样板构件，经有关各方确认后方可进行施工。

（3）建筑节能工程的施工作业环境条件应满足相关标准和施工工艺的要求。

（4）建筑节能工程为单位建筑工程的一个分部工程，如表26-1所示。其子分部、分项工程和检验批应按照下列规定划分和验收。

建筑节能分工程的子分部、分项工程表　　　　　　　　　表26-1

序号	子分部工程	分项工程
1	墙体	主体结构基层；保温材料；饰面层
2	幕墙	主体结构基层；隔热材料；保温材料；幕墙玻璃；单元式幕墙板块；遮阳设施
3	门窗	门；窗；玻璃；遮阳设施
4	屋面	基层；保温隔热层；保护层；防水层；面层

序号	子分部工程	分项工程
5	地面	基层；保温隔热层；隔离层；保护层；防水层；面层
6	采暖	散热器；设备、阀门与仪表；保温材料；热力入口装置；调试
7	通风与空气调节	风机、空气调节设备；空调末端设备；阀门与仪表；绝热材料；调试
8	空调与采暖系统的冷热源和附属设备及其管网	冷、热源设备；辅助设备；管网；阀门与仪表；绝热、保温材料；调试
9	配电与照明	低压配电电源；照明光源、灯具；附属装置；控制功能；调试
10	监测与控制	冷源、热源、空调水的监测控制系统；通风与空调系统的监测控制系统；监测与计量装置；供配电的监测控制系统；照明自动控制系统；综合控制系统

1）建筑节能分部工程的子分部、分项工程和检验批划分，应与《建筑工程施工质量验收统一标准》GB 50300—2013和各专业工程施工质量验收规范规定一致。

2）当建筑节能验收内容包含相关分部工程时，应按已划分的子分部、分项工程和检验批进行验收，验收时应按规范对相关节能的项目独立验收，做出节能项目验收记录并单独组卷。

（5）建筑节能工程的各检验批，其合格质量应符合下列规定：

1）各检验批应按主控项目和一般项目验收。

2）主控项目应全部合格。

3）一般项目应合格，当采用计数检验时，应有90%以上的检查点合格，且其余检查点不得有严重缺陷。

4）各检验批应具有完整的施工操作依据和质量验收记录。

（6）建筑节能工程的分项工程质量验收合格应符合下列规定：

1）分项工程所含的检验批均应符合合格质量的规定。

2）分项工程所含的检验批的质量验收记录应完整。

（7）建筑节能工程分部、子分部工程质量验收应在各相关分项工程验收合格的基础上进行质量控制资料检查及观感质量验收，并应对主要材料、设备有关节能的技术性能以及有代表性的房间或部位和系统功能的建筑节能性能进行见证抽样现场检验。

1）主要材料和设备有关节能的技术性能的见证抽样检测结果应符合相关规定。

2）严寒、寒冷地区的建筑外窗应按照规范规定的方法和数量进行见证抽样，现场检查其气密性并出具检测报告。

3）建筑工程完工后，应抽取有代表性的房间或部位，按照规范的规定对建筑节能性能的围护结构节能性能进行见证抽样现场检验，并出具检验报告或评价报告。

4）建筑设备工程完工后，应抽取有代表性的系统或部位，按照规范的规定对建筑节能性能的系统功能进行见证抽样现场检验，并出具检验报告或评价报告。

（8）单位工程竣工验收前，必须按照规范的规定进行建筑节能分部工程的专项验收并达到合格。

（9）建筑节能工程验收应由总监理工程师（建设单位项目负责人）主持，会同参与工程建设各方共同进行，其验收的程序和组织应符合《建筑工程施工质量验收统一标准》GB 50300—2013的规定。建筑节能工程的验收资料应列入建筑工程验收资料中。

第二十七章

人防工程质量监理控制要点

针对项目地下室的人防设计，平时作为车库使用，战时作为人员掩蔽部及物资库的人防工程。在施工过程中，应严格按照设计图纸和人防工程施工及验收规范的要求施工。

一、孔口防护设施的制作及安装质量控制

（1）孔口防护设施包括防护门，防护密闭门和密闭门等，因为孔口防护设施具有防爆、防烟等功能，要求尺寸准确、结构牢固、拼缝严密，表面平整光滑，施工难度较大，所以必须由专业厂家进行施工。同时，在施工过程中还需要与土建单位进行密切配合，以达到设计和施工规范的要求。

（2）监理工程师应严格审查专业生产厂家的资质；防护设施的产品质量证明书应完整；检查设施的零部件是否配套齐全；型号名称数量是否符合设计要求，检查产品及零部件的外观质量。

（3）检查预埋件的规格、尺寸是否符合设计要求，预埋件预埋的位置是否准确并可靠固定，并请有关单位会签确认。产品、零部件、预埋件应进行除锈和防腐处理，检查其是否符合要求。

（4）在安装过程中，监理工程师检查产品的平整度、垂直度是否符合施工验收规范的要求，检查门扇和门框是否贴合均匀；合页、闭锁的安装位置应准确，上下合页同轴度偏差不应超过两合页间距的1%和2mm；在门扇外表面应标示闭锁开关方向；检查密封条安装施工质量，并应符合施工验收规范要求。

二、临空墙、板战时封堵施工质量控制

根据工程使用功能的要求，需在人防工程的临空墙、板上开设门、洞口。为

了保证在战时发挥人防工程的作用，需要在战时对该类门、洞口进行必要的战时封堵。所以在地下室主体结构施工过程中，必须采取有效措施，为今后的战时封堵创造有利条件。监理工程师应严格检查门、洞口的预埋连接件的制作安装施工质量，检查其是否符合设计要求，并应考虑今后战时封堵的各种影响因素，确保战时封堵能够顺利实施。

■ 三、管道与附件安装质量控制

（1）在地下室的墙、板中，有大量的预留孔洞和设备管道。当管道穿越人防防护密闭隔墙时。必须预埋常有密闭翼环和防护抗力件的密闭穿墙短管。当管道穿越密闭隔墙时，必须预埋常有密闭翼环的密闭穿墙短管。

（2）监理工程师在施工时应严格控制以下几点：

1）给水管、压力排水管电线电缆管应按设计要求制作，且壁厚不得小于3mm，原材料的产品质量证明书的完整。

2）通用管道的密闭穿墙短管应采用厚2～3mm的钢板焊接制作，焊缝应饱满、均匀、严密。

3）密闭翼环应采用厚度大于3mm的钢板制作。密闭翼环与密闭穿墙短管的结合部位应满焊；密闭翼环应位于墙体厚度的中间，并应与周围结构钢筋焊牢。密闭穿墙短管的轴线应与所在墙面重叠，管段面应平整。

4）密闭穿墙短管应在朝向核爆冲击波段加装防护抗力片。抗力片宜采用厚度大于6mm的钢板制作。

5）电缆电线暗配管穿越防护密闭隔墙或密闭隔墙时，应在墙两侧设置过线盒，盒内不得有接头。

6）临空墙、板处若留有暗配盒，则该处的钢筋构造措施应满足人防工程的钢筋构造要求。同时确保该处的混凝土板厚度不小于200mm。

第二十八章

给水排水及消防工程质量监理控制要点

一、各系统基本要求

（1）本专业与相关专业之间应进行交接质量检验，并形成记录。

（2）隐蔽工程应在隐蔽前经验收各方检验合格后才能隐蔽，并形成记录。

（3）地下室或地下构筑物外墙有管道穿过的，应采取防水措施。对于有严格防水要求的建筑物，必须采用柔性防水套管。

（4）同一房间内，同类型的采暖设备、卫生器具及管道配件，除有特殊要求外均应安装在同一高度上。

（5）明装管道成排安装时，直线部分应互相平行。曲线部分：当管道水平或垂直并行时，应与直线部分保持等距；管道水平上下并行时，弯管部分的曲率半径应一致。

（6）管道的支、吊架的型式、间距、数量、材质及制作安装质量、固定方式、外观均应符合设计和规范要求。塑料管道应在与金属支架间加衬非金属垫或套管。

（7）管道安装时不得乱敲乱凿，破坏土建结构，如必须在钢筋混凝土上开孔、凿洞，须经土建专业协商，必要时可请设计院协助解决。

（8）室外管道的沟槽、地基及管道基础、垫层等应符合设计和施工规范要求。

（9）各种承压管道系统和设备应做水压试验，非承压管道系统和设备应做灌水试验。

（10）设备的安装检查与验收应符合下列要求：

1）设备混凝土基础施工时应加强与土建专业的配合，进行中间交接检查，主要复核设备基础的标高、位置及预留预埋孔洞数量与大小等是否与设计图纸相符，以及基础混凝土强度是否符合要求。

2）设备的就位吊装应有施工方案，并提交监理审查其方案的可行性及安全性。

3）设备安装完毕后应及时填写设备安装记录。

4）各种设备在安装验收通过后方可进行单机试车，试车按施工规范要求进行，试车结束后，由施工单位填写试车记录，报监理认可。

1.给水系统

（1）给水管道必须采用与管材相适应的管件。生活给水系统所设计的材料必须达到饮用水卫生标准。

（2）饮用水系统管道在交付使用前必须冲洗和消毒，并经相关部门检验，符合《生活饮用水卫生标准》GB 5749—2006方可使用。

（3）检验方法：具备相关部门提供的检测报告。

（4）热水供应管道应尽量利用自然弯补偿热伸缩，直线段过长则应设置补偿器。补偿器型式、规格、位置应符合设计要求，并按相关规定进行预拉伸。

（5）热水供应系统安装完毕后和管道保温之前应进行水压试验。试验压力应符合设计要求。当设计未注明时，热水供应系统水压试验压力应为系统顶点的工作压力加0.1MPa，同时在系统顶点的试验压力不小于0.3MPa。

（6）检验方法：钢管或复合管道系统试验压力下10min内压力降不大于0.02MPa，然后降至工作压力检查，压力应不降，且不渗不漏；塑料管道系统在试验压力下稳压1h，压力降不得超过0.05MPa，然后在工作压力1.15倍的状态下稳压2h，压力降不得超过0.03MPa，连接处不得渗漏。

（7）对于工程热水系统采用的热水锅炉，监理工程师应核查锅炉安装单位是否具有专业管理部门颁发的安装许可证。锅炉进场时，监理工程师应核查质保资料，质保资料应有锅炉安装图、质量证书、合格证、内部元件一览表、配套配件质保资料、焊接性能检验报告、焊接射线探伤试验报告等。资料应齐全，锅炉型号、技术参数及质保资料应符合设计、合同及规范要求方可使用。

2.消防系统

（1）箱内消火栓的安装应符合设计及规范的规定，消火栓箱体应符合设计要求，箱门开启应灵活，箱体稳固在轻质墙上应有加固措施。箱体洞上部应设置过梁以防造成箱体变形、箱门开启不灵。

（2）室外消防水泵接合器及室外消火栓的安装位置、型式必须符合设计及规范要求。

（3）喷头进场时的检查应从每批中现场抽查1%（不得少于5只）进行密封性能试验，试验压力为3.0MPa，试验时间不得少于3min，无渗漏、无损伤为合格。当有两只及以上不合格时不得使用该批喷头，当仅有一只不合格时，应再抽查2%（不得少于10只）重新进行密封性能试验，仍有不合格时不得使用该批喷头。

（4）报警阀组进场时的检查应逐一进行渗漏试验，试验压力应为额定工作压力的2倍，试验时间应为5min，阀瓣处无渗漏为合格。

（5）气体灭火系统施工单位应具有施工资质，施工图纸应经消防部门审批并合格。

（6）气体灭火系统管材、管件、组件型号及规格符合设计要求，部分重要部件应具有产品合格证和由国家质量监督检验测试中心出具的检验报告、灭火剂输送管道及管道附件的出厂检验报告与合格证，对于不能复验的产品应具有生产厂出具的同批产品检验报告与合格证。

3. 排水、雨水系统系统

（1）排水、雨水系统如采用塑料管，则必须按设计要求及位置装设伸缩节。当设计无要求时，伸缩节间距不得大于4m。

（2）排水、雨水系统管道的坡度必须符合设计要求，严禁无坡或倒坡。

（3）卫生器具排水支管管道接口应紧密不漏，高级卫生器具正式安装前应由施工单位土建与安装工种相互配合，先做成样板间，经监理与甲方及设计单位认可后方能全面安装。

（4）卫生器具交工前应做满水和通水试验。

（5）室外排水、雨水管道埋设前必须做灌水试验和通水试验，排水应畅通、无堵塞，管道管接口无渗漏。

（6）隔油池、中和池、化粪池型号应符合设计要求，土建构筑物及预留孔洞的尺寸、位置、标高、进出水方向及管道标高应符合设计、图集要求。土建构筑物施工及管道安装完成后应按设计要求进行试水，渗漏量符合设计及规范要求后方可进行土方回填及下道工序的施工。

（7）动力污水处理系统一般由专业单位进行深化设计。设备进场后，监理工程师会同业主进行验收，并做好检验记录。主要是根据合同核对鼓风机、潜水泵、控制柜、污水处理罐等进场设备的型号、规格、产地、相关性能参数是否符合设计及合同要求，资料应齐全。设备安装时，检查设备安装高度、位置、进出水方向及管道标高是否符合设计要求。系统安装完成后应进行调试，各种设备应运转正常、协调一致，相关参数符合设计要求。配合环保部门进行污水水质的检测，并核查水质检测报告，不符合排放标准时，应督促施工单位进行整改，直至排放水质符合排放标准。

4. 设备安装

（1）设备基础混凝土施工时应配合土建专业，复核基础的坐标、标高、尺寸和预留螺栓孔的位置及深度，办理交接和验收手续。混凝土基础的强度达到设计强度的60%以上方可进行，设备配套管的安装必须在二次灌浆的混凝土强度达到设计强度的75%以上进行。配套管道与设备连接不得强行组合连接，且管道重量不能附加在设备上。

（2）设备进场时应进行开箱检查验收，重点检查设备型号、规格、技术参数、配套配件等是否符合设计及设备采购合同的标的物的要求，质保书和安装使用说明书是否齐全。个别设备在必要时可进行解体检查，开箱检查及解体检查时应做好检查记录。

（3）设备安装应在生产厂家的指导下进行，生产厂家应配合设备安装的验收。

（4）设备安装时应进行中心线找正、水平找正、标高找正，监理应逐一进行检查验收。设备安装应设置减振装置。

（5）需进行调试的设备安装完成后应先进行无负荷试运转，达到标准后再进行有负荷试运转。设备试运转各项运转数据应填入"设备试运转记录表"中。

5.系统试验及调试

（1）阀门试验

阀门进场后应重点检查阀门型号、规格是否符合设计要求，阀门应开启灵活、阀杆无歪斜；对于安装在主干管上的阀门应逐一进行耐压强度试验和严密性试验，耐压强度试验压力为公称压力的1.5倍，严密性试验压力为公称压力的1.1倍；试验压力作用下在持续时间内压力不下降、壳体填料及阀瓣密封面不渗漏为合格，试验不合格应进行退换；对于非主干管上的阀门，应按每批（同牌号、同型号、同规格）数量中抽查10%且不少于一个进行耐压强度试验和严密性试验，抽查试验中有一个不合格应加倍取样，仍有不合格的，则该批阀门须每只都做试验。

（2）给水系统试验

给水管道安装完成后应进行如下试验：

1）水压试验。

①给水管道安装完成需按设计要求进行水压试验。当设计无要求时，可按不同管材进行水压试验，试压时监理工程师应认真检查，旁站监理并填写旁站记录表。

②金属钢管给水管道系统试验压力为系统工作压力的1.5倍，但不得小于0.6MPa；热水管系统试验压力为系统顶点的工作压力加0.1MPa，同时在系统顶点的试验压力不小于0.3MPa。先升至试验压力，在试验压力下观测10min，压力降不大于0.02MPa，然后降到工作压力进行检查，不渗不漏为合格。

③聚丙烯类管道隐蔽之前应进行强度及严密性试验。聚丙烯类管道的试验

压力及持续时间与其他材料的管道不同，聚丙烯类管道水压试验应在管道热熔后24h内进行，冷（热）水管道试验压力为系统工作压力的1.5（2.0）倍，但不得小于1.0MPa（1.5MPa）。加压时宜采用手动泵，升压时间不小于10min，仪表压力精度为0.01MPa，加压至试验压力，稳压1h，压降小于0.06MPa，再降压至工作压力的1.15倍，稳压2h，压降小于0.05MPa，不渗不漏则为合格。

④复合管管道水压试验压力为系统工作压力的1.5倍，但不得小于0.6MPa，最大试验压力通用型管材不超过1.2MPa，耐温型管材不超过1.4MPa。加压时宜采用手动泵，升压时间不小于10min，仪表压力精度为0.01MPa，加压至试验压力，稳压1h，观察接头部位是否渗漏，稳压1h后补压至试验压力，10min内的压降小于0.05MPa，不渗不漏则为合格。

⑤其他塑料管试验压力应符合设计及规范、规程的要求，在试验压力下稳压1h，压降不超过0.05MPa，然后在工作压力的1.15倍状态下稳压2h，压降小于0.03MPa，不渗不漏则为合格。

2）冲洗和消毒。

①管道系统冲洗应在管道试压合格后，调试运行前进行，冲洗前应做好相关准备工作和检查，并暂时拆去阻碍水流通过的相关阀件仪表等。

②管道冲洗根据图纸上提供的系统最大设计流量进行。用自来水连续冲洗，直至各出水口水色的透明度与进水目测一致为合格。各种管道经冲洗合格后，应恢复管道系统原状态。

（3）排水系统试验

排水管道、雨水管道安装完成后应进行以下试验，试验时应填写试验记录表存档。

1）灌水试验。

①埋地的排水管道在隐蔽前必须做灌水试验。

埋地管道灌水试验时，其灌水高度应不低于底层卫生器具的上边缘或底层地面高度，满水15min水面下降后，再灌满观察5min，液面不下降，管道及接口无渗漏为合格。

②吊顶、管井内排水管道隐蔽前应进行灌水试验。

灌水试验前，应将各预留口采取措施堵严，在系统最高点留出灌水口，楼层吊顶内管道灌水试验时应在下一层立管检查口用橡皮球塞或胶囊充气堵严，由本层预留口处灌水试验。试验时，由灌水口将水灌满，按设计或规范要求的规定时间对管道系统的管材及接口进行检查，如有渗漏现象应及时修理后，重新进行灌水试验，直至无渗漏现象后，视为试验合格，施工方试验时应及时填写试验记录，并报监理验收和办理验收记录。

③雨水管安装完成后应进行灌水试验。

雨水管道灌水高度必须到每根立管上部的雨水斗，灌水持续1h，不渗不漏；如立管分支管接不同高度的雨水斗，应分别进行灌水试验，先做上部雨水斗的灌水试验，采用气囊从检查口处封堵立管再灌水，持续1h，不渗不漏，再做下部雨水斗灌水试验，试验要求同立管试验要求。

2）通球试验。

排水、雨水立管安装完毕后，应100%进行通球试验。通球试验所用小球可采用直径不小于管道管径的2/3的木球或皮球，小球从立管顶端投入，小球顺利排出为合格。若小球被堵塞，应查明位置并进行疏通，重新做通球试验。

3）通水试验。

生活污废水明装的悬吊管安装后应进行通水试验。从每根横管末端的卫生设备排水管口注入10～15L水，检查横管通过水流时的渗漏情况。也可利用卫生设备放水作通水能力试验。

4）盛水试验。

卫生设备安装后应做盛水试验。卫生设备有排水栓的，应堵上胶囊，在卫生设备注入水，观察水面下降和检查卫生设备接口渗漏情况；无排水栓的，应用充气球塞堵住排水口后盛水观察和检查渗漏。盛水试验时间不少于24h，水面不下降为合格。

（4）消防系统试验

消防系统管网安装完毕后应对其进行强度试验、严密性试验和冲洗。试验前应审核施工单位根据现场的实际情况编写试验方案，根据方案及设计、规范要求检查系统各项工作是否全部完成，准备工作是否落实到位。

（5）自动喷淋系统的试验和调试

1）自动喷淋系统的试验。

①水压试验。

试验压力：当系统设计工作压力小于等于1.0MPa时，水压强度试验压力应为设计工作压力的1.5倍，且不低于1.4MPa；当系统设计工作压力大于1.0MPa时，水压强度试验压力应为设计工作压力加0.4MPa。严密性试验压力为设计工作压力。

强度试验的测试点应设在系统管网的最低点，缓慢升压并排净管内空气，达到试验压力后，稳压30min，目测管网无泄漏和变形，且压力降大于0.05MPa，不渗不漏为合格。

严密性试验应在水压强度试验和管网冲洗合格后进行，升压至试验压力稳压24h无渗漏为合格。

②冲洗。

冲洗水流方向与灭火时的水流方向应一致，冲洗排水管道截面积应不小于被冲洗管道的60%。管网冲洗应连续进行，当出水口处水质与入水口水质基本一致时，冲洗可结束。

2）自动喷淋系统安装完成后应进行以下调试：

①水源测试。

②消防水泵调试及稳压泵调试。

③报警阀调试及排水装置调试。

④联动调试。

（6）消火栓系统试验和调试

1）消火栓系统试验必须符合设计要求，当设计无要求时，试验要求同给水管道试验要求。

2）消火栓系统安装完成后应进行以下调试：

①水源测试、消防水泵调试及稳压泵调试。

消火栓调试：消火栓调试时应取屋顶层（或水箱间内）试验消火栓和首层两处消火栓试射试验。选择好地点，做好排水措施，连接好水枪、水笼带，开启栓阀，手动或自动启动消防水泵，进行试射，检查屋顶层消火栓水枪出水流量和出口压力是否符合设计要求，检查首层两处充实水柱能否同时达到本消火栓所应到达的最远点的能力。

②联动调试。

（7）气体灭火系统试验和调试

1）气体灭火系统试验

①灭火剂输送管道安装完毕后应进行水压强度试验和气压严密性试验，试验必须采取有效的安全措施。水压强度试验压力必须符合设计要求（不宜进行水压强度试验的防护区可采用气压强度试验代替，气压强度试验压力为水压强度试验压力的0.8倍）。进行强度试验时应将压力升至试验压力，保压5min，检查管道各连接处无滴漏，目测管道无变形为合格。气压严密性试验可采用空气或氮气，试验压力为水压强度试验压力的2/3，试验时将压力升至试验压力，关断气源，3min内压降不超过试验压力的10%，用涂刷肥皂水等方法检查各连接点，若无气泡产生为合格。

②灭火剂输送管道在水压强度试验合格后或气压严密性试验前应进行吹扫。

吹扫可使用空气或氮气，吹扫时管道末端气体流速不小于20m/s，并用白布检查无铁锈、无尘土、无水渍及其他脏物为合格。

2）气体灭火系统调试

气体灭火系统安装完毕后应进行系统调试，调试时须做好有效的安全措施，调试内容为模拟喷气联动试验及贮存器切换操作试验。模拟喷气试验应符合设计要求，喷气试验宜采用自动控制。模拟喷气试验结果应符合以下规定：①气体能从每个喷嘴喷出，相关控制阀门工作正常，相关的声、光报警信号均显示正确，设备及管道无明显晃动及机械性损伤；②贮存容器切换操作试验可采用手动操作，试验结果应符合喷气试验规定。

气体灭火系统联动调试应在系统内所有设备安装验收和单机调试合格，以及系统内所有管线安装、试验验收合格后进行。系统联动调试由监理单位组织，并视情况由甲方通知设备生产厂家和设计单位参加。系统联动调试前应明确调试要求，检测项目、时间、步骤、人员分工、应急措施等，调试结束后，应整理出调试记录，由参加单位的代表签字。

（8）生活给水系统试验和调试

1）水源测试。

2）生活给水系统的通水试验。

二、质量控制措施及工作方法

（1）施工准备阶段，监理工程师工作的重点：对承包商资质的审查；认真熟悉图纸，协助业主做好材料、设备、构配件的选型与订货的管理；审核施工组织设计和施工方案；督促承包商完善质量保证体系，健全现场质量管理制度；组织或参与设计交底和图纸会审；做好监理与业主及承包商的沟通及交流工作。

（2）施工阶段，监理工程师工作的重点：协助业主选用确定合适的给水排水专业工程承包商和对工程进行"三控、二管、一协调"，在注重施工质量控制的同时，抓好进度控制和造价控制，监理在方法和措施上重点做好以下几个方面：

1）抓好深化设计图纸的控制。由专业承包商负责深化设计，出施工图时，应审查承包商是否具备相应的设计资格（如气体灭火系统等）。施工图纸要求内容齐全、手续完备，图纸应有图签和相关人员签名，加盖工程所在地区设计出图专业章。专业工程设计单位应与土建设计单位沟通协调，专业工程设计方案应征得土建设计单位的同意。

2）强调按图施工。施工单位施工中若发现图纸中不合理、不完善或无法实施等情况，应以书面形式反映存在的问题及修改意见，报送监理和业主，由业主与设计单位联系解决，由设计单位出具相应设计变更手续。专业监理工程师应认真组织有关方面进行图纸会审，将图纸中存在的问题尽可能在施工前予以解决，避免或较少错漏碰撞的现象。

3）审核施工单位提交的施工组织设计或施工方案。对施工单位提交的施工组织设计或施工方案中存在的问题，要以书面形式提出，并要求施工单位修改后再报，对施工单位的质量保证体系和安全保证体系，要求制度、人员、措施三到位。

4）严格控制材料、设备等的进场验收。对各种类型的原材料、阀门、过滤器、水流指示器、仪表和各种设备均需认真查验，并进行现场目测和必要的测量测试，严禁不合格产品用于工程项目中。

5）加强对施工过程各工序的检查和验收，特别应注意预留、预埋与定位放线，管道支架与管道连接，管道试压与防腐保温等质量控制点的核验。

6）加强分项工程，分部工程进行验收评定。评定量需注意以下几个方面：

①有行业归口验收的，以法定验收单位的验收为准。如消防与喷淋系统的验收以消防支队为准。专业监理工程师对于有行业归口的验收，应按监理合同并参照设计图纸、规范、产品说明书等做好预验工作，为正式验收做好准备。

②对于没有行业归口的可参照设计图纸、规范、产品说明书等进行验收。

③注意本专业施工与土建装饰的配合，吊顶内各类管道一律进行相关试验，合格后方可封板；注意各类水管的检修口与消防喷淋喷头及消防箱与装饰工程协调一致，要考虑装饰美化问题与装饰效果，相关部位在装饰隐蔽前会同其他专业进行会签移交，协助接收单位做好成品保护。

（3）在调试运行阶段，监理工程师工作的重点为检查本专业系统的功能是否满足设计要求和业主的使用要求；检查系统的可行性、可操作性、可扩展性和可维护性；在本专业各子系统调试通过的基础上，应特别注意与其他专业的联动调试，确保整个建筑功能协调一致地进行工作，达到设计的综合功能要求及使用要求。专业监理工程师在对主控项目调试验收时，应抓好一般项目的检查验收，各重要部分的主要技术参数，如水压、水量、通水能力和排放能力以及渗漏量等都要进行测量测试，并对数据进行详细记录。

（4）在给水排水专业监理过程中，要注意严格控制工程变更。为了对工程造价进行控制，防止给水排水专业系统突破预算目标，必须从严控制，尽量避免或减少工程变更的次数和范围。对于所有工程变更（包括设计变更和业主变更），监理要从技术可行性和经济合理性等方面进行分析，及时提出监理意见供设计或业主参考。对于已确定的工程变更及时做好签证计量工作，以减少后期索赔过程中扯皮现象的发生。

（5）在本专业监理过程中，要注意工程的协调。本专业与强弱电、暖通、土建、装饰等专业关系密切，专业监理工程师要抓好本专业承包商和土建、装饰和其他专业承包商及其他有关单位的协调配合工作，尽量避免施工时乱打乱敲，影响建筑物结构的安全性和美观性。在施工前，专业监理工程师应要求承包商会同其他专业承包商在设计图纸的基础上对管道及设备较为集中的部位绘制综合管线断面图，并与其他专业监理工程师对综合管线断面进行认真审核并监督承包商按确定的方案实施，协调处理施工过程中出现的问题。

（6）对施工中，施工单位未按设计、规范及确定的方案流程执行的，经交涉和制止无效后，监理应采取必要措施，包括施工中不予进行监理验收、不予支付此部位工程进度款、结算时不予认可相关工程量等相应措施；同时由此引起的检测、整改返工及其他相关损失，均由施工单位承担，并在工程结算时予以兑现。

第二十九章

混凝土主体结构实测实量监理控制要点

■ 一、基本要求

（1）根据施工进度，在结构拆模后，应及时对拆空楼层进行实测实量工作。

（2）每层顶板支撑体系拆完后，2天内完成垃圾清理、周转材料倒运和螺栓眼封堵，达到标准要求后进行实测实量工作（垃圾清理、周转材料倒运和螺栓眼封堵纳入实测实量检查内容）。

（3）根据选取楼层结构平面图，实测实量选点考虑每段每层结构4个角和中间混凝土剪力墙、柱。当实测混凝土结构的截面尺寸、表面平整度、垂直度时，每个实测段要选取10个实测区。

（4）当实测同一楼层内顶板水平极差时，每个实测段选取5个实测区。每个实测区实测5个点，每个点均作为1个计算点。

（5）实测实量完成后，实测人员统计实测结果，列出整改问题，并对现场整改部位进行现场标记，以质量整改单的形式下发给施工队，要求在规定的时间内，按照修补方案进行剔凿、修补整改，完成后报项目部质量检查人员进行复测。

（6）实测实量质量检查人员对每次实测实量的整改问题进行逐一分析，并告知质检员、栋号工长在过程巡查和验收中对出现问题部位重点进行检查。

（7）实测实量人员每月汇总统计，按楼号进行整理，将其结果作为栋号工长、质检员及劳务队质量管理工作的评价依据。

■ 二、截面尺寸偏差（混凝土结构）

（1）指标说明：反映层高范围内剪力墙、混凝土柱施工尺寸与设计图尺寸的偏差。

（2）合格标准：截面尺寸偏差[-5，+8]mm。

（3）测量工具：5m钢卷尺。

（4）测量方法和数据记录。

1）以钢卷尺测量同一面墙/柱截面尺寸，精确至毫米。

2）同一墙/柱面作为1个实测区，累计实测实量20个实测区。每个实测区从地面向上300mm和1500mm各测量截面尺寸1次，选取其中与设计尺寸偏差最大的数，作为判断该实测指标合格率的1个计算点（图29-1）。

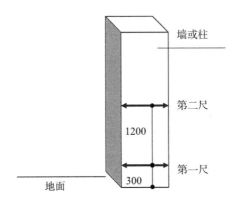

图29-1 墙柱截面尺寸测量（mm）

三、表面平整度（混凝土结构）

（1）指标说明：反映层高范围内剪力墙、混凝土柱表面平整程度。

（2）合格标准：[0，8]mm。

（3）测量工具：2m靠尺、楔形塞尺。

（4）测量方法和数据记录。

1）剪力墙/暗柱：选取长边墙，任选长边墙两面中的一面作为1个实测区。累计实测实量20个实测区。

2）当所选墙的长度小于3m时，同一面墙4个角（顶部及根部）中取左上及右下2个角。按45°角斜放靠尺，累计测量两次表面平整度，跨洞口部位必测。这2个实测值分别作为该指标合格率的2个计算点。

3）当所选墙的长度大于3m时，除按45°角斜放靠尺测量两次表面平整度外，还需在墙的长度中间水平放置靠尺，测量一次表面平整度，跨洞口部位必测。这3个实测值分别作为判断该指标合格率的3个计算点。

4）混凝土柱：可以不测量表面平整度（图29-2）。

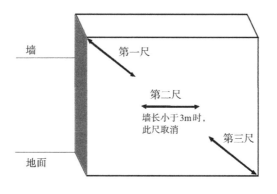

图 29-2　平整度测量示意

四、垂直度（混凝土结构）

（1）指标说明：反映层高范围内剪力墙、混凝土柱表面垂直的程度。

（2）合格标准：[0，8]mm。

（3）测量工具：2m靠尺。

（4）测量方法和数据记录。

①剪力墙：任取长边墙的一面作为1个实测区，累计实测实量20个实测区。

②当墙的长度小于3m时，同一面墙距两端头竖向阴阳角约30cm的位置时，分别按以下原则实测两次：一是靠尺顶端接触到上部混凝土顶板位置时测量一次垂直度；二是靠尺底端接触到下部地面位置时测量一次垂直度。混凝土墙体洞口一侧为垂直度必测的部位。这2个实测值分别作为判断该实测指标合格率的2个计算点。

③当墙的长度大于3m时，同一面墙距两端头竖向阴阳角约30cm和墙中间位置时，分别按以下原则实测三次：一是靠尺顶端接触到上部混凝土顶板位置时测一次垂直度；二是靠尺底端接触到下部地面位置时测一次垂直度；三是在墙的长度中间位置放靠尺，基本在高度方向居中时测一次垂直度。混凝土墙体洞口一侧为垂直度必测部位。这3个实测值分别作为判断该实测指标合格率的3个计算点。

④混凝土柱：任选混凝土柱四面中的两面，分别将靠尺顶端接触到上部混凝土顶板和下部地面位置时各测一次垂直度。这2个实测值分别作为判断该实测指标合格率的2个计算点（图29-3、图29-4）。

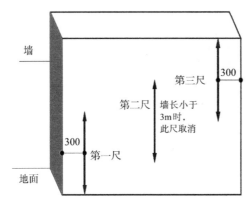
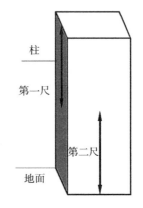

图29-3 墙垂直度测量示意图（mm）　　　　图29-4　柱垂直度测量示意图

建筑工程监理质量控制要点

■ 五、顶板水平度极差（混凝土结构）

（1）指标说明：考虑实际测量的可操作性，可选取同一功能房间混凝土顶板内四个角点和一个中点距离同一水平基准线之间5个实测值的极差值，综合反映同一房间混凝土顶板的平整程度。

（2）合格标准：[0，15]mm。

（3）测量工具：激光扫平仪、具有足够刚度的5m钢卷尺（或2m靠尺、激光测距仪）。

（4）测量方法和数据记录：

①同一功能房间混凝土顶板作为1个实测区，累计实测实量10个实测区。

②使用激光扫平仪在实测板跨内打出一条水平基准线。同一实测区距顶板顶棚线约30cm处位置选取4个角点，以及板跨几何中心位（若板单侧跨度较大可在中心部位增加1个测点），分别测量混凝土顶板与水平基准线之间的5个垂直距离。以最低点为基准点，计算另外4个点与最低点之间的偏差。偏差值不大于15mm时实测点合格；最大偏差值不大于20mm时，5个偏差值（基准点偏差值以0计）的实际值作为判断该实测指标合格率的5个计算点。最大偏差值大于20mm时，5个偏差值均按最大偏差值计，作为判断该实测指标合格率的5个计算点。

③所选两套房中顶板水平度极差的实测区不满足10个时，需增加实测套房数（图29-5）。

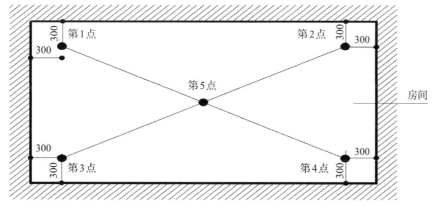

图 29-5　顶板水平度测量示意（mm）

六、楼板厚度偏差（混凝土结构）

（1）指标说明：反映同跨板的厚度施工尺寸与设计图尺寸的偏差。

（2）合格标准：[-5，+8]mm。

（3）测量工具：超声波楼板测厚仪（非破损）或卷尺（破损法）。

（4）测量方法和数据记录。

①同一跨板作为1个实测区，累计实测实量10个实测区。每个实测区取1个样本点，取点位置为该板跨中区域。

②测量所抽查跨板的楼板厚度，当采用非破损法测量时将测厚仪发射探头与接收探头分别置于被测楼板的上下两侧，仪器上显示的值即为两探头之间的距离，移动接收探头，当仪器显示为最小值时，即为楼板的厚度；当采用破损法测量时，可用电钻在板中钻孔（需特别注意避开预埋电线管等），以卷尺测量孔眼厚度。1个实测值作为判断该实测指标合格率的1个计算点。

③所选两套房中楼板厚度偏差的实测区不满足10个时，需增加实测套房数。

第三十章

钢结构工程施工质量监理控制要点

■ 一、对钢结构加工制作的质量控制

（1）监理人员应要求加工制作单位具有住房和城乡建设部颁发的钢结构工程专业承包一级施工资质证书，并申报其企业资质、管理人员名单、特种作业人员上岗资格证书。

（2）监理人员应要求加工制作单位根据设计院提供的设计图纸和技术要求进行加工详图的深化设计，并向建设单位、监理单位、总包单位提供该加工详图的深化设计图纸。

（3）监理人员应要求加工制作单位根据工程的特点和技术条件编制的详细的加工制作方案报监理单位审核，方案审核通过后方可进行加工制作。

（4）监理人员应驻厂监造，严格控制钢构件加工精度。

■ 二、对钢结构安装的质量控制

（1）钢结构安装前，监理人员应要求安装单位编制详尽的施工组织设计，专项吊装方案，其中，临时支撑及稳定措施必须进行验算，必要时组织专家论证。安装程序必须保证结构的稳定性并确定不会导致结构永久变形。

（2）监理人员应要求安装单位对钢架吊装的吊点进行计算确定，保证吊装过程中结构稳定性和构件的强度及刚度。当天安装的钢构件应形成稳定的空间体系。

（3）监理人员应要求安装单位对钢构件进入现场后进行验收，并设支架保护，不得外露和风吹雨淋。要求验收时按照规定的质量表格填写记录，不合格的构件不得起吊。

（4）监理人员应要求安装单位在钢构件安装前对建筑物的定位轴线、基础标高和混凝土的强度等级进行复查，符合要求的强度后方可开始安装工作。

（5）钢结构安装前，监理人员应要求安装单位对地脚螺栓的位置及预埋件的位置予以复查，并满足设计及规范要求。

（6）监理人员应要求安装单位对钢结构做防腐、防火处理。钢构件经人工或机械除锈后喷涂水性富锌防锈底漆。喷涂防火涂料，其喷涂厚度、遍数应满足钢结构防火极限的要求。

（7）监理人员应要求安装单位对钢结构进行检验和复验：所有钢结构分项分部工程的检验；主要构件的钢材材质的化学成分与力学性能的复验；对一、二级焊缝进行的无损检验及对所有焊缝进行的外观检查。若使用栓接，应做高强螺栓连接副件扭矩系数的测试和摩擦面抗滑移系数的测试（表30-1）。

一、二级焊缝质量等级及缺陷分级　　　　　　　　表30-1

焊缝质量等级		一级	二级
内部缺陷 超声波探伤	评定等级	Ⅱ	Ⅲ
	检验等级	B级	B级
	探伤比例	100%	20%
内部缺陷 射线探伤	评定等级	Ⅱ	Ⅲ
	检验等级	AB级	AB级
	探伤比例	100%	20%

注：探伤比例的计数方法应按以下原则确定：

（1）对于工厂制作的焊缝，应按每条焊缝计算百分比，且探伤长度应不小于200mm，当焊缝长度不足200mm时，应对整条焊缝进行探伤；

（2）对于现场安装的焊缝，应按同一类型、同一施焊条件的焊缝条数计算百分比，探伤长度应不小于200mm，且不少于1条焊缝。

1. 钢结构构件安装工艺要求

（1）预埋件安装

预埋件安装工艺流程，如图30-1所示。

（2）地脚螺栓埋设施工

1）测量定位

测量工人根据图纸定位使用全站仪、经纬仪，从测量基线网上引出柱基中心控制线和标高控制线，此控制线经检查复测确认无误后方可使用。另外，根据设计螺栓、埋件的中心和标高计算出其具体观测数据。

2）固定架制作

为保证螺栓安装精度，防止土建绑扎钢筋和浇筑混凝土时对螺栓位置造成过大影响，在螺栓安装前应先设置定位套架，且定位套架应有足够的刚度和稳定

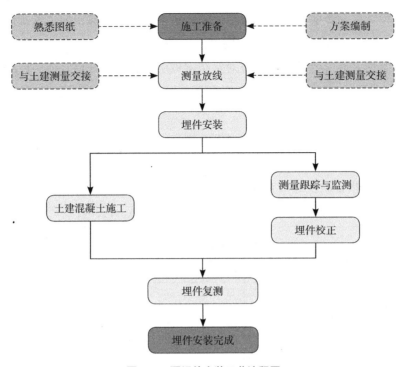

图30-1 预埋件安装工艺流程图

性。螺栓定位套架主要由上部一块横隔板组成，并在横隔板上依据螺栓的截面尺寸预留孔洞，用于螺栓定位。

3）螺栓埋设

①预埋前的准备工作

所有预埋件在安装前均要进行检查，复合尺寸（特别是螺杆长度、垫片厚度、丝扣长度）；对于弯曲变形的螺栓，要进行校正；螺纹要清理干净，并对已损伤的螺纹要进行修复。

②预埋螺栓的安装流程

预埋件进场验收→按图纸尺寸进行测量放线→安装螺栓和套架→复检、验收→筏板混凝土浇筑→测量监控→完毕后复检→记录测量数据。

③预埋螺栓的安装方法

在土建进行筏板底筋绑扎时，应插入地脚螺栓进行预埋施工。螺栓同定位套架一起吊装就位后，经测量校正，将螺栓的定位套架柱脚与筏板上预埋的螺栓点焊固定。

混凝土浇筑到螺杆底部标高位置时，在混凝土没有凝固前应对螺杆位置进行测量校正，如发现螺杆位置出现变化，应微调顶部螺杆的位置，直到符合要求为止。

混凝土凝固后，对螺杆位置进行测量记录，清理螺杆上的杂物，涂抹黄油并用胶带包裹进行保护。

4）安装注意事项，如表30-2所示。

表30-2

序号	内容	注意事项
1	预埋件运输进场	预埋件运输时要轻装轻放，防止变形。进场后按同批号、同规格堆放，并注意保护。预埋件验收应符合设计及规范要求，验收合格后用塑料胶纸包好螺纹，防止损伤、生锈
2	核对图纸测量放线	螺栓预埋前，施工人员应认真审图，对于每组预埋螺栓的形状、尺寸、轴线位置、标高等均应做到心中有数。用经纬仪测放定位轴线，用标准钢尺复核间距，用水准仪测放标高，在模板上做好放线标记
3	安装固定螺栓	在柱基础钢筋、模板安装完毕后，并经监理工程师验收通过，可开始螺栓的预埋工作。按照已经测放好的定位轴线和标高将螺栓的上下定位套板点焊在主筋上
4	复检、验收	螺栓预埋完毕后，复检各组螺栓之间的相对位置，确认无误后报监理公司验收。同时对螺栓丝杆抹上黄油，并包裹处理，防止污染和损坏螺栓螺纹
5	混凝土浇筑	验收合格后，将工作面移交土建单位浇筑混凝土，钢结构施工员跟踪观察。混凝土浇筑过程中应注意成品保护，避免振动泵碰到预埋螺栓
6	混凝土浇筑完后复检	混凝土浇筑完毕终凝前，对预埋螺栓进行复检，发现不符合设计规范的应及时进行校正；混凝土凝固后，再对预埋螺栓进行复测，并做好测量记录

5）螺栓埋设注意事项，如表30-3所示。

螺栓埋设允许偏差系数　　　　　　　　表30-3

项目		允许偏差（mm）
支承面	标高	±1.0
	水平度	$L/1000$
地脚螺栓（螺栓）	螺栓中心偏移	2.0
预留孔中心偏移		10.0

6）螺栓测量控制

利用土建施工测量控制网作为对螺栓埋设的测量控制基准。

在定位套架板上精确弹放出轴线控制标识，并选套架板上轴线的四个角点作为标高控制点。

分四步对螺栓进行测量控制：

①用经纬仪、水准仪和线锤先对定位套板进行安装定位测量。

②待螺栓就位固定前进行测量，主要测量轴线位置、螺栓对角线和螺栓顶部标高。

③然后在浇筑混凝土前后对螺栓进行测量校正。

④最后在混凝土凝固后进行螺栓的埋设成果测量，并在混凝土面弹出定位墨线。

（3）钢柱安装

钢柱安装内容主要包括钢柱吊耳、连接板设计、钢柱高空拼装。

1）吊装准备

在吊装前，根据钢构件的重量及吊点情况，准备足够的不同长度、不同规格的钢丝绳和卡环，并准备好倒链、缆风绳、爬梯、工具包、榔头以及扳手等机具，在柱身上绑好爬梯，并焊接好安全环，以便于操作人员上下、进行柱梁的连接及设置安全防护措施等。

2）钢柱吊点设置

钢柱吊点的设置需考虑吊装简便，稳定可靠，故直接用钢柱上端的连接耳板作为吊点，每节钢柱共四个吊点。为了卡环穿入方便，在深化设计时将连接耳板最上端的一个螺栓孔的孔径加大，作为吊装孔。为保证吊装平衡，挂设四根足够强度的单绳进行吊运；为防止钢柱起吊时在地面拖拉造成地面和钢柱损伤，钢柱下方应垫好枕木。

钢柱的吊装耳板常常也作为上下柱的连接措施，如图30-2所示。

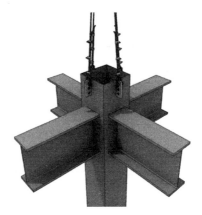

图30-2　钢柱吊装及对接连接示意图

3）钢柱吊装

①首节柱安装

起吊前调整好螺杆上的螺帽，放置好垫块。起吊时，必须边起钩、边转臂使钢柱垂直离地。当钢柱吊到就位上方200mm时，停机稳定，对准螺栓孔和十字线后，缓慢下落，下落中应避免磕碰地脚螺栓丝扣，当柱脚板刚与基础接触后应停止下落，检查钢柱四边中心线与基础十字轴线的对齐情况（四边要兼顾），如有不妥及时进行调整。经调整，钢柱的就位偏差在3mm以内，再行下落钢柱，并使之落实。收紧四个方向的缆风绳，楔紧柱脚垫铁，拧紧地脚螺栓的锁紧螺母，收紧缆风绳，并将柱脚垫铁与柱底板点焊，然后通知土建进行下道工序的施工（图30-3）。

图30-3　柱脚节点示意图

②上部钢柱安装

吊装前应及时清除钢柱表面的污物。钢柱吊装就位后，对正上下柱的中心线，上好夹板，穿上螺栓，及时拉设缆风绳对钢柱进一步进行稳固。已装构件稳定后才能进行下一步吊装。

4）钢柱的校正

钢柱垂直度的校正采用两台经纬仪分别置于相互垂直的轴线控制线上（借用1m线），精确对中调平后，后视前方的同一轴线控制线，并固定基准点，然后纵转望远镜，照准钢柱头上的标尺并读数，与设计控制值相比后，判断校正方向并指挥吊装人员对钢柱进行校正，直到两个正交方向上均校正到正确位置（图30-4）。

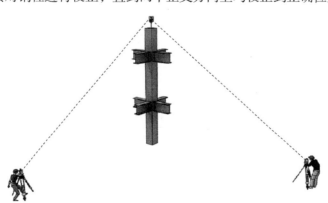

图30-4　钢柱垂直度校正示意图

上下两节柱错口的校正可在下节柱的耳板连接处用千斤顶进行调整，如图30-5所示。

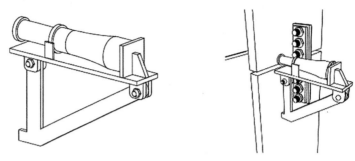

图30-5　千斤顶和钢柱校正示意图

箱形柱、十字柱、H形柱、圆管柱的柱顶标高以及轴线定位可以利用全站仪进行操作。高层施工现场作业面较小，可以制作专用工具将全站仪、激光反射棱镜固定在钢柱顶部进行操作。

5）钢柱安装要点

在吊装前，根据钢构件的重量及吊点情况，准备足够的钢丝绳和卡环，并准备好倒链、缆风绳、爬梯、工具包、榔头以及扳手等机具，在柱身上绑好爬梯，并焊接好安全环，以便于操作人员上下和进行柱梁的连接（表30-4）。

钢柱安装要点　　　　　　　　　　　　　　　表30-4

序号	安装要点
1	利用钢柱的临时连接耳板作为吊点，吊点必须对称，确保钢柱吊装时为垂直状。钢柱吊装到位后，钢柱的中心线应与下节钢柱的中心线吻合，并四面兼顾，活动双夹板平稳插入下节钢柱对应的安装耳板上，穿好连接螺栓，连接好临时连接夹板，利用千斤顶进行校正
2	校正时应对轴线、垂直度、标高、焊缝间隙等因素进行综合考虑，全面兼顾，每个分项的偏差值都要达到设计及规范要求
3	钢柱之间的连接板待校正完毕并全部焊接完毕后，可将其割掉，并将焊接处打磨光滑，再涂上防锈漆，注意割除时不要伤害母材
4	起吊前，钢构件应横放在垫木上；起吊时，不得对构件在地面上进行拖拉；回转时，需要一定的高度；起钩、旋转、移动三个动作交替缓慢进行，就位时缓慢下落，防止碰坏螺栓丝口
5	每节钢柱的定位轴线应从阶段控制线引上，不得从下层柱的轴线引上；结构的楼层标高可按相对标高进行
6	吊装钢管柱和箱形柱时，将上口包封，防止异物落入管内

（4）钢梁安装（图30-6）

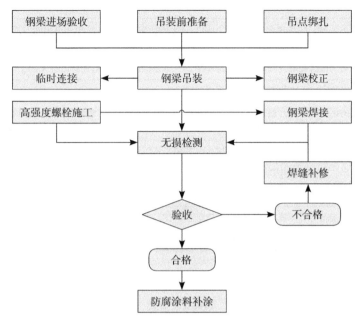

图30-6 钢梁安装流程

1）钢梁的就位与临时连接

钢梁就位时，应及时夹好连接板。对于孔洞有少许偏差的接头，应使用冲钉配合调整间距，然后用安装螺栓拧紧。安装螺栓的数量按规范要求不得少于该节点螺栓总数的30%，且不得少于2个（图30-7）。

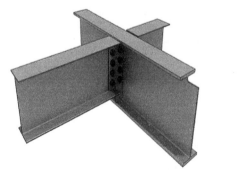

图30-7 钢梁临时固定

2）钢梁安装注意事项

钢梁主要为塔楼核心筒内钢梁、外框钢梁及裙楼钢梁，截面形式均为H形，钢梁通过合理分段，均在塔式起重机吊装能力范围内，如表30-5所示。

钢梁安装注意事项   表 30-5

序号	注意事项
1	钢梁吊装前,应清理钢梁表面的污物,对于所产生浮锈的连接板和摩擦面,应在吊装前进行除锈
2	在钢梁的标高和轴线测量的校正过程中,一定要保证已安装好的标准框架的整体安装精度
3	钢梁安装完成后应检查钢梁与连接板的贴合方向
4	钢梁的吊装顺序应严格按照安装钢柱时的吊装顺序进行,及时形成框架,保证框架的垂直度,为后续钢梁的安装提供方便
5	待吊装的钢梁应装配好附带的连接板,并用工具包装好螺栓
6	钢梁吊装就位时要注意钢梁的上下方向以及水平方向,确保安装正确
7	安装时应用临时螺栓进行临时固定,不得将高强度螺栓直接穿入
8	钢梁连接施工时,腹板高强度螺栓先进行初拧,然后焊接腹板,最后再终拧高强度螺栓
9	邻边的钢梁安装完毕后应及时拉设安全绳,以便施工人员行走时挂设安全带,确保施工安全

3) 钢梁安装要点(表30-6)

钢梁安装要点   表 30-6

序号	安装要点
1	对于大跨度(跨度≥5m)、大吨位的钢梁(重量≥3t)吊装可采用焊接吊耳的方法进行吊装,对于轻型钢梁则采用预留吊装孔进行"串吊"。钢梁在工厂加工时应预留吊装孔或设置吊耳作为吊点
2	每个区域外框架钢柱安装后,及时安装柱顶楼层的主梁和环梁,以便形成稳定的结构体系,其余钢梁在前一区域钢柱和钢梁校正焊接后再进行安装
3	校正时应对轴线、水平度、标高、连接板间隙等因素进行综合考虑、全面兼顾,每个分项的偏差值都要达到设计和规范的要求
4	钢梁按施工图进行吊装就位时要注意钢梁的靠向。钢梁就位时,先用冲钉将梁两端的孔对位,然后将安装螺栓拧紧。安装螺栓数量不得少于该处螺栓总数的30%,且不得少于3颗
5	楼层钢梁的安装顺序应遵循先主梁后次梁的原则,每一个区域校正焊接完成后,方进入下一个区域的安装

(5) 屈曲支撑安装工艺

1) 钢结构工程的屈曲支撑主要分布于拟采用混凝土框架结构内。施工完成后在上部混凝土梁上挂设手动葫芦进行吊装,吊装流程如表30-7所示。

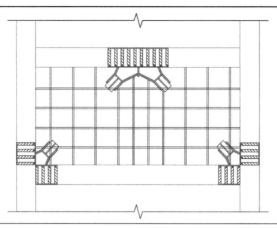

第一步：进行土建施工混凝土结构时，插入预埋件，其中对梁上预埋件位置底部支撑脚手架局部加密处理

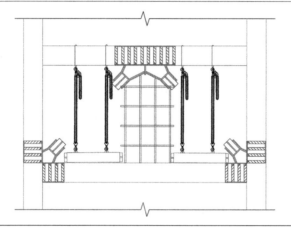

第二步：混凝土梁拆模，混凝土支撑脚手架拆除，预留梁埋件位置支撑架。在上部混凝土梁挂设手动葫芦吊装屈曲支撑

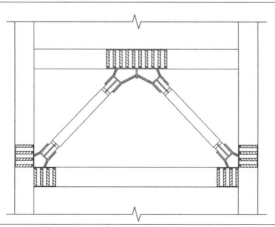

第三步：屈曲支撑就位后，完成焊接

257

第三十章　钢结构工程施工质量监理控制要点

2）支撑节点安装

支撑位于核心筒柱间，安装方式为散件安装，即待带支撑节点的钢柱和钢梁形成稳定体系后再进行支撑的安装（表30-8）。

支撑安装流程   表30-8

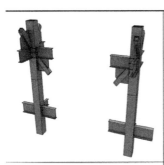

步骤1：安装钢柱，测量校正，确保牛腿定位准确	步骤2：安装上、下层楼层钢梁，测量校正，确保钢梁牛腿节点定位准确	步骤3：通过手拉葫芦调整斜撑角度，从侧面推入斜撑杆，完成斜撑安装

2.钢结构焊接施工质量控制

重点分析：相对于常见的高层劲性结构来讲，钢结构工程对焊接技术要求更加严苛；同时，外框钢柱、内框钢柱变截面较多、焊接数量多，焊接施工过程中，易使钢柱收缩变形，导致钢结构框架产生扭曲变形。

解决措施：监理人员应要求施工单位组织焊接工艺评定，严格执行相关标准及要求，加强对焊接工人技术水平的考核力度，选用经验丰富、焊接实力强的工人进行焊接作业，同时选择高质量的焊接设备，确保焊接质量满足规范要求；对截面形状、焊缝布置均匀对称的钢结构构件采用对称焊接施工，不对称的焊缝须先焊焊缝少的一侧并采用不同的焊接顺序控制焊接变形。

施工现场的焊接主要包括现场地面拼装焊接、高空安装焊接，梁柱节点的平焊、横焊、立焊、斜立焊等多种焊缝形式（表30-9）。

多种焊缝形式的焊接特点   表30-9

序号	焊接特点
1	重点在钢结构的厚板焊接方面，大量钢板厚度超过30mm，焊接工作量大。控制焊接变形、消除残余应力、防止层状撕裂是焊接作业的重点
2	外框钢柱焊缝为横焊，箱形桁架节点处为横焊与斜立焊，焊接条件较差，对焊接技术要求较高
3	焊接作业大多为超高空、邻边施工，焊接时均需搭设焊接操作平台，焊接时防风、防雨、确保安全措施非常重要

典型截面焊接顺序如表30-10所示。钢结构焊接施工质量保证措施如表30-11所示。钢结构高强螺栓施工如表30-12所示。

典型截面焊接顺序　　　　　　　　　　　表30-10

对接焊接构件类型	构件焊接顺序示意图	备注
箱形构件		(1) 先安排两名焊工匀速、同步、对称进行箱形构件两对边的焊接； (2) 然后两名焊工对称进行箱形构件另外两对边的焊接，焊接完成后割除全部连接耳板
圆管构件		(1) 采取2个人分段对称焊的方式进行； (2) 要求对称、同步、分层、多焊道焊接。焊接完成后割除全部连接耳板
H形构件		(1) 先安排两名焊工匀速、同步地进行H形构件的翼缘焊接； (2) 最后焊接腹板，焊接完成后割除全部连接耳板

钢结构焊接施工质量保证措施　　　　　　　表30-11

序号	钢结构焊接施工质量保证措施
1	在正式焊接施工前，监理人员应根据《钢结构焊接规范》GB 50661—2011的规定进行焊接工艺评定试验，并根据评定报告确定具体施工中的焊接施工工艺
2	焊接顺序的选择应当考虑焊接变形的因素，尽量采用对称焊，对收缩量大的部位先焊，使焊接变形及收缩量减小
3	对于25mm以上厚板的焊接，为防止在厚度方向出现层状撕裂，采取以下措施：①焊接前，对母材焊道中心线两侧各2倍板厚的区域内进行超声波探伤检查。母材中不得有裂纹、夹层及分层等缺陷存在；②严格控制焊接顺序，尽可能减少垂直于板面方向的约束；③通过焊接工艺试验制定焊接工艺

序号	钢结构焊接施工质量保证措施
4	对构造复杂的构件和节点及Q345钢与锻钢钢件的焊接进行工艺试验，制定合理的焊接组装工艺
5	在钢结构中首次采用的钢种、焊接材料、接头形式、坡口形式及工艺方法，应进行焊接工艺评定，其评定结果应符合设计要求
6	合理安排焊接顺序，采取有效措施，确保焊工的人身安全
7	对接接头和要求全焊透的角部焊接，应在焊缝两边配置弧板和引出板，其材质应与焊件相同或通过试验选用
8	引弧板、引出板、垫板的固定焊应焊在接头焊接坡口内和垫板上，不应在焊缝以外的母材上焊接定位焊缝。焊接完成后应割除全部长度的垫板及引弧板、引出板，打磨消除未融合或夹渣等缺陷后，再封底焊成平缓过渡的形状
9	发现焊接母材裂纹或层状撕裂时，应更换母材，经设计和质量检查部门同意，也可以进行局部处理

建筑工程监理质量控制要点

钢结构高强度螺栓施工 表30-12

序号	高强度螺栓安装方法	示意图
1	待吊装完成一个施工段，钢构件形成稳定的框架单元后，开始安装高强度螺栓	
2	扭剪型高强度螺栓安装时应注意方向：螺栓的垫圈安在螺母一侧，垫圈孔有倒角的一侧应和螺母接触	高强度螺栓安装
3	螺栓穿入方向以便利施工为准，每个节点应整齐一致。穿入高强度螺栓用扳手紧固后，再卸下临时螺栓，以高强度螺栓替换	
4	高强度螺栓的紧固，必须分两次进行。第一次为初拧：初拧紧固到螺栓标准轴力（即设计预拉力）的60%～80%。第二次紧固为终拧，终拧时扭剪型高强度螺栓应将梅花卡头拧掉	
5	初拧完毕的螺栓，应做好标记以供确认。为防止漏拧，当天安装的高强度螺栓，当天应终拧完毕	
6	初拧、终拧都应从螺栓群中间向四周对称、扩散的方式进行紧固	
7	因空间狭窄，高强度螺栓在扳手不宜操作部位，可采用加高套管或用手动扳手安装	
8	扭剪型高强度螺栓应全部拧掉尾部梅花卡头为终拧结束，不得遗漏	高强度螺栓终拧

三、监理对钢结构涂装施工质量控制措施

（1）钢结构构件的防火说明。

所有钢结构承重构件节点的防火涂装耐火等级为一级，防火采用防火涂料防护，防火涂料应符合《钢结防火涂料应用技术规范》CECS 24—1990、《建筑钢结构防火技术规范》CECS 200—2006的规定。涂装的具体部位是钢柱（耐火极限3.0小时）、钢梁（耐火极限2.0小时）。防火涂料与防锈蚀油漆（涂料）之间应进行相容性试验，试验合格后方可使用。防火涂料（超薄微膨胀型）应具备国家检测机构的耐火极限检测报告和理化性能检测报告，必须有防火监督部门核发的生产许可证和生产厂方的产品合格证。施工质量要求遵照《钢结构防火涂料应用技术规范》CECS 24—1990，厚度应符合耐火极限的设计要求。

（2）监理人员应严格按照钢结构涂装施工质量要求满足下列钢结构的防腐、防火的要求：

① 构件经人工或者机械除锈后，喷涂水性富锌防锈底漆。

② 喷涂防火涂料，喷涂厚度、遍数应满足钢结构防火极限要求。

第三十一章

砌体工程施工质量监理控制要点

该质量控制措施适用于烧结普通砖、烧结多孔砖、混凝土多孔砖、混凝土实心砖、蒸压灰砂砖、蒸压粉煤灰砖等砌体工程。

砌体工程是建筑安装工程的重要分项工程。在混合结构中，砌体是承重结构；在框架结构中，砌体是围护填充结构。墙体材料通过砌筑砂浆连成整体，实施对建筑物的内部分隔和外部维护、挡风、防水、遮阳。针对砌体工程的重要性，特编制以下砌体工程质量监理控制措施。

一、砖的质量控制

砖的质量直接影响砌体的施工质量。项目部应审核进场砖的质保资料，按规定频率对砖进行复试检验，检查其是否符合设计要求。对进场砖的外观质量和几何尺寸进行检查，不符合要求的砖坚决不得使用。

（1）砌块砖应有出厂合格证，砌块砖品种强度等级及规格应符合设计要求；砌块砖进场应按要求进行取样试验，并出具试验报告，合格后方可使用。

（2）用于清水墙、柱表面的砖，应边角整齐，色泽均匀。

（3）进行砌体砌筑时，混凝土多孔砖、混凝土实心砖、蒸压灰砂砖、蒸压粉煤灰砖等块体的产品龄期不应小于28天。

（4）有冻胀环境和条件的地区、地面以下或防潮层以下的砌体，不宜使用多孔砖。

（5）不同品种的砖不得在同一楼层混砌。

（6）砌筑烧结普通砖、烧结多孔砖、蒸压灰砂砖、蒸压粉煤灰砖进行砌筑时，砖应提前1～2天进行适度湿润，严禁使用干砖或处于吸水饱和状态的砖进行砌筑，块体湿润程度宜符合下列规定：

①烧结类块体的相对含水率应为60%～70%。

②混凝土多孔砖及混凝土实心砖不需浇水湿润，但在气候干燥炎热的情况下，宜在砌筑前对其喷水湿润。其他非烧结类块体的相对含水率应为40%～50%。

（7）施工现场砌块应堆放平整，堆放高度不宜超过2m，有防雨要求的要防止雨淋，并做好排水，砌块应保持干净。

■ 二、砌筑砂浆的质量控制

砌体工程施工中，砌体是通过砂浆将墙体材料连接在一起并成为整体。砂浆也是砌体结构受力的组成部分，砂浆强度直接影响砌体强度，特别是对砌体抗剪强度的影响更为明显。因为当沿灰缝破坏时，抗剪强度只与砂浆强度等级有关，而与砌体的强度等级无关。同时，砂浆水平灰缝粘结力及竖缝饱满度对砌体整体质量及使用功能均有较大的影响：砂浆不饱满极易产生墙面渗漏水的质量问题；砂浆饱满可以有效减少砌体的通气性，提高了砌体的隔热性和抗冻性。所以，控制好砌筑砂浆的质量是保证砌体质量的一个关键点。

（一）预拌砂浆进场质量控制资料检测要点

（1）预拌砂浆进场必须提交散装水泥产品备案证书、产品合格证。对于干拌砂浆，尚须提交型式检验报告及该批产品的出厂检验报告；对于湿拌砂浆，尚须提交该批产品的出厂检验报告。

①产品合格证：应提供统一印制的一式四联的合格证。

②型式检验：干拌砂浆产品在正常的生产条件下，每六个月进行一次型式检验。型式检验包括本规程技术要求规定的全部项目。生产中如果原材料发生变化、生产工艺进行调整、设备进行维修、连续停产超过一个月后恢复生产或成品存放期超过三个月时应进行型式检验。

③出厂检验：每一批干拌砂浆产品出厂前必须进行出厂检验。干拌砂浆的产品合格证应以出厂检验结果为依据。

（2）干拌砂浆用的包装袋（或散装罐相应的卡片）上应印有清晰显示相关产品信息的标识内容：

①产品名称；

②产品标记；

③生产厂名称和地址；

④生产日期；

⑤生产批次号；

⑥加水量要求；

⑦加水搅拌时间；

⑧内装材料重量；

⑨产品贮存期。

（3）供方应提供相应的预拌砂浆使用说明书，包括砂浆特点、性能指标、干拌砂浆有效日期、使用范围、加水量、凝结时间、使用方法、注意事项等。

（二）原材料进场检验要求

（1）原材料进场后须进行见证取样，复试合格后方可使用，具体复试批次和检测项目应不低于如表31-1所示的要求。

预拌砂浆进场检验项目　　　　　　　　　　表31-1

序号	砂浆品种		检验项目	批量
1	干混砌筑砂浆	普通	保水率、抗压强度	同一生产厂家、同一品种、同一批号且连续进场的预拌砂浆 每500t为一批，不足500t亦为一批
		薄层	保水率、抗压强度	
2	干混抹灰砂浆	普通	保水率、抗压强度、拉伸粘结强度	
		薄层	保水率、抗压强度、拉伸粘结强度	
3	干混地面砂浆		保水率、抗压强度	
4	干混普通防水砂浆		保水率、抗压强度、拉伸粘结强度、抗渗等级	

（2）存放超过3个月或者超过产品有效期的预拌砂浆应重新进行检验，合格后才能使用。

（三）试块留置要求

（1）砌体结构工程检验批的划分应同时符合下列规定：

①所用材料类型及同类型材料的强度等级相同（这里的材料包含砌体和砂浆两种材料）；

②不超过250m³砌体；

③同品种、同强度等级的干混砂浆应以100t为一个检验批；

④主体结构砌体一个楼层（基础砌体可按一个楼层计），填充墙砌体量少时可多个楼层合并。

（2）留置数量要求：

①每一个检验批且不超过250m³砌体的各类、各强度等级的普通砌筑砂浆，每台搅拌机应留置不少于一组试块；

②砌体砂浆每一个验收批，同一类型、强度等级的砂浆试块不应少于3组。

（3）砌筑砂浆试块强度验收时，其强度合格标准应符合下列规定：

①同一个验收批砂浆试块强度平均值应大于或等于设计强度等级值的1.1倍；

②同一个验收批砂浆试块抗压强度的最小一组平均值应大于或等于设计强度等级值的85%。

三、砌筑施工质量控制

（1）砌筑前，检查砌筑部位是否清理干净并浇水湿润（提前1～2天对砖进行浇水湿润）；复核墙身中心线及边线是否符合设计要求；复核检查皮数杆是否根据设计要求对砖的规格和灰缝厚度、对皮数、竖向构造的变化部位进行标明。

（2）坚持样板开道的原则，要求砌筑的人员姓名、砌筑日期印在墙上。泥工的砌筑水平对墙体的砌筑质量影响很大，因此需根据样板对泥工技术水平进行筛选。

（3）宽度小于1m的窗间墙，应选用整砖砌筑，半砖和破损的砖应分散使用在受力较小的砖墙，小于1/4砖体积的碎砖不能使用。

（4）墙体每天的砌筑高度不宜超过1.8m。雨季施工时，每日的砌筑高度不宜超过1.2m，提醒施工人员在施工过程中采用防雨冲刷砂浆的措施，如收工时采用防雨材料覆盖新砌墙体表面。

（5）采用铺浆法砌筑砌体，铺浆长度不得超过750mm；施工期间气温超过30℃时，铺浆长度不得超过500mm。

（6）240mm厚承重墙的每层墙的最上一皮砖，砖砌体的阶台水平面上及挑出层的外皮砖，应整砖丁砌。

（7）弧拱式及平拱式过梁的灰缝应砌成楔形缝，拱底灰缝宽度不宜小于5mm，拱顶灰缝宽度不应大于15mm，拱体的纵向及横向灰缝应填实砂浆；平拱式过梁拱脚下面应伸入墙内不小于20mm；砖砌平拱过梁底应有1%的起拱。

（8）砖过梁底部的模板及其支架拆除时，灰缝砂浆强度不应低于设计强度的75%。

（9）多孔砖的孔洞应垂直于受压面砌筑。半盲孔多孔砖的封底面应朝上砌筑。

（10）竖向灰缝不得出现瞎缝、透明缝和假缝。

（11）砖砌体施工在临时间断处进行补砌时，必须将接槎处表面清理干净，洒水湿润，并填实砂浆，保持灰缝平直。

（12）夹心复合墙的砌筑应符合下列规定：

①墙体砌筑时，应采取措施防止空腔内掉落砂浆和杂物；

②拉结件设置应符合设计要求，拉结件在叶墙上的搁置长度不应小于叶墙厚度的2/3，并不应小于60mm；

③保温材料品种及性能应符合设计要求。保温材料的浇筑压力不应对砌体强度、变形及外观质量产生不良影响。

（13）现场随时巡查督促，重点监控组砌方法、砂浆饱满度、马牙槎的留置尺寸、拉结筋有否遗漏及其埋置长度和间距设置、脚手眼的留置部位是否准确，及时发现问题及时纠正，不留隐患。

四、砖砌体工程质量控制的主控项目

（1）砖和砂浆的强度等级必须符合设计要求

抽检数量：每一生产厂家的烧结普通砖、混凝土实心砖每15万块和烧结多孔砖、混凝土多孔砖、蒸压灰砂砖及蒸压粉煤灰砖每10万块各为一个验收批，不足上述数量时按一批计，抽检数量为一组。砂浆试块抽检数量的执行按规范的有关规定。

检验方法：检查砖和砂浆试块的试验报告。

（2）砌体灰缝砂浆应密实饱满，砖墙水平灰缝的砂浆饱满度不得低于80%；砖柱水平灰缝和竖向灰缝饱满度不得低于90%。

抽检数量：每检验批抽查不应少于5处。

检验方法：用百格网检查砖底面与砂浆的粘结痕迹面积，每处检测3块砖，取其平均值。

（3）砖砌体的转角处和交接处应同时砌筑，严禁无可靠措施的内外墙分砌施工。在抗震设防烈度为8度及8度以上地区，对于不能同时砌筑而又必须留置的临时间断处应砌成斜槎，普通砖砌体斜槎水平投影长度不应小于高度的2/3，多孔砖砌体斜槎长高比不应小于1/2。斜槎高度不得超过一步脚手架的高度。

抽检数量：每检验批抽查不应少于5处。

检验方法：观察、检查。

（4）非抗震设防及抗震设防烈度为6度、7度地区的临时间断处，当不能留斜槎时，除转角处外，可留直槎，但直槎必须做成凸槎，且应加设拉结钢筋，拉结钢筋应符合下列规定：

① 每120mm墙厚放置1根 ϕ 6mm的拉结钢筋（120mm厚墙应放置2根 ϕ 6mm的拉结钢筋）。

②间距沿墙高不应超过500mm，且竖向间距偏差不应超过100mm。

③埋入长度从留槎处算起每边均不应小于500mm，对抗震设防烈度6度、7

度的地区，不应小于1000mm。

④末端应有90°弯钩。

抽检数量：每检验批抽查不应少于5处。

检验方法：观察和钢尺测量检查。

五、砖砌体工程质量控制的一般项目

（1）砖砌体组砌方法应正确，内外搭砌，上、下错缝。清水墙、窗间墙无通缝；混水墙中不得有长度大于300mm的通缝，长度200～300mm的通缝每间不超过3处，且不得位于同一面墙体上；砖柱不得采用包心砌法。

抽检数量：每检验批抽查不应少于5处。

检验方法：观察、检查。砌体组砌方法抽检每处应为3～5m。

（2）砖砌体的灰缝应横平竖直，厚薄均匀，水平灰缝厚度及竖向灰缝宽度宜为10mm，但不应小于8mm，也不应大于12mm。

抽检数量：每检验批抽查不应少于5处。

检验方法：水平灰缝厚度用尺量10皮砖砌体高度折算；竖向灰缝宽度用尺量2m砌体长度折算。

（3）砖砌体尺寸、位置的允许偏差及检验应符合如表31-2所示的规定。

砖砌体尺寸、位置的允许偏差及检验 表31-2

项次	项目			允许偏差（mm）	检验方法	抽检数量
1	轴线位移			10	用经纬仪和钢尺检查或用其他测量仪器检查	承重墙、柱全数检查
2	基础、墙、柱顶面标高			±15	用水准仪和尺检查	不应少于5处
3	墙面垂直度	每层		5	用2m托线板检查	不应少于5处
		全高	≤10m	10	用经纬仪、吊线和尺或用其他测量仪器检查	外墙全部阳角
			>10m	20		
4	表面平整度	清水墙、柱		5	用2m靠尺和楔形塞尺检查	不应少于5处
		混水墙、柱		8		
5	水平灰缝平直度	清水墙		7	拉5m线和尺检查	不应少于5处
		混水墙		10		
6	门窗洞口高、宽（后塞口）			±10	用尺检查	不应少于5处
7	外墙上下窗口偏移			20	以底层窗口为准，用经纬仪或吊线检查	不应少于5处
8	清水墙游丁走缝			20	以每层第一皮砖为准，用吊线和尺检查	不应少于5处

六、砖砌体工程质量通病及控制措施

1.砖缝砂浆不饱满、砂浆与砖粘结不良

（1）现象

砌体水平灰缝饱满度低于80%，竖缝出现瞎缝。砖在砌筑前未浇水湿润，干上墙，或铺灰长度过长，致使砂浆与砖粘结不良。

（2）原因分析

1）低强度等级的砂浆，如使用水泥砂浆，因水泥砂浆和易性差，砌筑时挤浆费劲，操作者用大铲或瓦刀铺刮砂浆后，使底灰产生空穴，砂浆不饱满。

2）用干砖砌墙，使砂浆早期脱水而降低强度，且与砖的粘结力下降，而干砖表面的粉屑又起了隔离作用，减弱了砖与砂浆层的粘结。

3）用铺浆法砌筑，有时因铺浆过长，砌筑速度跟不上，砂浆中的水分被底砖吸收，使砌上的砖层与砂浆失去粘结。

（3）预防措施

1）改善砂浆和易性是确保灰缝砂浆饱满度和提高粘结强度的关键。

2）改进砌筑方法，不宜采用铺浆法或摆砖砌筑，应推广"三一砌砖法"即使用大铲，一块砖、一铲灰、一挤揉的砌筑方法。

3）当采用铺浆法砌筑时，必须控制铺浆的长度，一般气温情况下不得超过750mm，当施工气温超过30℃时，不得超过500mm。

4）煤矸石砌块严禁浇水，砌块含水率应控制在15%以内，并应进行干砌。

2.墙体留槎形式不符合规定，接槎不严

（1）现象

砌筑时不按规定规范执行，随意留直槎，且多留阴槎，槎口部位用砖渣填砌，留槎部位接槎砂浆不严，灰缝不顺直，使墙体拉结性能严重削弱。

（2）原因分析

1）操作人员对留槎形式与抗震性能的关系缺乏认识，习惯于留直槎，认为留斜槎费事，技术要求高，不如留直槎方便，而且多数留阴槎。

2）施工组织不当造成留槎过多。由于重视不够，留直槎时，漏放拉结筋。

3）后砌120mm墙留置的阳槎不正不直，接槎时由于咬槎深度较大，使接槎砖上部灰缝不易塞严。

（3）预防措施

1）在安排施工组织计划时，对施工留槎应进行统一考虑。外墙大角尽量做到同步砌筑不留槎，以增强墙体的整体性。纵横墙交接处，有条件时尽量安排同步砌筑。

2）当留斜槎确有困难时，应留引出墙面120mm的直槎，并按规定设拉结筋，使咬槎砖缝便于接砌，以保证接槎质量，增强墙体的整体性。

3. 砌体裂缝防治措施

（1）现象与原因

由于填充墙体不均匀、下沉和温度变化的影响，常使填充墙表面、墙体与框架梁交接处产生一些不同性质的裂缝。对于因墙体下沉和温度变化引起的裂缝，必须高度重视，一旦裂缝出现，有可能导致墙体倒塌破坏，后果相当严重。

（2）预控措施

1）底层窗台在窗台标高处设置钢筋混凝土板带，板带的混凝土强度等级不应小于C20，厚度不小于80mm，纵向配筋不宜少于3根 ϕ8mm，嵌入窗间墙内不小于600mm；房屋两端顶层砌体沿高度方向应设置间隔不大于500mm的配筋砌体，或墙体内适当增设构造柱。

2）混凝土小型空心砌块、蒸压加气混凝土砌块等轻质墙体，应增设间距不大于3m的构造柱，每层墙高的中部增设厚度为120mm与墙体同宽的钢筋混凝土混凝土腰梁，砌体无约束的端部必须增设构造柱，预留的门窗洞口应采取钢筋混凝土框加强。

3）顶层砌筑砂浆的强度等级不应低于Mb7.5。

4）钢筋混凝土阳台栏板、扶手钢筋与结构墙体必须有可靠的拉结措施，拉结筋必须预埋；金属栏杆、扶手必须与结构墙体有可靠的锚固措施。

5）门垛或窗间墙小于360mm时必须采用钢筋混凝土浇筑。

6）内外墙体与混凝土柱、梁交接处，用1mm厚的钢板网搭接宽度不小于200mm（网眼尺寸不小于10mm×10mm）；抹灰或耐碱玻璃纤维网格布聚合物砂浆加强带进行处理，加强带与各基体的搭接宽度不应小于150mm。顶层粉刷砂浆中宜掺入抗裂纤维。

7）采用专用砂浆。

8）砌筑砂浆应采用中砂，严禁使用细砂和混合粉。

9）砌体应灰缝饱满密实、组砌方法正确、接槎规范、拉接筋敷设符合要求（砌体质量控制等级为B级）。

10）砌筑砂浆应随拌随用，严禁在砌筑现场加水二次拌制。

11）填充墙每次砌筑高度不应超过1.2m，待前次砂浆终凝后，再继续砌筑，一日砌筑高度不宜大于1.8m。填充墙砌至接近梁底、板底时，应留有30～80mm的空隙，至少间隔10天后用细石混凝土加膨胀剂塞实。

12）砌体结构砌筑完成后宜30天后再抹灰，并不得少于20天。

13）框架柱间填充墙拉结筋应满足砖模数的要求，不得折弯压入砖缝。

14）填充墙与框架柱交接处，应用20mm×20mm木条预先留缝，在加贴网片前取出木条浇水湿润，干燥后再用1:3的膨胀水泥砂浆予以嵌实。

15）当门窗洞口上至梁底距离小于200mm时，门窗过梁应与结构梁整浇。

16）对上料口、过人洞进行封堵时，顶端应采用细石混凝土加膨胀剂予以填实。

17）严禁在承重砌体上开凿横槽；严禁在已砌筑完成的门垛、窗间墙上开凿线管槽和接线盒孔洞；若设计上却有布置的，必须在砌筑时预埋或留置孔槽。在砌体上开槽时应采用机械切割；管道埋设完毕后，回填应采用适当材料，填封密实牢固，抹灰层应设置金属网。

18）配电箱预留洞上的过梁应在其线管穿越的位置预留孔槽，不得事后打凿。消防箱、配电箱、开关箱等背面的抹灰层应采取防止开裂的措施。

19）冬期施工的外墙除应符合相关规范要求外，还应满足以下要求：

①砌筑工程的冬期施工应优先选用外加剂法，且宜将砂浆强度等级按常温施工的强度等级提高一级。围护外墙不宜冬期施工，若有特殊情况，应有相应的保温措施。

②拌合砂浆应采用两步投料法，水温不得超过80℃（一般40℃为宜），砂浆出罐温度不得超过40℃，使用温度不应低于5℃。

a.拌制砂浆用的砂不得含有冰块和大于10mm的冻结块；砌筑时不准随意往砂浆内加热水，砂浆应随拌随用，不应积存，以免冻结，降低砌体强度。

b.砖在砌筑前应清除冰霜，遇水浸泡后受冻的砖不能使用；砂浆宜采用普通硅酸盐水泥拌制；石灰膏应防止受冻，如遭冻结，应经融化后方可使用。

③进行砌体工程施工时，砂浆稠度应适当加大，一般可控制在约10～12mm；视气温和日照情况，砌体用砖块可少量浇水湿润，浇水不宜过多，且随浇随用，砖表面不得有游离水。在气温低于、等于0℃条件下砌筑时，可不浇水，但必须增大砂浆稠度。砌筑时应注意砌体与砂浆的挤揉。

④冬期施工中，应调整作息时间，砌筑应在日出后2小时进行，日落前2小时休工，每日砌筑高度不宜超过1.2m，并做好覆盖保温工作。

⑤外墙面施工操作环境温度不应低于5℃。

▓ 七、冬期施工

（1）当室外日平均气温连续5天稳定低于5℃时，砌体工程应采取冬期施工措施。

①气温根据当地气象资料确定。

②在冬期施工期限以外，当日最低气温低于0℃时，也应按相关质量控制措施规定执行。

（2）冬期施工的砌体工程质量验收除应符合相关质量控制措施要求外，尚应符合现行行业标准《建筑工程冬期施工规程》JGJ/T 104—2011的有关规定。

（3）砌体工程冬期施工应有完整的冬期施工方案。

（4）冬期施工所用材料应符合下列规定：

①砌体用块体不得遭水浸冻。

②拌制砂浆用砂不得含有冰块和大于10mm的冻结块。

（5）冬期施工砂浆试块的留置，除应按常温规定要求外，尚应增加一组与砌体同条件养护的试块，用于检验转入常温28天的强度。若有特殊需要，可另行增加相应龄期的同条件养护的试块。

（6）地基土有冻胀性时，应在未冻的地基上砌筑，并应防止在施工期间和回填土前令地基受冻。

（7）冬期施工中，小砌块浇（喷）水湿润应符合下列规定：

①烧结普通砖、烧结多孔砖、蒸压灰砂砖、蒸压粉煤灰砖气温高于0℃条件下砌筑时，应浇水湿润；在气温低于、等于0℃条件下砌筑时，可不浇水，但必须增大砂浆稠度。

②混凝土多孔砖、混凝土实心砖施工时，不应对其浇（喷）水湿润。

③抗震设防烈度为9°的建筑物，烧结普通砖、烧结多孔砖、蒸压粉煤灰砖无法浇水湿润时，如无特殊措施，不得砌筑。

（8）拌合砂浆时水的温度不得超过80℃；砂的温度不得超过40℃。

（9）采用砂浆掺外加剂法、暖棚法施工时，砂浆使用温度不得低于5℃。

（10）采用暖棚法施工，块体在砌筑时的温度不应低于5℃，距离所砌的结构底面0.5m处的棚内温度也不应低于5℃。

（11）在暖棚内的砌体养护时间，应根据暖棚内温度，如表31-3所示。

暖棚法砌体的养护时间 表31-3

暖棚的温度（℃）	5	10	15	20
养护时间（天）	≥6	≥5	≥4	≥3

采用外加剂法配制的砌筑砂浆，当设计无要求，且最低气温等于或低于-15℃时，砂浆强度等级应较常温施工提高一级。

第三十二章

室内装饰工程施工质量监理控制要点

　　装饰工程观感质量的好坏很大程度上取决于工程的细部处理，其中原材料的质量控制以及施工节点处理等是重点、难点，监理工程师在监理过程中应特别关注进场材料的尺寸误差、平整度、光洁度等，对装饰细部的节点处理需认真研究是否符合工程要求，对施工单位的一些所谓的常用施工做法中不能满足施工质量的，必须要求施工单位坚决改正。

■ 一、地面工程施工质量监理控制要点

　　房屋建筑楼地面装饰要求高，尤其是花岗石地面、地砖地面等，此分部工程工序多、工艺复杂，材料及各工序质量控制的好坏都将影响装饰质量及其效果，监理将对每种材料、每道工序进行严格把关；同时确保装饰材料符合环保要求，避免对人体有害的装饰材料被用到工程中，体现人性化设计和以人为本的理念。

1.花岗石地面

（1）技术重点

1）按照设计要求选择石材的品种、颜色、光泽、规格尺寸，色差将直接影响装饰效果，所以必须严格控制石材的色差。

2）石材材质的供应较为混乱，石材的强度和放射性指标必须符合规范和相关标准的要求。

3）复杂的石材地面，如拼花地面、异形地面，应严格控制石材的拼接。

4）严格控制石材地面的最终验收关。

（2）监理控制措施

1）监理将根据工程要求，协助业主选择信誉好、加工能力强、有类似精品装饰项目工程供货经验的石材商为材料供应商，这是确保装饰效果的关键一步；根据装饰设计要求，确定石材样品的颜色、图案和纹理，必要时请设计师到场认

定，并制作样品；石材地面对光泽度和色差要求高，其好坏直接影响装饰的最终效果，这是工程控制的一个重点，石材进场后先与样品进行光泽度测试和色差对比，确保与样品一致，按每100m²为一批，从同一批板材中随机抽取5%，数量不足10块的抽10块，检验规格、尺寸、平面度、角度等外观质量，镜面光泽度的检验从以上取样的板材中取5块完成检验。

2）施工前对原材料进行检查和抽检。水泥和黄砂等常规建材送试验室检验，水泥按200t为一批次，黄砂200m³为一批次；胶粘剂进行性能指标试验，每一批抽检一次；石材按上述100m²为一批次抽取150mm×40mm×20mm的试样进行弯曲强度试验；放射性按一批荒料抽检一次。

3）为保证石材的拼接效果，监理需对各工序进行严格控制，特别是对异形材地面的石材的放线和分格，处理不当，会影响装饰效果，必须对照设计要求放线和下料，严防施工单位或石材商随意放样下料，破坏装饰效果；在工序施工过程中，每道工序必须监理验收合格后，才能进入下一道工序。

4）石材地面完工后，再对光面和镜面进行光泽度和平整度检测，对于不能达到要求者，责令相关单位进行刨光和打磨，达到规定要求后，清洗晾干后打蜡。

2.地砖地面

（1）技术重点

1）材料的选择和质量控制。

2）基层的处理与验收。

3）地砖铺设工序质量控制。

（2）监理控制措施

1）原材料必须符合设计要求。材料进场后须检查材料出厂质保书、实验报告及现场抽样检测报告，水泥砂浆配合比。

彩色釉面陶瓷墙地砖：以同厂家、同品种、同规格、同色号、同等级的产品，每50～500m²为一检验批，不足50m²时按一个检验批计算。

2）结构基层表面应坚实，若有疏松，应铲除浮层并清洗干净；水泥砂浆基层无空鼓、起砂、裂纹等缺陷。基层应彻底清除灰尘和杂物，用水冲洗干净，晒干、无油迹。基层处理好以后报监理验收，合格后方可进行下一道工序。

3）在地砖铺设之前，应对材料进行挑选，剔除吊角、变形、缺楞、裂纹等不合格的产品，并选择无明显色差的产品。

检查试排弹线，在基层上弹出横、竖控制线，铺贴样砖。自检合格后经监理验收，验收合格后方可进行大面积铺贴。

卫生间地面必须进行蓄水实验，24小时后自检合格并经监理验收，合格后方可进行地砖铺设。地漏处应平整，光滑；地面无积水、无倒坡现象。

在地砖粘贴完达到一定强度以后，采用同品种水泥进行勾缝，缝深和缝宽符合设计要求，勾缝无明显擦痕和裂纹。

地砖铺贴勾缝完毕以后，检查面层与基层粘结的牢固程度，表面平整度不大于2mm，接缝高度不大于0.5mm，接缝宽度不大于0.5m，接缝平直度不大于2mm。

3.木地板地面

（1）技术重点

木材的材质和铺设时的含水率必须符合《木结构工程施工及验收规范》GB 50206—2012的有关规定；复合地板材质必须符合产品标准的规定。

搁栅、下层板和垫木等必须做防腐处理。木搁栅安装必须牢固、平直，在混凝土基层上铺设木搁栅，其间距和稳固方法必须符合设计要求，必须进行抄平验收。

各种木质板面层必须铺钉牢固、无松动，粘结无空鼓。

（2）监理控制措施

1）检查木搁栅、垫木、毛地板和硬木地板等出厂质保书，并提交给监理，地板进场时对含水率、断面尺寸等主要技术指标进行抽检，抽检数量应符合产品标准的要求；同时检查硬木地板样品，产地、树种、规格和颜色是否符合设计要求；复合地板进场必须抽样送试验室检验，检查其强度、韧性和表面涂料的耐磨性。

2）施工前与施工单位一起检查基层的质量，基层表面应坚硬、洁净、干燥，基层表面的含水率不应大于9%，表面应平整并抹平光滑。施工时，监理应按设计要求对木搁栅的截面尺寸、间距和稳固方法等进行检查，均必须符合设计要求；毛板铺设时应注意检查木材的髓心是否朝上，其板间隙不应大于3mm，基层施工完毕后应进行隐蔽工程验收；随后在木地面上进行防白蚁处理。

3）硬木地板面层铺设时，板材端头接缝应在搁栅上，并间隔错开，板与板之间应紧密，硬木长条形板缝隙允许个别缝隙不大于0.5mm，靠墙端应留10～15mm的缝隙，用踢脚板封盖；踢脚板背面应开槽，以防翘曲，踢脚板背面应做防腐处理。接缝处应做企口或错口相接；面层必须无毛刺、刨痕等现象；图案清晰；清油面层颜色均匀一致。经监理验收合格后方可打磨、上涂料、打蜡，复合地板安装完毕后必须及时擦去多余的胶。

■ 二、墙体饰面板、砖施工质量监理控制要点

在工程主体结构完成后，利用具有装饰、耐久、适合墙体饰面要求的天然或人造材料进行内墙面装饰，使其能够起到保护结构、美化环境的作用。目前，常用的饰面材料有天然或人造石材饰面、陶瓷饰面、金属饰面、木材饰面等。因此，监理应注意分门别类、区别对待，同时制定相应的监理控制措施，重点应控制以下几个方面。

1. 技术重点

（1）施工现场的各种饰面材料的质量控制。

（2）瓷砖墙面应无空鼓、无脱落，接缝应平直、均匀。

（3）石材墙面应无空鼓，板面清理干净，色泽差异小。

（4）饰面石材或瓷砖表面无裂纹。

2. 监理控制措施

（1）按备料计划进入施工现场的各种饰面材料必须进行外观检查和其他详细情况的复检，包括：数量清点、有无色差、尺寸大小和公差要求、表面有无破损的外观检查；检查其含水率、耐急冷急热、抗压强度、耐酸碱性能的试验报告；检查石材放射性试验的报告，复合木材须测定甲醛含量等试验。

（2）饰面板（砖）铺贴必须牢固，严禁空鼓、歪斜、掉楞缺角。造成瓷砖墙面空鼓、脱落的原因较多，监理应控制好以下几点：

①瓷砖铺贴前基层应凿毛及清理，墙面浇水湿润，水渗入基层8～10mm，混凝土墙面应提前2天浇水湿润。

②基层凸出部位剔平，凹处使用1:3的水泥砂浆补平，不同材料的墙面接头处使用钢板网各搭100mm，用水泥砂浆抹平，再铺瓷砖。

③瓷砖在使用前2小时进行浸泡并阴干，砂浆应具有良好和易性和稠度。

④铺贴过程中应随时对瓷砖进行纠偏，粘贴砂浆初凝后严禁拨动瓷砖。

⑤划出皮数杆，在基层表面弹线，以控制接缝平直。

⑥对于瓷砖的平整度、垂直度应随时进行检查，对于超出规范要求的瓷砖应立即予以剔除。

（3）有效控制镶贴石材的空鼓、色泽差异，监理重点检查以下内容：

结合层的水泥砂浆应满抹满刮，水泥砂浆中宜掺入胶粘剂，以提高砂浆的粘结性能，并分层灌浆，振捣密实，同时结合部位应注意留50mm不灌，使上下密合。

天然石材必须进行预拼，板与板间纹理顺通，颜色协调，编号后方可进行施工。

（4）当板材有咬缝、隐伤及开槽受外力后或应力集中或结构所产生沉降，均会造成饰面板（砖）开裂，所以板材选料时应剔除暗缝、隐伤的板材，开孔、开槽应过机操作（套割准确、边缘整齐），镶贴时应待结构沉降稳定后再进行。同时，顶部、底部应留有一定的缝隙，防止结构变形，造成饰面板（砖）破坏开裂。

（5）饰面板安装完毕后，检查外观：石材立面垂直度小于2mm，表面平整度小于2mm，阴阳角方正小于2mm，接缝直线度小于2mm，接缝高低差小于0.5mm，接缝宽度小于1mm。

■ 三、涂料装饰、裱糊壁纸施工质量监理控制要点

涂料装饰是装饰工程面积较大的一个分项工程，是装饰工程质量控制的一个重点。

1. 技术重点

（1）基层的检查与处理。

（2）原材料的质量控制。

（3）施工工序的质量控制。

（4）外观色差控制。

2. 监理控制措施

（1）涂料施工前，对基层进行全面检查，铲除污迹，打扫干净，拔除钉子，松木应挖去脂囊。监理对基层检查合格后，才能进行基层施工。

（2）原材料的检查与检验

涂料进场后，做涂料性能试验并提交小样确定涂装效果，检查出厂质保书、试验报告、抽检试验报告和现场调料配合比等。

（3）涂料工程工序多，施工方易偷工减料，监理应按照设计和规范要求对每一道进行跟班检查，每刮一道腻子或刷一道涂料都应进行隐蔽工程验收，确保腻子和涂料的遍数与设计要求相符。

1）检查基层的处理，麻面、蜂窝、洞眼、残缺处用腻子补好。

2）检查刮腻子及打磨情况，按质量等级要求检查刮腻子和打磨的遍数及质量，注意下一遍刮腻子的方向是否与头遍垂直，并应沿墙面竖刮。

3）检查第一遍涂料、复补腻子及磨光的施工情况，注意每一遍的独立面应使用同一批涂料并一次完成。

4）检查第二遍涂料涂刷及磨光的施工情况。

5）检查第三遍涂料涂刷及磨光的施工的情况。

6）喷涂料必须按设计规定的遍数、分次进行，每遍之间的隔时间应保证涂层足够干燥。

（4）检查同一墙面的涂料是否为同一批，每遍厚度是否均匀；检查同一墙面是否同时施工。

3.裱糊壁纸装饰工程质量监理

裱糊壁纸是指特制的纸、布、天然材料、丝绸、细绒等材料。

（1）材料质量抽检内容和检测频率。

①壁纸检查。先送壁纸样品给监理备案，每进场一批壁纸抽样送监理核定是否与样品相符。

②胶粘剂检测试验。每进场一批抽检一次，做胶粘剂性能指标试验和环保试验。

（2）检查和验收内容。

①检查壁纸、胶粘剂出厂质保书和试验报告及现场抽检试验报告，并提交给监理核定。

②监理与土建、装饰单位一起检查基层的强度、稳定性、垂直度和平整度，并签字办理移交手续。

③检查壁纸的图案、品种、色彩等是否符合设计要求。胶粘剂应按壁纸的品种进行选配，应具有防霉、耐久等性能，如有防火要求，则胶粘剂应有耐高温、不起层的性能。

④检查基层上刮腻子的均匀程度及底胶的处理情况，基层先用腻子补平，再满刮两遍腻子。对于接缝处，先找补一遍弹性腻子后用接缝带补平，钉头处必须先刷一遍防锈漆，再找补一遍腻子。每刮一次腻子，干透后用砂纸进行打磨。木质基层要求接槎不明显、钉头不外露，注意在木料面的基层刮腻子之前应先涂刷一遍白色铅油，使其颜色与周围墙颜色一致。

⑤检查弹出的基准线，壁纸裱糊的上口位置线一定要保证水平，垂直基准线一定要保证垂直，自检合格签字后报监理验收。

⑥采用PVC壁纸，应先将壁纸用水润湿后晾干数分钟；采用带背胶的壁纸，应在水中浸泡并晾干数分钟，之后进行裱糊，裱糊顶棚时，带背胶的纸还应涂刷一层稀释的胶粘剂；裱糊复合壁纸严禁浸水，应先将其壁纸背面涂刷胶粘剂，放置几分钟后进行裱糊。

⑦除标明必须"正倒交替粘贴"的壁纸外，壁纸的粘贴均应按同方向进行。

⑧裱糊锦缎的基层应平整干燥，以防发霉。

⑨采用弧线形悬吊式的布、丝绸、锦缎等，必须按设计要求，控制好规定的弧度，并在一定的距离（1m左右）与上面基层固定，在尾部亦必须全部固定在一个平面节点上。

（3）壁纸裱糊后的质量检查

①壁纸必须粘贴牢固，不允许有翘边、气泡、空鼓、裂缝和皱折等缺陷。不得有漏贴、补贴和脱层等缺陷。

②裱糊的墙面应色泽一致，没有胶痕和污点。

③拼缝应横平竖直，图案端正，拼缝处的花纹图案吻合，不离缝，不搭接。距离1.5m处正视不显拼缝。阴阳转角垂直，棱角分明，阳角处无接缝，阴角处搭接顺光。

④表面平整，无波纹起伏。壁纸与贴脸、挂镜线、踢脚线交接紧密，无缝隙和补贴。

⑤壁纸边缘平直整齐，不得有纸毛、飞刺。

⑥预留电器孔洞位置准确，尺寸合适，不缺壁纸，不糊需拆除的活动件。

（4）装饰单位分楼层进行裱糊墙纸装饰分项工程质量检验评定，自检合格并填表签字后报监理评定。

四、吊顶工程质量监理控制要点

吊顶的工程具有保温、隔热、隔声和吸声的作用，并可增加室内亮度和美观。吊顶按结构形式主要分为暗龙骨吊顶及明龙骨吊顶这两种形式，这两种形式的主要代表分别为纸面石膏板吊顶和金属材料吊顶；纸面石膏板强度高、挠度较小，且具有轻质、防火、隔声、隔热、抗震性能良好、施工简便、加工方便，因此具有良好的装饰效果；金属微穿孔吸声板是根据声音原理，利用不同穿孔率的金属板达到消除噪声的目的，具有材质轻、强度高、耐高温、耐高压、耐酸碱腐蚀、防火、防潮、化学稳定性能好，适用于公共建筑和高级民用建筑吊顶工程。对于不同的吊顶形式，监理应依据吊顶工程规范，严格把关，控制和预防以下问题的发生。

1.技术重点

（1）材料进场以后进行外观和性能的检测。

（2）吊顶的整体平整度和变形控制。

（3）吊顶经一段时间使用后，板缝开裂的质量控制。

（4）金属吊顶接缝明显，接口露白，接缝处产生错台的通病防治。

2.监理控制措施

（1）材料进场后，甲方、监理、设计单位、施工单位应会同材料供应商进行外观检查，检查产品合格证、检测报告等资料，监理同时还必须对材料的物理性能、化学性能进行复检，如金属吊顶材料或龙骨的镀膜厚度、尺寸偏差等项目进行现场抽测，复检合格后方可同意使用。

（2）对吊顶平整度及变形，监理应检查以下内容：

吊顶材料堆放或使用时不正确的放置方法易造成材料变形，因此监理必须加强对材料堆放、搬运、使用过程中的监管，对于变形轻微的材料，视情况决定是否可以使用；而对于变形较大的材料，应立即清运出场，避免使用。

吊筋未经调直或设置得不合理，板面的应力会随时间的推移逐步释放，形成吊顶表面不平整，因此，吊筋必须经过调直，还需进行防锈处理，吊点间距控制在900～1200mm之间，安装牢固、无松动。

吊顶放线准确，起拱需经计算确定起拱高度且不小于房间短向跨度的1/200。

安装时方式应正确，首先安装主龙骨，主龙骨安装完成后进行调平，然后安装次龙骨，其间距宜为400mm。吊挂件必须安装牢固，横撑龙骨与次龙骨垂直，安装完成后，次龙骨与横撑龙骨底面应平顺，安装饰面板时，由板中向板边布钉，钉距均匀且需符合规范要求，使板处于自由状态，不可先钉两端再钉中间，以防因约束使板起鼓。

造成吊顶表面凹凸不平的另外一个重要因素，即人为因素。由于工程体量大，吊顶内的风管、强、弱电及水管必定很多，因此吊顶工程在验收前应对这些管线进行验收，防止在吊顶验收后进行管线整改，发生人为踩踏或渗漏水，导致龙骨或板面的破坏。

重型灯具及设备因设有专用吊筋，故严禁安装在吊顶工程的龙骨上。

（3）吊顶产生的裂缝将影响建筑物的美观，监理重点检查以下几点：

1）石膏板接缝的处理很重要，石膏板与石膏板之间应留8～10mm间隙，嵌缝前应湿润板缝两侧，嵌缝密实后粘贴纸带或聚酯纤维带。对于此类重点工程，粘贴纸带应进行两道，第一道纸带各搭石膏板边50mm，第二道纸带应在70mm处，阴阳角处也需这种做法，从而可有效控制裂隙产生及发展。

2）当吊顶的龙骨或吊筋靠紧风管或水管时，当管件内风或水流动时产生振动，从而引起吊顶板面的振动，日久天长，使得吊顶板表面产生裂缝，因此在吊顶施工过程中应注意检查吊筋或龙骨，避免其紧靠风管或水管，更不能将吊筋或龙骨焊接在风管、水管的吊架上。

3）石膏板安装时，应在主体结构围护基本完成后进行，以控制温差及湿度对石膏板产生收缩变形的影响。

4）安装双层石膏板时，面层板与基层板的接缝应错开，不得在同一根龙骨上接缝。

5）暗龙骨纸面石膏板应控制：表面平整度允许偏差3mm；接缝直线度允许偏差3mm；接缝高低差允许偏差1mm。

（4）金属吊顶安装不平整，监理应控制以下内容：

主要原因是水平标高控制不好，因此监理必须检查其标高线，当跨度较大时，应在中间适当位置设置标高控制点。

龙骨未经调平板条（块）受力不均匀，所以应先调平龙骨方可安装板条（块）。

吊杆固定不牢固，引起局部下沉，对此应将吊杆固定牢固，施工过程中应加强保护。

明龙骨金属板应控制：表面平整度允许偏差2mm；接缝直线度允许偏差2mm；接缝高低差允许偏差1mm。板条切割时，应控制好切割角度，做好下料工作，切割的部位应使用锉刀修平，接缝处使用同色硅胶进行修补，使安装密合，以遮掩板条白边。管道、阀门部位应注意预留检查孔，以防上下过人损坏吊顶。吊顶安装完后，后续作业应采取保护措施以防污染，且应安排在上层楼面、屋面防水工程完工后方可进行施工。

建筑工程监理质量控制要点

第三十三章

机电安装与消防工程质量监理控制要点

■ 一、工程技术重点、难点

机电安装与消防工程具有专业性强、工作面大、施工关键线路长、工期要求紧的特点。影响工程质量的因素较多，参建各方的协调工作相当繁重。监理人员应做好以下机电安装与消防工程技术重点、难点的控制工作。

（1）火灾自动报警系统工程：感温光纤火灾探测报警分项工程的质量监控；

（2）水喷雾灭火系统工程；

（3）电气系统综合：

①管线综合布置平衡的质量监控。

②机电系统调试及系统综合调试的质量监控。

（4）排烟系统工程。

■ 二、制定相应的监理控制措施

1.智能化自控系统工程

智能化系统包括综合布线系统、通信网纲系统、安全防范系统、火灾自动报警系统、建筑设备自控系统。智能化自控工程，在相对中心的管沟位置设置了综合管沟控制中心，并与总变电所合建。控制中心设有监控计算机、火灾报警控制计算机、视频监视器、网络交换机、电话交换设备以及打印机等，同时还设有背投式大型显示屏，可实时显示各系统的相关信息和报警情况。感温光纤火灾探测报警系统工程的质量监控：

（1）感温光纤火灾探测报警系统简介

综合管沟属二级保护对象，分别在管沟监控中心控制室及管沟变电所LDB4低压室设置火灾报警控制器、感温光纤火灾探测器系统处理机，分区域进行火灾探测、报警及联动控制，火灾报警控制计算机连接火灾报警控制器，采集火警信号，以及通过火灾报警控制器处理平时通风设备的启停，构成区域火灾探测报警系统。

（2）在综合管沟内采用线型光纤温度检测系统作为火灾探测系统，感温光纤由系统处理器引出，在各管沟管道仓顶部敷设；而在电力仓则采用接触式、蛇行布置在各层电力电缆桥架上。感温光纤处理机将报警触点及温度分布信息分布送至火灾报警控制器及上位机，在变电所、消防泵房设感烟火灾探测器。上述场所均设置手动报警按钮、声光报警器及总线接口模块等。管沟现场防火阀、雨淋阀等设备采用总线接口模块进行监控，排烟风机、消防泵等设备除通过总线模块进行联动外还通过多线制联动控制盘进行直接控制。

2. 监理工作要点

由于线型光纤感温火灾探测系统对光纤的材料质量、安装质量的要求都非常高，所以必须把好进场材料的控制关和测试关。具体工作包括：

（1）进场材料控制

检查工程材料的质量保证书、试验检测报告和质量保证文件，按规定进行检验、验收和进行第三方验证，并要求如下：

1）质量监控是监理业务的重要内容。材料进场时必须检查其正式出厂合格证和材质化验单，对不具备或对检验证明持有疑问的，应向承包人了解原因，并要求承包人补做检验。所有材料检验合格证均须监理工程师验证，否则一律不准用于工程上。

2）必须具备厂家批号和出厂合格证，并应按规定进行抽样检验，由于运输安装等原因出现的质量问题，应要求承包人进行分析研究，并采取有效措施处理后方可使用。

3）凡标志不清或怀疑质量有问题的材料，对质量保证资料有怀疑或与承包合同规定不符的一般材料，均按一定比例抽样检验，对于重要工程或关键部位所用的材料，则应要求进行全部检验。

4）材料质量抽样和检验的方法，应符合国家规定的相关质量标准和管理规程。

5）监理工程师应检查工程上所采用材料是否符合设计文件、承包合同、技术规范及标准规定的型号、规格和标准。

6）凡经检验认定不合格的材料，已进场的务必如数退出工程现场，严禁用于本工程。在监控过程中，发现材料有严重缺陷和问题时，监理工程师有权停止其使用，并立即组织调查研究，取得明确结论后决定是否继续使用或拒绝使用。

7）消防电气系统：

由于综合管沟内的布线数量庞大且非常复杂，为解决管沟内管线的交错碰撞现象，应制订综合布线图，遵循小管让大管、压力流管让重力流管的原则，安排好排水、电气、暖通和弱电管线的位置与标高。管线密集的地方，需要绘制纵向布置图。

（2）根据实际情况制定事前、事中、事后监理的相应措施，保证工程质量。

1）事前控制的监理要点：

①监理人员应熟悉和掌握电气安装工程的设计、安装等有关标准和规范，熟悉监理合同、施工合同。

②认真阅读设计图纸，及时组织设计、施工等有关单位进行图纸会审。

③对承包商的资质进行重新审查，包括承包商的各下属单位和分承包商。

④施工组织设计的审查和开工申请报告的审查。

⑤设备、材料的采购与检验。

2）事中控制的监理要点：

①线路敷设工程施工技术管理。

其中，电缆敷设工程、槽板及线槽配线工程、配管及管内穿线工程、专用灯具安装工程等分项工程是重点监控内容。

②成套设备安装工程的技术管理。

由于本工程的接地装置安装、建筑物防雷、避雷引下线和配电室接地干线敷设工程、接闪器安装工程、建筑物等电位联结工程是由土建单位负责，所以需要做好上述工程的中间验收。成套配电柜、控制柜（屏、台）和动力、照明配电箱（盘）安装工程、不间断电源安装工程、低压电动机和电动执行机构检查接线工程是本工程质量控制的重点。

③设备通电及试运行的技术管理。

建筑物照明通电试运行、低压电气动力设备试验和试运行是管理的关键。照明系统通电、灯具回路控制应与照明配电箱及回路的标识一致；开关应与灯具控制顺序相对应；公用建筑照明系统通电连续运行时间应为24h，所有照明灯具均应开启，且每2h记录1次运行状态，连续试运行时间内无故障。设备试运行前，相关电气设备和线路应按施工规范规定试验合格。现场单独安装的低压电器交接试验项目应符合规范规定。

3）事后控制的监理要点：

①按照签订的工程合同规定和设计图纸的要求，全面施工完毕，达到国家规定的质量标准，满足其使用功能的要求；

②设备单机调试、试运转和联动试运转已达到设计要求的性能技术指标；

③交工验收的技术档案资料齐全，并符合规定要求。光缆开盘后应先检查

光缆外表有无损伤，光缆端头封装是否良好。

3.水喷雾灭火系统工程质量监理控制要点

水喷雾灭火系统工程的质量监控，应先分别对探测器、报警控制器、火灾报警装置和消防控制设备等逐个进行单机通电试运转，正常后方可进行系统调试。

（1）调试前准备工作

1）调试方案已确定，由业主、施工、监理、消防部门等人员组成的调试小组已成立。

2）消防水池已储备好设计所要求的水量，供电正常。

3）气压给水设备的水位、气压符合设计要求。

4）水喷雾系统管网已充满水，阀门均无泄漏。

（2）水源试验

检查消防水池的容积是否符合设计要求，消防水是否具备防止他用的技术措施。

（3）消防泵调试

1）以自动或手动方式启动消防水泵，泵应在5min内投入正常运行。

2）备用电源切换时，消防水泵应在1.5min内投入正常运行。

（4）稳压泵调试

模拟设计启动条件，稳压泵应立即启动，当达到系统设计压力时，稳压泵应自动停止运行。

（5）报警阀调试

在其装置处放水，看报警阀能否即时动作，水力警铃报警信号、水流指示器输出信号、压力开关应接通报警阀，并自动启动消防泵。

（6）排水装置调试

1）开启排水装置的主排水阀，应按系统设计的最大灭火用水量进行排水测试，并使压力达到稳定。

2）系统所有排水应可从室内排水系统排出。

（7）联动试验要求

1）采用专用测试仪，将模拟火灾信号输入火灾自动报警系统的各种探测器，火灾自动报警器发出声光报警信号并自动喷水灭火。

2）启动一只喷头或将0.94～1.5L/s的流水量从末端试水装置流出，检查水力警铃、水流指示器、压力开关和消防泵，看其能否即时启动并发出信号。

第三十四章

室外工程质量监理控制要点

一、景观绿化工程的特点

（1）工作的对象具有生命。小到一颗草籽，大到一株参天大树，每一个绿化栽植的对象都具有生命。景观绿化工程可以说是对各种植物生命体的重新融合，这种融合包括植物与植物之间的融合以及植物与周围环境之间的融合。

（2）景观绿化的功能性。一般来讲植物具有三大功能：防护功能（调节气温、增加湿度、制造氧气、滞尘、减噪、杀菌、抗污、蓄水保土、防辐射）、建造功能（营构主体、创造空间、遮蔽败景、界限标志）、美化功能（追求自然、现代）。

（3）季节性强。景观绿化的主要载体是植物，是有生命的对象，这就决定了工程在施工过程中必须遵循生命的自然规律。植物生长的季节性很强，大多数植物春天开花，秋天结果，夏季生长旺盛，冬季进入休眠。绿化工程的栽植期、管养期等都要遵循这一客观规律，否则将会事与愿违，给工程造成巨大损失。

（4）种类繁多、数量大。景观绿化工程和一般土建安装工程不同，景观绿化苗木光常用品种就有600种之多，部分品种甚至有十几个变种。

二、苗木报验程序

（1）苗木进场后，不论进货渠道如何，均应首先由施工单位进行自检。自检内容包括查胸径、地径、冠幅，还需检查土球大小、外观，符合要求后方允许进场。自检不合格的产品，施工单位有权拒收、拒用。

（2）施工单位自检合格后，应以书面形式报监理验收。苗木，施工单位目测、测试数据应交监理检验，并将复印件附在报验表格后备存。

（3）监理在对资料、苗木进行核对和必要的检查后应给出同意使用或不同意使用的答复。未经同意使用的材料、苗木一律不得用于工程，亦不得假植于现场，且必须在监理通知的期限内撤离现场。监理工程师对绿化工程附属设施质量保证资料有怀疑或认为产品质量有问题时，亦可随机抽检，承包人必须予以配合。

三、绿地的给水和喷灌

给水管道的基础应坚实和密实，管道的套箍、接口应牢固、紧密，对口间隙准确。铺设后必须进行水压试验。

四、绿地排水管道安装

排水管道必须符合设计要求，管道标高偏差不应大于±10mm。管道连接要求承插口或套箍口应平直，环形间隙应均匀。

绿地排水采用明沟排水时，明沟的沟底不得低于附近水体的高水位。采用收水井时，应选用卧泥井。

五、环境照明安装

环境照明是夜间室外照明的重要设施，它除了保证人顺利开展夜间活动、防止事故的发生意外，还可以划分和引导空间，结合周围的事物特征，渲染气氛、美化环境。这些灯白天与其他设施一起形成整体效果，夜间矗立在道路两侧，为交通提供照明；有的投光于建筑，勾勒建筑轮廓；有的隐蔽在喷泉、雕塑、绿化之中，成为光彩四射的装饰小品。

环境照明设施的布置：

①杆灯100～200W的杆灯作为安全照明，其布置的间距为20～40m。如作为入口的导向照明，多为10～20m左右的间距。

②庭院灯一般按5～10m的间隔进行布置，脚光灯一般以3～5m的间隔进行分配。

③投光灯对树木的照明一般以2台投光灯布光，如只用1台，一般采用从树下垂直向上进行投射。如果是较为高大的树木，投照可使用300W的灯具，一般照度在50～100lx。

④在草坪可以采用水平布置光源的方法表现庭院的开阔程度。

六、广场铺装质量控制措施

1.侧石施工控制措施

（1）放样

①侧石平面位置的测放

使用经纬仪或花杆测放出广场的边线桩，可以用铁钎和麻线把位置固定下来。

②侧石标高的测放

用水准仪沿广场桩号每隔10m（一般在标准横断面处），测出广场顶面标高 H，并打入铁钎，用红笔标出标高位置，然后用麻线标示。

（2）备料

根据广场设计布置的面积情况，算出各种长短规格侧石及垫层基础，灌缝材料的需要量，侧石按不同规格的需要地点，分别堆放于广场两侧或一侧，其他材料分段堆置在侧石基槽以外的适当地方。

（3）垫层

按设计铺垫并加夯实。

（4）排砌侧石

先校核样桩位置及标高，再从广场边线铁钎处往人行道方向量出半块侧石宽度，再插一铁钎，用前面讲的方法标上侧石顶面标高，并将前后三四根铁钎在侧石顶面标高处系上麻线拉紧，用以控制侧石的排砌高度，另一麻线控制侧面，可避免侧石向两侧倾斜，按基础的设计高度，在垫层上摊铺基础材料拍实刮平。使基础表面离标高麻线的距离相当于侧石高度，然后用钩或绳子吊起侧石轻轻放在基础上，依据标高麻线及连线排布设侧石，侧石排设5～10m后用平尺板校核，每块侧石要平、齐、紧、直，在不用平石的地方，应同时坞牢车侧石内侧。

（5）灌缝

侧石排砌一段后应灌缝，用1:2～1:3的水泥砂浆（根据设计要求）灌入侧石间的接缝以及两块侧石之间的接缝小圆孔内，砂浆要灌满、捣实，最后抹平、扫净。

（6）养护

新排砌的侧平石，应用安全带拦住，妥善加以保护，并加盖草帘，适当洒水养护。

2.广场砖施工质量控制管理措施

（1）混凝土基层施工

工艺：清理基层→施工放样→立模→检验→混凝土入模→机械振捣→养护。

（2）施工配合比及材料要求

混凝土基层的材料及配合比，必须在施工前选择质量好的材料，并做好试配表报监理工程师审批同意后使用。施工过程中必须按监理工程师审批后的配合比严格控制各种材料的准确计量。水泥应采用质优的32.5级水泥，宜采用同一生产厂家、同一牌号水泥，粗骨料宜采用级配良好的人工碎石，黄砂宜采用天然中砂并严格控制含泥量及云母含量，拌合时应严格控制拌合时间。

（3）模板安装

按测定的位置安装好槽钢，两侧采用角钢，按确定的高程加以固定，保证其在混凝土拌合料摊铺和振动过程中不发生位移，模板安装好后再一次用水准仪和钢尺检查模板高程和板宽是否正确。

（4）混凝土摊铺振捣

摊铺时分一层摊铺，摊铺时不得抛撒，以免混凝土拌合料发生离析，用插入式振动器振捣密实。

（5）养护

混凝土在铺筑、捣实后应进行湿治养护工作。

（6）道板铺砌前的砂垫层铺设

根据设计铺砂厚度的要求进行道板铺砌前铺砂，砂子要做到平整铺设，以使道板安砌时做到水平一致。

（7）道板铺砌

在铺砌前根据设计标高进行放线，横坡做到一致。道板纵横缝要排列整齐，道板各边要保持水平一致。

七、园林小品质量控制管理措施

1.叠石（含孤赏石峰）

（1）叠石堆叠应符合设计要求，截面必须符合设计要求；

（2）基础开挖土方深度必须挖至老土处，基础必须符合设计要求，必须做到牢固、稳定、密实；基础柱桩、土方尺寸必须控制在允许偏差范围之内；

（3）孤赏石峰要视空间大小而定；

（4）石质、石色、形状必须符合设计要求；

（5）堆叠搭接处冲洗应清洁，石料放置应稳固，纹理走向一致，石料不得有明显裂缝、损伤、剥落现象；

（6）搭接嵌缝必须用高的强度等级的水泥砂浆勾嵌缝，砂浆宽度应在3～4cm，做到平滑顺道，色泽与叠石（孤赏石峰）相似；

（7）叠石（含孤赏石峰）在堆叠或竖好后必须做好支撑或拉吊，待砂浆强度达到标准，经监理认可后方可拆除；

（8）叠石（含孤赏石峰）主要观赏面和高度应符合设计要求。

2.卧石、点石、顽石

（1）卧石、点石、顽石放样定位必须符合设计要求；

（2）卧石、点石、顽石的基础要达到一定的密实度，严防搁撬不稳定；

（3）卧石、点石、顽石的放置量必须符合设计要求；

（4）卧石、点石、顽石的石质、石色、形状要基本符合设计要求；

（5）卧石、点石、顽石的观赏面应符合设计要求；

（6）卧石、点石、顽石与叠石（含孤赏石峰）的山脉走向应一致，互为得体，相得益彰；

（7）叠石（含孤赏石峰）、卧石、点石、顽石的植物配置要做到少而精、少而美、内涵丰富、耐人品味。

3.园路

（1）园路路基挖槽宽、深必须符合设计要求，监理验槽并签发隐蔽工程报验单后，施工企业方可进行下道工序；

（2）路基的垫层道碴、碎石厚度必须符合设计要求；

（3）路基的强度、密实度必须符合设计要求；

（4）砂浆比必须符合设计要求，使用商品混凝土必须出具有关商品混凝土的材料，同时做好砂浆（强度）试块；

（5）混凝土路面在保养期内，施工企业必须保护好成品；

（6）混凝土路表面必须做到洁净、无裂缝、无脱皮、无坑洼现象；

（7）园路面层用花岗石材料铺装，必须做到接缝平顺，缝道合理，间隙、坡度符合设计要求和施工规范；

（8）卵石路面嵌砌要均匀，严防脱皮现象；

（9）卵石窄面不能超过3cm，卵石嵌入砂浆深度应大于1/2颗粒；

（10）卵石排列不能过稀，要符合设计要求；

（11）花岗石及其他板块路面、卵石路面都必须做到色彩搭配协调，若色差过大则不符合质量要求；

（12）侧石：

1）侧石立卧放置皆可，但必须做到顺直；

2）侧石的筑边长度应在5m以内，误差不得超过15mm；

3）侧石的弯角接点必须圆滑、严防高低错落。

4.花坛

（1）花坛放样定位必须符合设计要求；

（2）花坛的基槽宽窄必须符合设计要求，槽底密实度必须符合设计要求；

（3）砖砌或石材筑沿（边）都必须符合设计要求和施工规范；

（4）砂浆配比必须符合设计要求；

（5）砖砌面层抹灰厚度、平整度要符合设计要求；

（6）贴石要平顺，缝道要顺直。

5.花廊（架）

（1）花廊（架）必须符合设计要求和施工规范；

（2）花廊（架）基础开槽必须符合设计要求，其强度、密实度、厚度都必须符合设计要求和施工规范，监理验槽并签发隐蔽工程报验单后，施工企业方可进行下道工序；

（3）砂浆配比必须符合设计要求；

（4）花廊（架）架体的配筋、绑扎及预留钢筋焊点的连接都必须符合设计要求；

（5）花廊（架）立柱、托架梁浇筑混凝土时，模板必须牢固、耐压、无缝、无漏浆，模板内侧表面必须平滑；在浇筑混凝土前施工企业必须填报验单，经监理认可后方可进行下道工序；

（6）施工企业对浇筑构件必须加强管理，固定人员按时浇水，使浇筑构件处于潮湿状态，同时做好强度试块试验，该试块必须用钢模制作；

（7）养护期和强度达标后，施工企业要进行拆模，必须经监理认可，方能进行；

（8）立柱和托架梁的安装必须严格按照施工方案进行，确保质量和安全，确保架体的稳定，必要时可搭建脚手架实施作业，立柱的垂直度必须控制在允许偏差（5mm）范围内；

（9）立柱、托架梁等面层处理必须符合设计要求。

八、草坪、花坛、草本地被植物种植工程控制

1.草坪种植

（1）草坪植物种植放样必须符合设计要求；

（2）草坪播种、植生带铺设、喷播，种子发芽率均必须达到95%；

（3）草坪建植要充分利用原地形实施自然排水，小于1000m²的草坪比降3‰～5‰，面积大于1000m²的草坪必须建永久性比降5‰的地下排水系统；

（4）草坪种植时间：暖季型草种以春季至初夏尤以梅雨季节为宜；冷季型草种（高羊茅、黑麦草等）以春、秋两季为好；

（5）草坪播种前根据土层的有效厚度、土壤质地、酸碱度和含盐量的不同，可采用加土、掺砂、施入泥炭土等措施；

（6）草坪土的深度不得小于30cm；

（7）草坪土中杂草多可用草甘膦进行化学除草，但必须考虑残效期，并应捡净土壤中的杂草根、碎砖、石块、玻璃、塑料制品等，5cm以上的砖、石块必须清除；

（8）种植地若属于混凝土、坚土、重黏土等不透气或排水不良的，必须打碎钻穿进行换土；

（9）播种量（每平方米）按种子纯度、种子发芽率而定，小粒种10g/m²；大粒种子15g/m²；

（10）人工播种，种植土土面应平整，表土土块应小于2cm，坡度恰当并应小于5‰，无低洼处，无杂草根茎、石砾、砖瓦、石块等；

（11）撒播后压实覆0.5～1.0cm细土，要在出苗前保持土面潮润，空秃面积不超过2%，每处面积不超过0.2m²；

（12）草块点铺，将草皮分成5cm×5cm小块进行等距离点铺，铺设后紧压入土，浇透水即可。

2. 花卉、地被植物种植

（1）花卉、地被植物种植土的质量要求可参照草坪要求有关条款；

（2）花卉选择应区分花坛和花镜，必须根据立地条件、上层植被、观赏要求及生物学特性综合考虑；

（3）花卉选择必须用1～2年生花卉，统一规格，同一品种，株高、花色、冠径、花期无明显差异，根系完好，生长旺盛，无病虫害及机械损伤；

（4）宿根花卉的根必须发达，并有3～4个芽，草花应带花蕾；

（5）花卉的观赏期应保持在30～40天；

（6）花卉起栽必须带宿土，用塑料包装后运输，防止机械损伤，并保持湿润，盆栽花卉要求集装遮盖运输；

（7）花卉种植时不得揉搓和折曲花苗；

（8）花卉脱盆种植要使原盆土和新土紧密结合；

（9）花卉种植时间，夏天宜在早晨、傍晚和阴天进行；

（10）花卉栽后3～5天内，必须每天早、晚喷淋植株，水流要细，土壤不可沾污植株。

3.花卉、地被植物的配置和选择质量要求

（1）地被植物的种植土按照播种草坪土壤的要求实施。

（2）地被植物必须适应种植地的土壤、气候、光照、上层乔灌木种类、密度等立地条件。

（3）地被植物应能满足保持水土、美化环境、改善环境及抑制杂草等功能要求和景观要求。

（4）地被植物的配植必须做到群落层次分明，主体突出，花色、花形、叶色、叶形、花期和种植地主体乔灌木景观协调互补。

（5）地被植物的配植应以块植、片植、花径和装饰为主。

（6）地被植物的选择必须以多年生、宿根类、球茎类、和自繁能力强的一二年生草本和低矮常绿的木本植物为主。

（7）地被植物以观花为主，必须选用花繁、花大、花朵顶生和花期较长的品种；以观叶为主，必须选用叶色、叶形美观和群体观赏效果佳的品种。

（8）地被植物还必须选用种源丰富、易获得、抗性强、管理粗放、能较快形成独立稳定群体的植物种类。

（9）花坛、花境中，花卉、地被植物的种植顺序应由上而下、由中心向四周、先矮后高、先宿根后一二年生花卉，种植面积大的地被植物要先种轮廓线，再种内部。

第三十五章

质量控制中的智能信息化管控要点

一、智能信息化系统建设

2016年8月，永明项目管理有限公司结合我国建筑行业管理和信息技术发展应运现状，投资成立了永明合友网络科技公司，开发了用于建筑行业智能信息化管控公共云服务平台——筑术云。

筑术云智能信息化是由一个中心（信息指挥中心）、五大系统：移动协同办公系统、移动远程视频监控系统、移动多功能视频会议系统、移动专家在线系统、移动项目信息管理系统，由230个模块组成。筑术云五大系统在工程质量控制中采取交互式全方位支持、全天候管控、全过程留痕等信息化管理手段，使监理的质量控制工作更高效，管理更轻松。其中，直接用于项目监理人员进行质量控制工作的有以下系统。

1.网络视频会议系统

网络视频会议系统应能满足建立多点控制单元（MCU）和会议终端要求，通过企业专网或互联网搭建整套视频会议系统，并具备500m³以上的基本功能，满足公司全员参会要求。公司总部配置的独立式高性能（MCU）可满足媒体处理功能，达到多画面合成、双流、混音、码流适配等众多应用效果；应满足与会人员在不同的地方、环境通过电话或便携式终端接入系统，参加各方主持的质量专题会议。

2.网络视频监控系统

（1）网络视频监控系统涵盖远程视频信息服务平台、互联网终端、视频云存储服务等，融合语音、视频、共享、协作等功能，具有视频会议、集中培训、功能演示、实时监管、远程服务、单点交流、数据储存等多项功能，可通过控制云平台让摄像机进行不同程度的调焦，不同方向的移动，满足企业通过远程监控系统实施三级管理功能。

（2）网络视频监控系统应满足使用手机、电脑、大屏等网络设备进行多画面同时查看。网络视频信息系统可满足管理人员通过语音通话功能随时随地组织召开视频会议。公司在项目监理智能信息化管理运行过程中，通过远程网络视频系统实时参加现场监理人员组织的监理例会、质量专题会议，实现公司与项目监理部、公司与业主、施工等参建方的零距离沟通。

（3）网络视频监控系统通过"云平台控制"功能，实现对于施工现场不同作业面、不同角度的查看。对施工现场的质量问题，通过远程网络视频系统，实时进行远程管控。

（4）网络视频监控系统移动侦测的录制体系，满足视频信息资料的云端保存和使用，云端保存的所有质量信息资料、数据可实现永久保存，并保证质量信息数据安全。

3. 移动专家在线系统

（1）移动专家在线系统为项目部和技术专家搭建了一条高速、便捷的信息沟通渠道，整合房建、市政、水利水电、轨道交通、公路、桥梁、石油化工等各个领域的技术专家，依托移动互联网，使一线的工作人员在工程中遇到的问题能够得到快速和准确的解答。

（2）移动专家在线系统应满足项目全过程质量资料的编制、上传、审批，智能水印加密、存储功能，具有不可篡改性。在线专家对项目质量资料的线上评审符合规范化、标准化的要求，设置专人收集所有工程质量信息资料进入知识库，为建立质量数据库提供支持。

（3）移动专家在线系统的线下服务为线上咨询服务提供有力的补充。移动专家在线系统满足了项目部监理人员申请在线专家前往项目部开展工程质量专题会议，为项目工程质量疑难问题提出了及时有效的解决方案。

二、智能信息化管控要点

在对建设工程质量控制中，监理企业应采用智能信息化管控手段实现对工程质量有效控制：

1. 基本规定

（1）应用智能信息化系统，开展工程质量控制工作。项目监理机构成立后，项目监理人员须及时申请公司网络信息部，开通项目监理人员信息，协助公司建立后台网络信息管控平台，安装视频监控系统，并保持项目网络信号畅通。

（2）项目监理人员须运用施工现场视频监控系统、无人机、网络计算机、手机App等对项目工程质量进行智能信息化管控。

（3）项目监理人员应通过施工现场视频监控系统＋现场监理，对确定旁站的关键部位、关键工序进行全方位、全过程旁站。

（4）项目监理人员须通过运用筑术云视频监控系统对项目监理实施过程中所产生的监理质量控制资料实时上传，专家可进行在线平台审核。

（5）公司后台视频工作人员、专家应通过网络信息管理平台查看项目工程质量控制情况，强化公司对项目工程质量实施的三级管理。

（6）公司网络信息部须对项目监理机构上传的有关工程质量信息、影像资料安全性负责。

2. 管控要点

（1）项目监理人员应根据现场施工情况，运用视频监控系统进行24小时值班监控，将视频监控系统产生的有关质量的现场图片、视频等信息资料发送项目工作群，每日不少于50张，用于指导施工单位对施工现场存在的质量问题进行整改，为建设单位提供了可靠的质量信息和数据。

（2）施工现场的摄像头须在全覆盖的基础上重点对准施工重点部位、关键工序和作业环境，保持视频监控画面清晰、正常使用。

（3）项目监理人员须对视频监控画面录像进行实时下载或截屏拍照，对于施工过程中重要环节的影像资料应及时上传公司数据库存储，每天不少于50张。

（4）项目监理人员须通过视频监控系统对施工现场存在的安全质量问题及时下发整改通知单，填写完成的整改通知单应在次日10点以前上传至专家在线。

（5）项目监理人员须通过智能信息化视频监控系统结合现场监理对施工过程中的关键节点、重要部位以及危险性较大的分部、分项工程进行全过程旁站并及时填写旁站记录，填写完成的旁站记录应在次日10点以前上传至公司专家在线。

（6）通过智能信息化管控平台建立质量通病及纠正预防措施信息库。

（7）通过视频会议系统组织召开第一次工地会议、监理例会、质量专题会议，并在会议中明确各参建单位在工程建设中的质量责任。

（8）结合BIM技术进行样板引路模型的创建、质量控制点的跟踪管控。在工程质量监理控制中，可通过移动终端浏览BIM模型和图纸，标记发现的问题，附加现场照片，对发现的问题进行动态跟踪管理。

第三十六章

监理质量控制资料管理

　　监理质量控制资料是工程建设过程中项目监理机构工作质量的重要体现，是工程质量竣工验收的必备条件，是城建档案的重要组成部分，是验证监理合同履行的重要书面依据，是验证和判断监理单位和监理人员有无失职责任的重要书面依据。因此，监理质量控制资料的编制、收集、日常管理和保存，直至竣工后的档案分类整理、组卷、装订、向有关部门交付或归档，这些均应实行规范化、标准化管理，建立相应的管理制度和检查验收制度。监理质量控制资料的管理工作内容包括：

　　第一，对施工单位的质量控制资料管理工作进行监督，要求施工人员及时记录、收集并存档需要保存的资料与档案。

　　第二，监理机构本身应该进行的资料与档案管理工作。

　　其中监理机构本身应进行资料与档案管理，包含以下内容。

一、合同文件

　　（1）委托监理合同及监理招标文件；

　　（2）建设工程施工合同及施工招标文件；

　　（3）工程分包合同；

　　（4）建设单位与第三方签订的涉及监理业务的合同；

　　（5）合同变更的协议文件；

　　（6）合同争议调解文件；

　　（7）违约处理文件。

二、工程前期文件

　　（1）建设项目立项批文；

（2）建设工程规划许可证；

（3）建设用地规划许可证；

（4）施工许可证；

（5）建设用地红线图；

（6）单体放样图；

（7）建设工程质量监督申报表；

（8）建设项目开工备案表；

（9）建设工程质量检查工作协议及见证检测实施计划书；

（10）质量监督站；

（11）设计施工图审查批复文件；

（12）消防审查意见书；

（13）抗震审核意见书；

（14）民防审查意见书；

（15）环境评价意见书。

三、勘察设计文件

（1）工程地质、水文地质勘察报告；

（2）施工图纸；

（3）图纸自审记录；

（4）设计交底及图纸会审会议纪要；

（5）工程变更文件（含监理指令）；

（6）工程设计、技术变更台账。

四、监理工作指导文件

（1）监理大纲；

（2）监理规划；

（3）监理实施细则；

（4）监理交底书。

五、施工单位报审文件

（1）施工组织设计（含报审表）；

（2）分部工程施工方案（含报审表）；

（3）专项（分项工程）施工方案（含报审表）。

六、资质资料

（1）项目监理人员登记表及上岗证；

（2）项目施工人员登记表及上岗证（施工管理人员变更报审表）；

（3）分包单位资格报审表（资质资料及人员上岗证）；

（4）成品、半成品供应单位资质报审表（含资质资料）；

（5）工程实验室（含见证取样送检实验室）资质资料。

七、工程质量文件

（1）建筑材料报审表；

（2）施工测量放线报审表；

（3）混凝土浇捣令（含混凝土开盘鉴定）；

（4）拆模报审表；

（5）工程质量问题处理记录及质量事故处理报告；

（6）质量控制台账；

（7）材料进场验收台账；

（8）取样见证台账；

（9）设备选型报审表；

（10）其他有关工程质量控制文件。

八、监理报告

（1）监理周报；

（2）监理月报；

（3）地基基础、主体结构等分部工程质量评估报告；

（4）单位工程质量评估报告。

九、监理工作函件

(1) 监理通知单、监理通知回复单；

(2) 监理工作联系单；

(3) 监理备忘录；

(4) 专题报告；

(5) 工程竣工质量问题初检审查表；

(6) 工程竣工预验收质量问题审查表。

十、监理工作记录文件

(1) 监理日记；

(2) 旁站监理记录；

(3) 监理巡视记录；

(4) 监理抽检记录；

(5) 监理测量记录；

(6) 工程照片及声像资料。

十一、监理工作总结

(1) 阶段工作小结；

(2) 监理工作总结；

(3) 监理业务手册。

十二、工程管理往来文件

(1) 建设单位函件；

(2) 施工单位函件；

(3) 设计单位函件；

(4) 政府部门函件；

(5) 其他部门函件。

■ 十三、工程验收文件

（1）检验批质量验收文件；

（2）隐蔽工程质量验收文件；

（3）分项工程质量验收文件；

（4）分部工程质量验收文件（以上含工程报验单）；

（5）单位工程质量竣工验收记录（含工程竣工报验单）；

（6）竣工验收报告；

（7）其他专业工程的验收记录。

建筑工程监理质量控制要点

附录A 质量验收部分规范用表

_____检验批质量验收记录　　　　　　　附表A-1

单位（子单位）工程名称		分部（子分部）工程名称		分项工程名称	
施工单位		项目负责人		检验批容量	
分包单位		分包单位项目负责人		检验批部位	
施工依据			验收依据		

	验收项目	设计要求及规范规定	最小/实际抽样数量	检查记录	检查结果
主控项目	1				
	2				
	3				
	4				
	5				
	6				
	7				
	8				
	9				
	10				
一般项目	1				
	2				
	3				
	4				
	5				

施工单位检查结果	专业工长： 项目专业质量检查员： 年　月　日
监理单位验收结论	专业监理工程师： 年　月　日

工程名称		结构类型		检验批数	
施工单位		项目经理		项目技术负责人	
分包单位		分包单位负责人		分包项目经理	

序号	检验批部位、区段	施工单位检查评定结果	监理（建设）单位验收结论
1			
2			
3			
4			
5			
6			
7			
8			

检查结论		
	项目专业技术负责人 年　　月　　日	监理工程师 （建设单位项目专业技术负责人） 年　　月　　日

建筑工程监理质量控制要点

工程名称			结构类型		层数	
施工单位			技术部门负责人		质量部门负责人	
分包单位			分包单位负责人		分包技术负责人	
序号	分项工程名称	检验批数	施工单位检查评定		验收意见	
1						
2						
3						
4						
5						
质量控制资料						
结构实体检验报告						
观感质量验收						
验收单位	分包单位				项目经理 年　　月　　日	
	施工单位				项目经理 年　　月　　日	
	勘察单位				项目负责人 年　　月　　日	
	设计单位				项目负责人 年　　月　　日	
	监理（建设）单位			总监理工程师（建设单位项目专业负责人） 年　　月　　日		

工程名称		结构类型		层数/建筑面积	
施工单位		技术负责人		开工日期	
项目负责人		项目技术 负责人		完工日期	

序号	项目	验收记录	验收结论
1	分部工程验收	共 分部,经查符合设计及标准规定 分部	
2	质量控制资料核查	共 项,经核查符合规定 项	
3	安全和使用功能核查及抽查结果	共核查 项,符合规定 项,共抽查 项,符合规定 项,经返工处理符合规定 项	
4	观感质量验收	共抽查 项,达到"好"和"一般"的 项,经返修处理符合要求的 项	

综合验收结论		

参加验收单位	建设单位	监理单位	施工单位	设计单位	勘察单位
	(公章)项目负责人:年 月 日	(公章)总监理工程师:年 月 日	(公章)项目负责人:年 月 日	(公章)项目负责人:年 月 日	(公章)项目负责人:年 月 日

注:单位工程验收时,验收签字人员应由相应单位的法人代表书面授权。

304

建筑工程监理质量控制要点

工程开工令

附表 A-5

工程名称：   编号：

致：_____（施工单位）

　　经审查，工程已具备施工合同约定的开工条件，现同意你方开始施工，开工日期为：_____年___月___日。

　　附件：工程开工报审表

项目监理机构（盖章）

总监理工程师（签字、加盖执业印章）

年　　月　　日

注：本表一式三份，项目监理机构、建设单位、施工单位各一份。

工程名称： 　　　　　　　　　　　　　　　　　　　　　　编号：

致： ＿＿＿＿＿＿＿＿＿＿＿＿＿＿＿＿＿＿＿ （施工项目经理部）

　事由： ＿＿＿＿＿＿＿＿＿＿＿＿＿＿＿＿＿＿＿＿＿＿＿＿＿＿＿

＿＿＿＿＿＿＿＿＿＿＿＿＿＿＿＿＿＿＿＿＿＿＿＿＿＿＿＿＿＿＿＿

＿＿＿＿＿＿＿＿＿＿＿＿＿＿＿＿＿＿＿＿＿＿＿＿＿＿＿＿＿＿＿＿

＿＿＿＿＿＿＿＿＿＿＿＿＿＿＿＿＿＿＿＿＿＿＿＿＿＿＿＿＿＿＿＿

　内容： ＿＿＿＿＿＿＿＿＿＿＿＿＿＿＿＿＿＿＿＿＿＿＿＿＿＿＿＿

＿＿＿＿＿＿＿＿＿＿＿＿＿＿＿＿＿＿＿＿＿＿＿＿＿＿＿＿＿＿＿＿

＿＿＿＿＿＿＿＿＿＿＿＿＿＿＿＿＿＿＿＿＿＿＿＿＿＿＿＿＿＿＿＿

＿＿＿＿＿＿＿＿＿＿＿＿＿＿＿＿＿＿＿＿＿＿＿＿＿＿＿＿＿＿＿＿

建筑工程监理质量控制要点

　　　　　　　　　　　　　　　　　　　　项目监理机构（盖章）

　　　　　　　　　　　　　　　　　　　　总/专业监理工程师（签字）

　　　　　　　　　　　　　　　　　　　　　　年　　月　　日

注：本表一式三份，项目监理机构、建设单位、施工单位各一份。

工程名称：　　　　　　　　　　　　　　　　　　　　　　　　　　编号：

致：＿＿＿＿＿＿＿＿＿＿＿＿＿＿＿＿＿＿＿＿＿＿（主管部门）

　　由 ＿＿＿＿＿＿＿＿＿＿＿＿＿＿＿＿＿（施工单位）施工的 ＿＿＿＿＿＿＿＿＿＿＿＿（工程部位），存在安全事故隐患。我方已于 ＿＿＿＿＿ 年 ＿＿ 月 ＿＿ 日发出编号为 ＿＿＿＿＿＿＿ 的《监理通知单》或《工程暂停令》，但施工单位未（整改或停工）。

　　特此报告。

　　附件：□ 监理通知单

　　　　　□ 工程暂停令

　　　　　□ 其他

　　　　　　　　　　　　　　　　　　　　　项目监理机构（盖章）：

　　　　　　　　　　　　　　　　　　　　　总监理工程师（签字）：

　　　　　　　　　　　　　　　　　　　　　　　年　　月　　日

注：本表一式四份，主管部门、建设单位、工程监理单位、项目监理机构各一份。

工程名称： 编号：

致：_____（施工项目经理部）

由于 _____

_____

原因，现通知你方于 _____ 年 ___ 月 ___ 日 ___ 时起，暂停 _____ 部位

（工序）施工，并按下述要求做好后续工作。

要求：

项目监理机构（盖章）

总监理工程师（签字、加盖执业印章）

年 月 日

注：本表一式三份，项目监理机构、建设单位、施工单位各一份。

工程名称：　　　　　　　　　　　　　　　　　　　　　编号：

旁站的关键部位、关键工序		施工单位	
旁站开始时间	年 月 日 时 分	旁站结束时间	年 月 日 时 分

旁站的关键部位、关键工序施工情况：

发现的问题及处理情况：

旁站监理人员（签字）：

　　　　　年　　月　　日

注：本表一式一份，项目监理机构留存。

工程复工令　　　　　　　　　　　　　　　　　　　　　**附表 A-10**

工程名称：　　　　　　　　　　　　　　　　　　　　　　　　编号：

致：_____（施工项目经理部）

　　我方发出的编号为 _____ 《工程暂停令》，要求暂停 _____ 部位（工序）施工，经查已具备复工条件。经建设单位同意，现通知你方于 _____ 年 ___ 月 ___ 日 ___ 时起恢复施工。

　　附件：复工报审表

项目监理机构（盖章）

总监理工程师（签字、加盖执业印章）

年　　月　　日

注：本表一式三份，项目监理机构、建设单位、施工单位各一份。

建筑工程监理质量控制要点

工作联系单 附表A-11

工程名称： 编号：

致：_____

发文单位

负责人（签字）

年　月　日

附录A　质量验收部分规范用表

工程名称：　　　　　　　　　　　　　　　　　　　　　　编号：

建筑工程监理质量控制要点

致：＿＿＿＿＿＿＿＿＿＿＿＿＿＿＿＿＿

　　由于 ＿＿＿＿＿＿＿＿＿＿＿＿＿＿＿＿＿＿＿＿＿＿＿＿＿＿＿＿＿ 原因，

兹提出 ＿＿＿＿＿＿＿＿＿＿＿＿＿＿＿＿＿＿＿＿＿＿ 工程变更，请予以审批。

　　附件

　　　　□ 变更内容

　　　　□ 变更设计图

　　　　□ 相关会议纪要

　　　　□ 其他

　　　　　　　　　　　　　　　　　　变更提出单位：

　　　　　　　　　　　　　　　　　　负责人：

　　　　　　　　　　　　　　　　　　　　年　　月　　日

工程数量增或减	
费用增或减	
工期变化	

施工项目经理部（盖章） 项目经理（签字）	设计单位（盖章） 设计负责人（签字）
项目监理机构（盖章）	建设单位（盖章） 负责人（签字）

注：本表一式四份，建设单位、项目监理机构、设计单位、施工单位各一份。

附录B 关于《混凝土结构设计规范》的最新修订

　　根据《住房和城乡建设部关于印发2019年工程建设规范和标准编制及相关工作计划的通知》(建标函〔2019〕8号),住房和城乡建设部组织中国建筑科学研究院有限公司等单位修订了国家标准《混凝土结构设计规范(局部修订条文征求意见稿)》,并于2020年12月11日完成社会公开征求意见,本标准最终版内容请以住房和城乡建设部公开文件为准。《混凝土结构设计规范(局部修订条文征求意见稿)》中的主要局部修订内容,供大家参考。主要局部修订内容如下:

　　1.表3.5.3的结构混凝土材料耐久性基本要求将氯离子含量由"占胶凝材料总量百分比"改为"占水泥用量的质量百分比",二b、三a、三b环境的氯离子最大含量数值要求分别从0.15%、0.15%、0.10%改为0.10%、0.10%、0.06%。

　　2.提高混凝土强度应用的最低等级要求。4.1.2条素混凝土结构的混凝土强度等级由"不应低于C15"改为"不应低于C20",钢筋混凝土结构的混凝土强度等级由"不应低于C20"改为"不应低于C25"。删除4.1.3条、4.1.4条中C15混凝土的强度指标。

　　3.彻底删除与HRB335钢筋有关的技术内容,不再允许应用HRB335钢筋。此次修订要求钢筋代换必须由设计出具变更文件,就是设计必须担责的意思。取消板类构件最小配筋率可为0.15的规定,这对于CRB600的钢筋打击较大,一般楼板配筋率控制居多。也提高了最小板厚的要求。

　　4.8.5.1条最小配筋率要求中,将受压构件中500MPa钢筋最小配筋0.50%提高为与400MPa钢筋相同的0.55%,删除表注2中"板类受弯构件受拉钢筋,当采用400MPa、500MPa钢筋时,最小配筋率允许采用0.15和45ft/fy中的较大值"的规定。

　　5.9.1.2条提高板类构件的最小厚度要求。

参考文献

[1]《建设工程监理规范》GB/T 50319—2013.

[2]《建设工程质量管理条例》.

[3]《建筑地基基础工程施工质量验收标准》GB 50202—2018.

[4]《混凝土结构工程施工质量验收规范》GB 50204—2015.

[5]《地下防水工程质量验收规范》GB 50208—2011.

[6]《砌体工程施工质量验收规范》GB 50203—2011.

[7]《通风及空调工程施工质量验收规范》GB 50243—2016.

[8]《建筑电气工程施工质量验收规范》GB 50303—2015.

[9]《屋面工程施工质量验收规范》GB 50207—2012.

[10]《建筑节能工程施工质量验收规范》GB 50411—2019.

[11]《钢结构工程施工质量验收规范》GB 50205—2020.

[12]《建筑装饰装修工程质量验收规范》GB 50210—2018.

[13]《自动喷水灭火系统施工及验收规范》GB 50261—2017.

[14]《人民防空地下室设计规范》GB 50038—2005.

[15]《综合布线系统工程验收规范》GB 50312—2016.

[16]《电梯工程施工质量验收规范》GB 50310—2002.

[17]《建筑给水排水采暖工程施工质量验收规范》GB 50242—2002.

[18]《房屋建筑工程监理工作标准（试行）》.

[19]《智能信息化监理工作手册》（企业标准）.

[20]《监理企业智能信息化管理》（企业标准）.

建筑工程监理质量控制要点